Ronald Gleich/Andreas Klein (Hrsg.)

Der Controlling-Berater
Band 48

Reporting und Business Intelligence

– Update –

Ronald Gleich/Andreas Klein

Der Controlling-Berater

Band 48

Band-Herausgeber:
Andreas Klein, Jens Gräf

Reporting und Business Intelligence
– Update –

Haufe Gruppe
Freiburg • München

Bibliografische Information der Deutschen Nationalbibliothek

Die Deutsche Nationalbibliothek verzeichnet diese Publikation in der Deutschen Nationalbibliografie; detaillierte bibliografische Daten sind im Internet über http://dnb.dnb.de abrufbar.

ISBN 978-3-648-08826-5 ISSN 0723-3221 Bestell-Nr. 01401-0129

„DER CONTROLLING-BERATER" (CB)
Herausgeber: Prof. Dr. Ronald Gleich, Geisenheim, Prof. Dr. Andreas Klein, Worms.
Fachbeirat: Dr. Michael Kieninger, Gemmrigheim, Dr. Walter Schmidt, Berlin, Klaus Spitzley, Weikersheim, Prof. Dr. Karl Zehetner, Wien.

Haufe-Lexware GmbH & Co. KG, Munzinger Straße 9, 79111 Freiburg, Telefon: 0761 898-0, Fax: 0761 898-3990, E-Mail: info@haufe.de, Internet: http://www.haufe.de
Geschäftsführung: Isabel Blank, Markus Dränert, Jörg Frey, Birte Hackenjos, Randolf Jessl, Markus Reithwiesner, Joachim Rotzinger, Dr. Carsten Thies.
Beiratsvorsitzende: Andrea Haufe
Kommanditgesellschaft, Sitz Freiburg
Registergericht Freiburg, HRA 4408
Komplementäre: Haufe-Lexware Verwaltungs GmbH, Sitz Freiburg, Registergericht Freiburg, HRB 5557
Martin Laqua
USt-IdNr. DE812398835
Redaktionsteam: Günther Lehmann (verantwortlich i.S.d.P.), Julia Grass (Assistenz), Jessica Janke (Assistenz). Erscheint 5-mal pro Jahr (inkl. Arbeitshilfen Rechnungswesen, Steuern, Controlling Online und Kundendienstleistungen). Preis für das Abonnement („Der Controlling-Berater") je Band 68,48 EUR zuzüglich Versandspesen.

Druckvorstufe: Reemers Publishing Services GmbH, Luisenstraße 62, 47799 Krefeld.
Druck: Beltz Bad Langensalza GmbH, Am Fliegerhorst 8, 99947 Bad Langensalza.

Zur Herstellung dieses Buches wurde alterungsbeständiges Papier verwendet.

Vorwort

Das betriebliche Berichtswesen unterliegt einem gewaltigen Veränderungsdruck: Da sind zum einen immer wieder neue erstaunliche Entwicklungen im Bereich der IT, wie bspw. SAP HANA, die die Ausführung komplexer Analysen vom teilweise stundenlangen Warten auf Sekunden verkürzen. Zum anderen lassen sich durch die um sich greifende Digitalisierung aller Lebensbereiche ganz neue Einsichten bezüglich der Unternehmensumwelt, insbesondere unserer Kunden, Lieferanten und Konkurrenten, aber auch der eigenen Prozesse und Abläufe im Unternehmen gewinnen.

Steigende Anforderungen an die Konzernberichterstattung und die fortschreitende Konvergenz von externem und internem Rechnungswesen bereiten den Boden für eine weitgehend automatisierte Datenaufbereitung in Echtzeit. Nicht zuletzt prägen veränderte Nutzungsgewohnheiten der Informationsgesellschaft, wie der Trend zu immer mehr Mobilgeräten, unsere Erwartungen an die Verfügbarkeit von Informationen und die „Usability" von Berichten. Kurz: es ist höchste Zeit sich dem Themenfokus „Reporting und Business Intelligence" wieder einmal ausführlich zu widmen.

Dies beginnt mit unserem **„Standpunkt"**, für den wir die Controlling-Verantwortlichen eines der Trendsetter im digitalen Mediengeschäft, der Haufe Gruppe in Freiburg, gewinnen konnten.

In **„Grundlagen & Konzepte"** geben wir einen Überblick über die aktuellen Entwicklungen in der Umsetzung von treiberbasierten Steuerungskonzepten, illustrieren, wie mobiles Reporting durch anwenderorientierte Gestaltung zu einem Nutzen-Erlebnis führt und erläutern die aufbau- und ablauforganisatorischen Voraussetzungen für die Harmonisierung des externen und internen Rechnungswesens.

In **„Umsetzung & Praxis"** zeigen wir, wie drei höchst unterschiedliche Unternehmen – der Online-Modehändler Zalando, das Produktionsunternehmen Klöckner DESMA Elastomertechnik sowie der Gesundheitsdienstleister Fachklinik Bad Bentheim – sich den Herausforderungen der digitalen Revolution gestellt haben. Darüber hinaus berichten wir über die Veränderungen für Planung, Reporting und Konsolidierung, die SAP S/4HANA mit sich bringt sowie über die Möglichkeiten der Echtzeit-Analyse und Visualisierung mithilfe des SAP Digital Boardroom.

„Organisation & IT" widmet sich den Möglichkeiten eines „User Self Service" auf Basis moderner BI-Werkzeuge, den Entwicklungen in der Konzernkonsolidierung sowie den neuen Analysewerkzeugen in SAP

S/4HANA. Last but not least erhalten Sie aus berufenem Munde eine Marktübersicht für Business-Intelligence- und Analytics-Software sowie Empfehlungen für die Gestaltung des Auswahlprozesses für diese Software-Werkzeuge.

Eine themenbezogene „**Literaturanalyse**" schließt den Band ab. Viel Spaß bei der Lektüre!

Heidelberg und Frankfurt, im Februar 2017

Andreas Klein, Jens Gräf

Inhalt

Kapitel 4: Organisation & IT

Kapitel 5: Literaturanalyse

Als Abonnent des „Controlling-Beraters“ steht Ihnen das Online-Informationssystem „Arbeitshilfen Rechnungswesen, Steuern, Controlling“ mit nützlichen Rechnern, Checklisten, Formularen und Mustertexten sowie den wichtigsten Wirtschaftsgesetzen zur Verfügung.

Melden Sie sich dazu einfach auf www.haufe.de mit E-Mail-Adresse und Passwort an und Sie sehen direkt den Zugangslink zum Online-Informationssystem.

Liegen Ihnen die Zugangsdaten nicht mehr vor oder wollen Sie sich erstmalig für die Online-Inhalte registrieren, so rufen Sie einfach die kostenlose Rufnummer 0800/50 50 445 an. Wir schalten Sie umgehend frei und teilen Ihnen Ihre Zugangsdaten mit.

Die Autoren

Dr. Carsten Bange
Geschäftsführer des Business Application Research Centers (BARC) in Würzburg.

Bernhard Bergmann
Verwaltungsdirektor der Fachklinik Bad Bentheim (Thermalsole- und Schwefelbad Bentheim GmbH), zuständig für das operative Geschäft, das Controlling und die Unternehmensentwicklung.

Dr. Karol Bliznak
Vice President Product Management Analytics bei der SAP SE in Walldorf.

Jürgen Bohnert
Teamleiter Gruppencontrolling, verantwortlich für die Controlling-Systeme, Gruppenstandards, Reporting/Planung und Prozesse der Haufe Gruppe.

Christina Eilers
Principal und Leiterin des Kompetenzfeldes Business Intelligence im Competence Center Controlling & Finance bei Horváth & Partners Management Consultants in Stuttgart.

Mathias Fischer
Geschäftsführer der iXLOG Unternehmensberatung GmbH mit den Schwerpunkten Prozessoptimierung im SAP-Umfeld sowie Entwicklung neuer Produkte und Lösungen mit Jedox Self-Service BI, gekoppelt mit SAP.

Dr. Rolf Gegenmantel
Chief Marketing & Product Officer (CMO) bei dem deutschen Software-Hersteller Jedox AG und verantwortlich für die Bereiche Produktmanagement, Marketing sowie Business Consulting.

Jutta Hobbelhagen
Bereichsleiterin Customer Analytics, verantwortlich für Datenanalyse & Insights, Zielgruppensegmentierung sowie den Ausbau des Data Warehouse der Haufe Gruppe.

Dr. Kristina Hunke
Managing Consultant im Competence Center Finance & Controlling bei Horváth & Partners Management Consultants in Düsseldorf.

Dr. Johannes Isensee
Senior Project Manager im Competence Center Controlling & Finance bei Horváth & Partners Management Consultants in Hamburg.

Gerhard Jurasek
Geschäftsführer der SAPPHIR IT & Management Training GmbH, die Schulung und Beratung für SAP anbietet, sowie Lektor am Institut für Controlling an der Universität Graz.

Werner Keen
Zuständig für die IT-Systeme der Fachklinik Bad Bentheim sowie Koordinator des Klinik-Informations-Systems (KIS).

Andreas Kirchberg
Principal und Leiter des Kompetenzfeldes Organizational Effectiveness bei Horváth & Partners Management Consultants in Düsseldorf.

Dr. Andreas Lemmerer
Managing Consultant im Competence Center Controlling & Finance bei Horváth & Partners Management Consultants in München.

Tim Mehlfeld
Management Consultant bei der reportingimpulse GmbH und Spezialist für die Umsetzung von Information Design in Business-Intelligence-Systemen. Er bringt langjährige Erfahrung in der Konzeption und Durchführung von Projekten mit und hält regelmäßig Vorträge auf Messen und Konferenzen. Zudem ist er zertifizierter Projektmanager (gpm/ipma Level D) und Profi für das Anforderungsmanagement (CPRE).

Dr. Matthias Nagel
Managing Director der Simba n³ GmbH. Als Data Scientist verfügt er über jahrzehntelange Erfahrung in der Analyse von Massendaten.

Svenja Noä
Diplom-Designerin, Schwerpunkt Interaktionsdesign, und Usability Consultant (artop Institut). Nachdem sie als User Interface-Designerin innerhalb des SAP-Konzerns tätig war, arbeitet sie heute als freiberufliche Interaktions-Designerin an der Schnittstelle von Design, Psychologie und Informatik.

Tobias Schittenhelm
Managing Consultant im Competence Center Finance & Controlling bei Horváth & Partners Management Consultants in Stuttgart.

Tobias Schönaich
Teamlead Finance Controlling bei der Zalando SE und zuständig für das Management Reporting und die gesamthafte Controlling-spezifische Systemarchitektur.

Martin Schürmann
Geschäftsführer der Klöckner DESMA Elastomertechnik GmbH in Fridingen an der Donau.

Larissa Seidler
Senior Analystin Business Intelligence beim Business Application Research Center (BARC) in Würzburg.

Till Tschierschky
Principal und Leiter des Segments Group Reporting und Konsolidierung im Competence Center Finance & Controlling bei Horváth & Partners Management Consultants in München.

Harald Wagner
Geschäftsbereichsleiter Finance, verantwortlich für das Controlling der Haufe Gruppe.

Karlheinz Weber
Selbständiger SAP-Berater und Trainer sowie Lektor am Institut für Informationswissenschaft an der Universität Graz.

Andreas Wiener
Geschäftsführer bei der reportingimpulse GmbH und Autor des Buches „Visual Business Analytics: Effektiver Zugang zu Daten und Informationen" und zahlreicher Fachartikel zu den Themen Reporting, Information Design und Datenvisualisierung. Er hält regelmäßig Vorträge bei Kongressen, Messen und an Hochschulen. Zudem ist er Verfasser der Visual Business Analytics Studie 2013, die in Kooperation mit dem Fraunhofer-Institut für Graphische Datenverarbeitung veröffentlicht wurde.

Kapitel 1: Standpunkt

Das Experten-Interview zum Thema „Reporting und BI"

Interviewpartner:

Harald Wagner, Geschäftsbereichsleiter Finance, verantwortlich für das Controlling der Haufe Gruppe.

Jürgen Bohnert, Teamleiter Gruppencontrolling, verantwortlich für die Controlling-Systeme, Gruppenstandards, Reporting/Planung und Prozesse der Haufe Gruppe.

Jutta Hobbelhagen, Bereichsleiterin Customer Analytics, verantwortlich für Datenanalyse & Insights, Zielgruppensegmentierung sowie den Ausbau des Data Warehouse der Haufe Gruppe.

Über die Haufe Gruppe

Die Haufe Gruppe mit ihren Hauptmarken Haufe, Haufe Akademie und Lexware ist einer der deutschlandweit führenden Anbieter für digitale Arbeitsplatzlösungen und Dienstleistungen sowie im Bereich Aus- und Weiterbildung. Aus den Kernbereichen eines erfolgreichen Verlagsgeschäftes hat sich die Haufe Gruppe konsequent zu einem Spezialisten für digitale und webbasierte Services entwickelt. Sie machen 95 % des Gesamtumsatzes aus.

Die Unternehmensgruppe mit Hauptsitz in Freiburg beschäftigt über 1.650 Mitarbeiter im In- und Ausland. Sie verfolgt eine internationale Wachstumsstrategie, die durch die wechselseitige Nutzung der Kernkompetenzen und Stärken der einzelnen Unternehmen und Marken vorangetrieben wird. Im Geschäftsjahr 2016 (Juli 2015 bis Juni 2016) erwirtschaftete die Haufe Gruppe einen Umsatz von über 304 Mio. Euro (Vorjahr: über 292 Mio. Euro).

Das Interview führte Günther Lehmann, Chefredakteur Compliance und Controlling von Haufe.

Auswirkungen der Digitalisierung auf das Geschäftsmodell

Die Digitalisierung stellt eine der zentralen Herausforderungen für nahezu alle Unternehmen dar. Insbesondere in der Medienbranche verändern sich Geschäftsmodelle oft grundsätzlich. Welche Veränderungen erfahren Sie im Mediengeschäft?

Harald Wagner: Die digitale Transformation beeinflusst alle Bereiche in unserem Mediengeschäft. Beginnend bei der Art und Weise, wie wir mit unseren Autoren zusammenarbeiten, über die Prozesse, wie die Produkte und Services entstehen und zu unseren Kunden gelangen, hin zu Medienformen und Geschäftsmodellen. Hier bleibt kein Stein auf dem anderen. Ständige Veränderungen, laufend neue Themen sind Tagesgeschäft. Agiles Arbeiten in einem dynamischen Umfeld ist Alltag in der Haufe Gruppe.

Wie reagiert die Haufe Gruppe darauf? Welche Veränderungen haben Sie bereits angestoßen bzw. für die Zukunft geplant?

Harald Wagner: Das Hauptgeschäft der Haufe Gruppe umfasste früher Bücher und Loseblattsammlungen, in denen beispielsweise rechtssichere Fachinformationen zum Arbeitsrecht publiziert wurden. Diese Themen sind mittlerweile zum Großteil in Fachinformationsdatenbanken in Form von Cloud-Lösungen aufgegangen. Arrondiert wird das Portfolio mit Services und Dienstleistungen. Damit einher geht die Neuausrichtung der Organisation von einer eher produktzentrierten Sichtweise hin zur Kundenorientierung.

Auswirkungen der Digitalisierung auf die Anforderungen an die Unternehmenssteuerung

Wie wirken sich diese Veränderungen auf Ihre Anforderungen an die Unternehmenssteuerung aus?

Harald Wagner: Für das Controlling bedeutet das dreierlei:

- In der digitalen Welt erlangt die Steuerungsaufgabe des Controllings eine immer wichtigere Rolle.
- Predictive Analytics im Controlling, insbesondere in Bezug auf das Kundenverhalten, sind für den Unternehmenserfolg unerlässlich. Es wird deutlich, dass hierfür das Financial Controlling durch die Digitalisierung viel enger mit dem Vertriebscontrolling oder Data Analytics zusammenarbeiten muss.
- Voraussetzung dafür ist, dass sich das Selbstverständnis des Controllings grundlegend verändert: vom Hüter der Prozesse und Regeln hin zum Problemlöser, Umsetzer und Möglichmacher.

Wie sehen Sie Ihr Controlling hier aufgestellt? Gibt es bereits einen Handlungsplan?

Harald Wagner: Die Basis für eine erfolgreiche Arbeit ist dadurch geschaffen, dass sich das Selbstverständnis der Controller schon sehr gut an die neuen Gegebenheiten angepasst hat. Die interdisziplinäre controllerische Zusammenarbeit funktioniert und es gibt keinerlei Berührungsängste; die Lösungsorientierung steht im Vordergrund. Einen Engpass in Bezug auf die vielen unterschiedlichen neuen Geschäftsmodelle stellt aktuell die technische Infrastruktur dar, weshalb sich Excel in der Controllingarbeit wieder etwas in den Vordergrund spielt.

Einsatz von Big Data und Predictive Analytics im Controlling

Ein zentrales Element der Digitalisierung ist die Verfügbarkeit sehr umfangreicher Datenmengen. Wie sehen Sie das Thema „Big Data" in der Haufe Gruppe und inwieweit sind solche Kunden-, Markt- und weitere Daten heute schon in die Steuerung integriert?

Jürgen Bohnert: Im Controlling werten wir aktuell zwar große Datenmengen aus, welche wir aber in unserem BI-System in strukturierter Form vorliegen haben. Somit nutzen wir derzeit kein Big Data mit vielen unstrukturierten Daten oder einer zusätzlichen Anzahl von Daten aus externen Quellen.

Haben Sie bereits Erfahrungen mit „Predictive Analytics", also automatisierten Prognosen mittels Big Data gemacht? Können Sie sich vorstellen, dass bestimmte Hochrechnungen oder gar Entscheidungen durch Maschinen und Algorithmen getroffen werden können?

Jürgen Bohnert: Es gab bereits erste Versuche, einfachere Geschäftsmodelle mit Hilfe von Prognosemodellen automatisiert zu planen. Die Ergebnisse entsprachen aber noch nicht unseren Erwartungen. Ich bin sicher, dass wir in naher Zukunft eine stärkere Automatisierung in der Planung erreichen und damit einhergehend die manuellen Aktivitäten reduzieren können. Interessante Ansatzpunkte liefern hier Treibermodelle und der Einsatz von Predictive Analytics.

Jutta Hobbelhagen: Ohne die entsprechenden Skills und Erfahrungen mit solchen Methoden ist eine nachhaltige Implementierung allerdings schwer zu realisieren. Dabei sind nicht nur technische oder statistische Skills gemeint, sondern auch die Fähigkeit, vom (gewünschten) Ergebnis aus zu denken: Was kann man mit den Erkenntnissen aus den Daten an Mehrwert für unsere Kunden schaffen? Auch die laufende Bewertung, ob ein Algorithmus noch sinnvolle Ergebnisse bringt, ist ein wichtiger Punkt. Hier das oft zitierte Beispiel von Google, das die Grippewellen erst gut vorhersagen konnte, dann aber nach Veröffentlichung der Ergebnisse feststellen musste, dass genau diese das Suchverhalten so verändert hat, dass der Algorithmus nicht mehr funktioniert und damit verfälschte Ergebnisse geliefert hat. Das zu erkennen und dann schnell zu reagieren ist Pflicht.

Setzen Sie im Controlling oder in operativen Bereichen Data Scientists ein? Was machen diese genau bzw. wo können Sie sich einen nutzenstiftenden Einsatz in der Zukunft vorstellen?

Jürgen Bohnert: In der Controllingabteilung haben wir derzeit keinen klassischen Data Scientist. In der Zukunft ist das aber durchaus wahrscheinlich, wenn es gilt, auch im Finance-Bereich auf Big Data zuzugreifen. Ich gehe davon aus, dass wir dann auch ganz andere Möglichkeiten haben werden, um Forecasts und Simulationen zu erstellen.

Jutta Hobbelhagen: Ein Aufbau von Skills in diesen Themenfeldern ist ein aktuelles Thema, das gerade u.a. in meinem Bereich stattfindet. Das Berufsbild ist sehr neu und erfordert eine Kombination aus Fähigkeiten, die aktuell nur schwer in einer Person abgebildet werden können. Mit den wichtigsten Part stellt hier die Ableitung von konkreten Verbesserungen zusammen mit den Fachabteilungen dar. Parallel mit der Entwicklung der Skills werden sich die Möglichkeiten der sukzessiven Entwicklung von neuen Features für die Kunden, oder der besseren Gestaltung von Prozessen erst eröffnen. Wichtig dabei ist, immer auch zu beachten, dass man verantwortlich mit den Daten umgeht. Damit meine ich, dass man die gesetzlichen Datenschutzbestimmungen einhält und die Einwilligungen zur Datennutzung, die ein Kunde gibt, genau beachtet.

Auswirkungen auf Inhalte, Strukturen und Prozesse im Reporting

Gehen wir einmal näher auf das Reporting ein: Wie zufrieden sind Sie heute mit dem Reporting? Gibt es bei Ihnen noch einen klassischen Monatsbericht? Was schauen Sie sich hier an und welche Zukunft geben Sie diesem Bericht?

Jürgen Bohnert: Für unser Finance Reporting haben wir schon seit Jahren als Datenquelle ein BW-System mit einem konsistenten und flexiblen Datenmodell. Unser web-basiertes Reporting besteht aus Dashboards, Standardreports, Analysereports und auch aus aufbereiteten und kommentierten Berichten. Mit dieser Lösung sind wir grundsätzlich zufrieden. Es gibt monatliche Reports, die auch in Zukunft eine Bedeutung haben werden, nehmen Sie nur die GuV oder die Geschäftsbereichsergebnisse.

Was muss ein künftiges Reporting erfüllen, um das Management bei der Steuerung des Unternehmens optimal zu unterstützen? Die Frage bezieht sich auf Inhalte, Organisation und Technologie.

Jürgen Bohnert: Das Wichtigste ist, dass das Reporting auf einem validen Datenmodell aufbaut und absolut verlässliche Informationen bereitstellt. Die Qualität der Daten ist von enormer Bedeutung. Selbstverständlich wollen wir alle das perfekte Reporting, mit dem 360-Grad-Blick, das technologisch state of the art ist, mit allen gängigen Funktionalitäten und einer überragenden Performance, das zudem flexibel und schnell erweiterbar ist. Das ist aber ein kontinuierlicher Prozess, den es permanent weiterzuentwickeln gilt. Dafür ist es erforderlich, dass ich darauf vertrauen kann, dass sich mit dieser Aufgabe kompetente Kollegen beschäftigen.

Jutta Hobbelhagen: Gerade auch die zutreffende Interpretation der Daten ist die Basis für gute Analysen. Ist das Datum, das dort sichtbar ist, wirklich das Startdatum des Abos? Oder sieht das nur so aus und ist eigentlich ein anderes? Das bezieht sich auch auf eine mögliche Einbindung von externen Marktdaten in eine übergreifende Steuerung. Hier muss klar sein, dass man nicht Äpfel mit Birnen vergleicht. Allerdings ergeben sich gerade durch Vergleiche mit dem Markt wichtige Erkenntnisse. Die richtige Zahl zum richtigen Zeitpunkt an der richtigen Stelle zur Verfügung zu stellen und das entweder durch Abruf oder indem das System sich bei Auffälligkeiten selber meldet ist sicherlich immer noch eine Herausforderung an ein zukünftiges Reporting.

Herr Wagner, können Sie als Geschäftsführer sich vorstellen, künftig selbst durch Daten zu navigieren und eigene Analysen durchzuführen?

Harald Wagner: Es ist zwingend notwendig, dass sich jeder Verantwortliche im Controlling mit den für seinen Verantwortungsbereich verfügbaren Daten auseinandersetzt. Gute Entscheidungen entstehen dann, wenn sich anschließend interdisziplinär zusammengesetzte Teams damit beschäftigen. So ist sichergestellt, dass immer alle Informationen, die vielleicht nicht in den Daten dargestellt sind, verfügbar und alle Sichtweisen berücksichtigt sind.

Bedeutung und Rollen des Controllers in der Zukunft

Wie sieht dann die Rolle des Controllers aus, um Sie in der Steuerung zu unterstützen? Was sind Rolle und Kompetenzen Ihres Controllers der Zukunft?

Jürgen Bohnert: Der Controller der Zukunft wird auch weiterhin als Partner eng mit den Geschäftsbereichen zusammenarbeiten, und für betriebswirtschaftliche Transparenz sorgen. Durch den raschen technologischen Wandel und die damit einhergehenden Möglichkeiten, immer größere Datenmengen auszuwerten, steigen auch die Anforderungen an die technischen und analytischen Fähigkeiten. Somit benötigen die Controller neben den traditionellen betriebswirtschaftlichen Kenntnissen auch IT-technische Fähigkeiten. Und sie müssen die Geschäftsprozesse im Unternehmen genau kennen. Ein Mehr an Daten erfordert aber auch einen verantwortungsvollen Umgang mit den Informationen, und auch dafür braucht es den Controller als kritischen Counterpart, der in der Lage ist herauszufiltern, welche Informationen für die Steuerung relevant sind.

Braucht es Ihrer Meinung nach im digitalen Zeitalter mehr oder weniger Controlling?

Jürgen Bohnert: Gerade durch die zunehmende Flexibilisierung und durch die sich schneller wandelnden Geschäftsmodelle, die mit der Digitalisierung einhergehen, steigen auch die Anforderungen an die Transparenz und Vergleichbarkeit der Daten. Insbesondere die Datenqualität ist dabei ein entscheidender Faktor; hier ist das gesamte Unternehmen und insbesondere das Controlling gefordert, die Vollständigkeit, Korrektheit, Konsistenz und Nachverfolgbarkeit zu gewährleisten. Auch müssen die Controllingprozesse und -systeme den Wandel begleiten und entsprechend weiterentwickelt werden. Gerade in diesem dynamischen Umfeld ist es wichtig, dass das Controlling flexible Informationssysteme selbst gestalten und anpassen kann. Nur dann ist es möglich, auf die schnellen Veränderungen zu reagieren und auch in Zukunft das Reporting sowie die Planungstools entsprechend danach auszurichten. Die Rolle des Controllings wird sich mit der Digitalisierung verändern, aber es wird nicht weniger Controlling benötigt werden, sondern eher mehr.

Wenn Sie drei Wünsche für die künftige Unternehmenssteuerung frei hätten, welche wären dies?

Harald Wagner: Das Reporting soll das rapide ansteigende Volumen an Daten und Informationen so zusammenführen, dass eine einheitliche Basis für die Entscheidungsfindung im Unternehmen geschaffen wird, die die Steuerung des Geschäfts möglichst gut unterstützt.

Jürgen Bohnert: Ein state-of-the-art-Reporting, das auch künftig unsere Vielfalt im Unternehmen abbilden kann und jederzeit mit den raschen Veränderungen im Markt und in den abzubildenden Geschäftsmodellen Schritt hält.

Jutta Hobbelhagen: Eine Steuerung über Abteilungsgrenzen hinweg, transparent und mit spannenden Erkenntnissen, die es ermöglicht, zeitnah und direkt eingreifen zu können. Eine passende Kombination, mit der man mit Autopilot fliegen kann aber nicht muss, und in kritischen Zeiten schnell und direkt selbst eingreifen kann.

Vielen Dank für das anregende Gespräch!

Kapitel 2: Grundlagen & Konzepte

Reporting 4.0: Management Reporting im digitalen Kontext

- Digitalisierung ändert die Unternehmenssteuerung: Steuerung und Reporting der Zukunft müssen anders und besser werden.
- Anders werden die Berichtsinhalte und die Art und Weise, wie Berichte generiert, verteilt und genutzt werden. Moderne BI Front Ends, Predictive-Analytics-Verfahren und das Zusammenspiel von Controllern und Data Scientists erlauben neue Möglichkeiten.
- Besser meint in erster Linie schneller und effizienter. Die Digitalisierung erlaubt und erzwingt neue Möglichkeiten der Automatisierung von manuellen Tätigkeiten. Redundanzen im Berichtswesen werden beseitigt und alle transaktionalen Routinetätigkeiten in einem zentralen Expert Center gebündelt oder durch Robotics automatisiert.
- Die (technischen) Möglichkeiten der Digitalisierung im Reporting sind immens. Eine starke zentrale Governance und eine sinnvolle Fokussierung auf Nutzerbedürfnisse müssen Fortschritt und Nutzerorientierung (Vermeidung von Informationsüberflutung und Überforderung) sicherstellen.

Inhalt | Seite

Der Autor

Dr. Johannes Isensee, Senior Project Manager im Competence Center Controlling & Finance bei Horváth & Partners Management Consultants in Hamburg.

1 Trends und Entwicklungen der digitalen Unternehmenssteuerung

1.1 Optimierungszyklus im Reporting

Megatrend Digitalisierung

Die Digitalisierung ist ein Megatrend, der die Art und Weise wie wir leben, arbeiten und Wertschöpfung erzeugen gravierend verändert. Dabei reden wir heute nicht mehr von Hypothesen für eine mögliche digitale Zukunft, sondern befinden uns inmitten eines laufenden und wohl langfristig anhaltenden Wandlungsprozesses. So entstehen grundsätzlich neue Geschäftsmodelle, bestehende Prozessabläufe werden revolutioniert, neue Märkte bzw. Markzugänge entstehen und die Existenz „analoger" Unternehmen wird vom Erfolg ihrer „digitalen" Wettbewerber zunehmend bedroht. An die aufstrebenden „Digital Leaders" wie Facebook, Google, Amazon, Alibaba, Airbnb, Snap etc. sei hier beispielhaft verwiesen.

Nutzung von Big Data

Neben diesen marktgetriebenen und prozessualen Veränderungen bedeutet die Digitalisierung aber vor allem eines: Immer mehr Daten entstehen und müssen genutzt werden, um erfolgreich zu sein! Digital unterstützte Prozesse und damit verbundene Transaktionen generieren neue Datenpunkte. Diese entstehen nicht nur innerhalb einzelner Unternehmen (bspw. durch Sensorik in der Produktion), sondern auch unternehmensübergreifend bzw. unternehmensextern und werden zunehmend ausgetauscht und miteinander verknüpft.

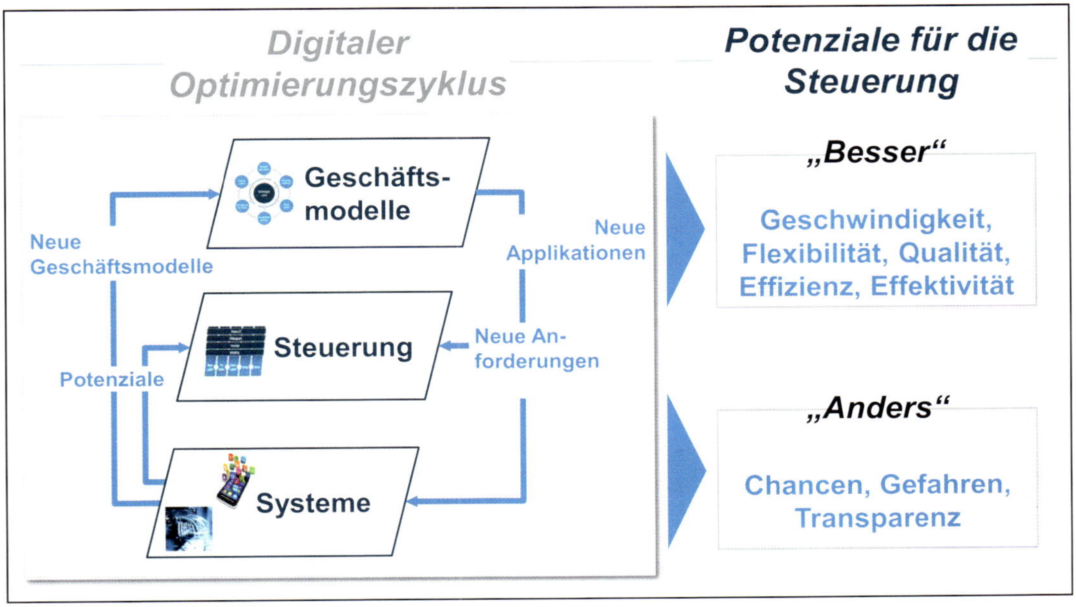

Abb. 1: Unternehmenssteuerung im „digitalen Optimierungszyklus"

Digitale Optimierung

Die Generierung und intelligente Nutzung dieser Datentöpfe ist der Treiber des digitalen Optimierungszyklus (s. Abb. 1). Dieser Zyklus zeigt, dass digitale Geschäftsmodelle neue Systeme und Applikationen (IT-Infrastruktur) erfordern. Diese Systeme bzw. Applikationen stellen neue Daten zur Verfügung, deren Nutzung wiederum neue Geschäftsmodelle ermöglicht.

Unternehmenssteuerung im digitalen Optimierungszyklus

Im Mittelpunkt dieses Zyklus befindet sich die Unternehmenssteuerung. Diese muss auf der einen Seite die neuen Geschäftsmodelle abbilden und damit *anders* werden. Auf der anderen Seite ergeben aus immer leistungsfähigeren Systemen und Applikationen Potenziale für die Unternehmenssteuerung, die Steuerungsprozesse wie Planung, Forecasting und Reporting selbst zu digitalisieren und damit *besser* zu machen. Dies heißt, die Steuerung muss künftig schneller, einfacher und effizienter erfolgen. So können mit Big Data Prognosen und Hochrechnungen automatisiert werden (z.B. „Digital Forecasting"), manuelle Vorgänge im Management Reporting wegfallen (z.B. „Robotics") und neue BI-Tools die Nutzung und Anwendung von Controlling-Lösungen für den Nutzer interaktiver, schneller und einfacher machen („Usability" und „User Experience").

1.2 Vier Thesen zur Steuerung: anders und besser

Die Steuerung im digitalen Umfeld („anders" und „besser") lässt sich in vier Thesen beschreiben (s. Abb. 2):

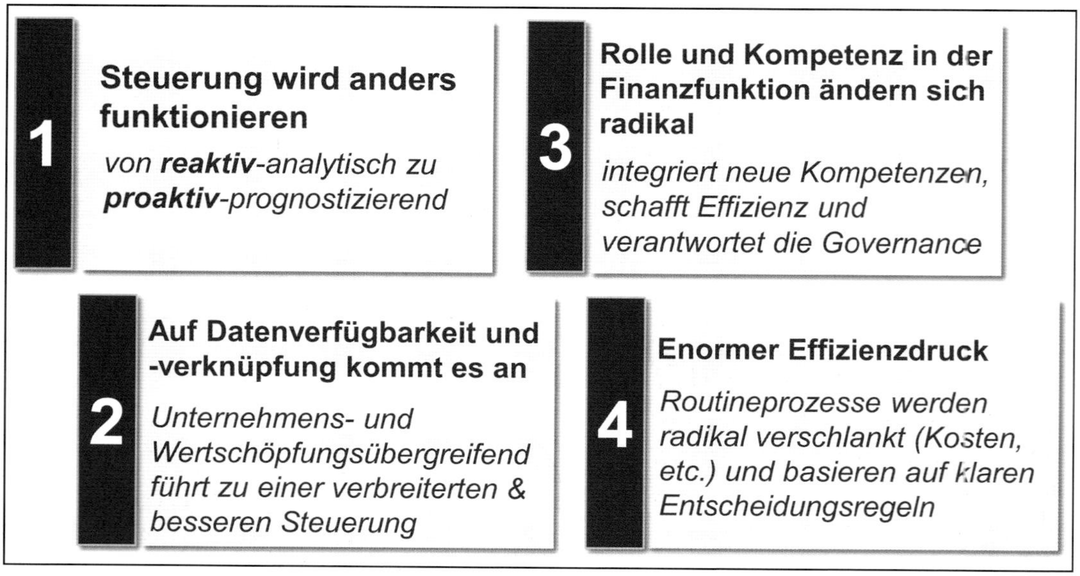

Abb. 2: Thesen der digitalen Unternehmenssteuerung

These 1: Steuerung wird anders funktionieren

Statische, vergangenheitsorientierte Steuerungsmodelle sind passé. Für die Zukunft gilt es, proaktiv-prognostizierenden Steuerungsansätze zu entwickeln. Hierbei lassen sich bspw. mit Hilfe von Big-Data-Analysen automatische Vorhersagen mit hoher Treffergenauigkeit erstellen. Hierzu werden bspw. Predictive-Analytics-Modelle eingesetzt, unter denen man Berechnungsmodelle versteht, die bspw. die Schadenswahrscheinlichkeit einer Person bei Versicherungen oder den Absatz eines Produktes in der Zukunft vorhersagen können.

These 2: Auf Datenverfügbarkeit und -verknüpfung kommt es an

Die Verfügbarkeit und -qualität von Daten wird ein alles entscheidender Faktor. Eine besondere Aufgabe besteht darin, die Qualität von funktionalen und externen Daten sicherzustellen und diese mit finanziellen Daten verknüpfbar zu machen. Dies bedingt eine neue Generation von leistungsfähigen Data Warehouses, geeigneten Modellen und Algorithmen. Forecasts und Prognosen von rechnerischen Modellen sind als Ergebnisse eine Blackbox und von Menschen nicht immer nachvollziehbar.

These 3: Rolle und Kompetenz der Finanzfunktion ändern sich radikal

Die Digitalisierung betrifft alle Facetten der heutigen Struktur und Prozesse der Finanzfunktion. Eine übergreifende (Data-)Governance ist ein Schlüssel zum Erfolg, daneben müssen sich Business Partner zusammen mit Data Scientists vernetzen, um neue Modelle für die digitale Steuerung zu entwickeln.

These 4: Enormer Effizienzdruck

Mit zunehmender Digitalisierung der Geschäftsprozesse, steigt der Druck auf die Finanzfunktion, die eigenen unterstützenden Prozesse weiter auf Effizienz zu trimmen. Insbesondere transaktionale Routinetätigkeiten müssen weiter automatisiert werden und organisatorisch zu zentralen Expert Centern gebündelt werden. Moderne Ansätze wie Robotic Process Automation (RPA) gewinnen auch in Finanzen und Controlling an Bedeutung und unterstützen die zunehmende Automatisierung, wodurch sich eine Verlagerung einiger Prozesse in Expert Center in Zukunft eventuell erübrigen wird.

Finanzen & Controlling darf den digitalen Anschluss nicht verpassen

Der Übergang in die digitale Zukunft beschäftigt jede Branche und jedes Unternehmen. Auch wenn Art, Intensität und Dringlichkeit, mit der dieser Wandel stattfindet, zwischen verschiedenen Branchen unterschiedlich ausgeprägt sein mögen, ist es für den Finanzbereich essenziell, möglichst frühzeitig die eigenen Prozesse, Instrumente und Systeme zu hinterfragen und weiterzuentwickeln, um nicht den Anschluss an

„digitale" operative Unternehmensbereiche und damit an Bedeutung für die Steuerung zu verlieren. Diese Weiterentwicklung betrifft neben der Finanzorganisation nahezu alle Controllingprozesse. Gerade das heutige, in vielen Unternehmen aufwändige, manuelle und oftmals redundant gestaltete Berichtswesen wird sich erheblich durch den Einfluss der Digitalisierung verändern (müssen). Wie ein digitales Reporting in der Zukunft aussehen kann und welche Chancen aber auch Risiken damit verbunden sind, wird in den folgenden Abschnitten behandelt.

2 Management Reporting im digitalen Zeitalter

2.1 Management Reporting & Analytics

Reporting ist mehr als nur Berichte

Zweck des Management Reportings ist es seit jeher, die Entscheider im Unternehmen – die Berichtsempfänger – so mit entscheidungs- bzw. steuerungsrelevanten Informationen zu versorgen, dass sie in der Lage sind, möglichst schnelle und möglichst richtige Entscheidungen zu treffen. Damit dies gelingt, sind „unterhalb" des Reportings leistungsfähige Systeme zu gestalten und zu pflegen, die das Berichtswesen

1. zeitnah, schnell und aufwandsarm
2. mit unternehmensweit einheitlichen und damit vergleichbaren Daten
3. von hoher Qualität und Verlässlichkeit

versorgen. Dies betrifft alle Ebenen von transaktionalen Vorgängen in ERP bzw. anderen operativen Systemen, über die Datenextraktion und -ladevorgänge, die Datenverarbeitung und -bereitstellung im Data Warehouse, die Konsolidierung und letztlich die Datenbereitstellung für die Anzeige im Frontend für Reporting und Analytics. Eine solche Reporting-Gesamtlandschaft und die damit verbundenen Herausforderungen je Ebene bzw. Layer sind in Abb. 3 schematisch dargestellt.

Reporting & Analytics

Im Layer „Reporting & Analytics" (2) sind grundsätzlich das regelmäßige und wiederkehrende Standardreporting vom bedarfs- und nutzergetriebenen Analyse-Reporting (ad-hoc-Reporting) zu unterscheiden. Anspruch des Standardreportings ist es, vordefinierte und einheitliche Berichte in Abhängigkeit von den eingesetzten Technologien im Pull- oder Push-Verfahren möglichst automatisiert und aufwandsarm zur Verfügung zu stellen. Bei der Analyse geht es darum, neue Fragestellungen zu erkennen bzw. ergänzende Details zu bestehenden Fragestellungen zu liefern. Solche Analysen können auf Vergangenheitsdaten basieren („Warum hat sich etwas so entwickelt wie es ist?") oder sich stärker mit der Zukunft beschäftigen („Wie wird sich etwas entwickeln?"). Letzteres ist das Anwendungsfeld von Predictive Analytics, um auf Basis von großen Datenmengen automatisierte Vorhersagen für die Zukunft zu treffen.

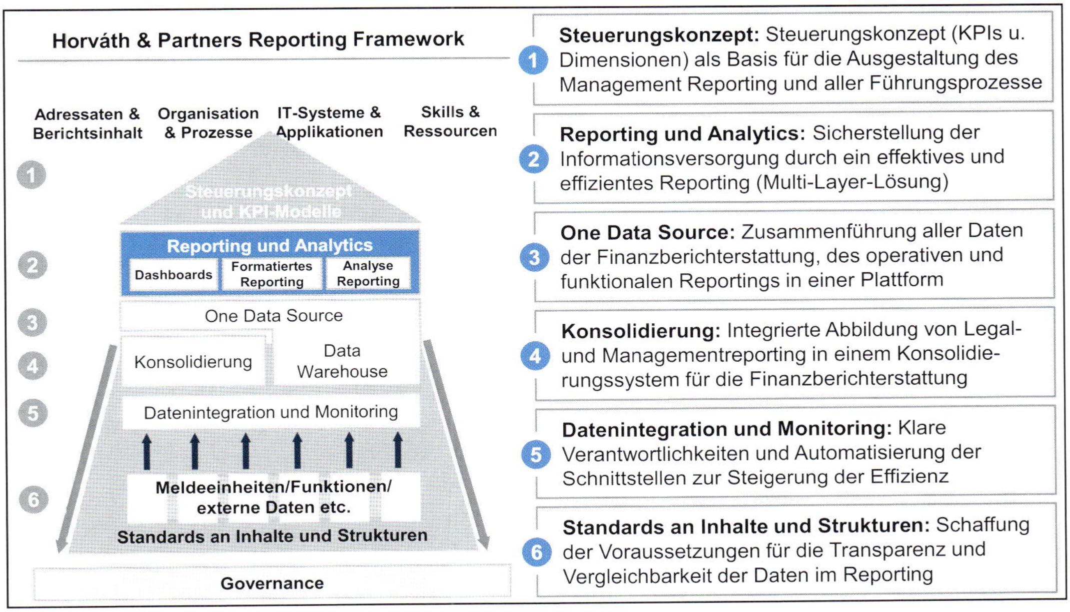

Abb. 3: Einordnung von Reporting & Analytics in der Reporting-Landschaft

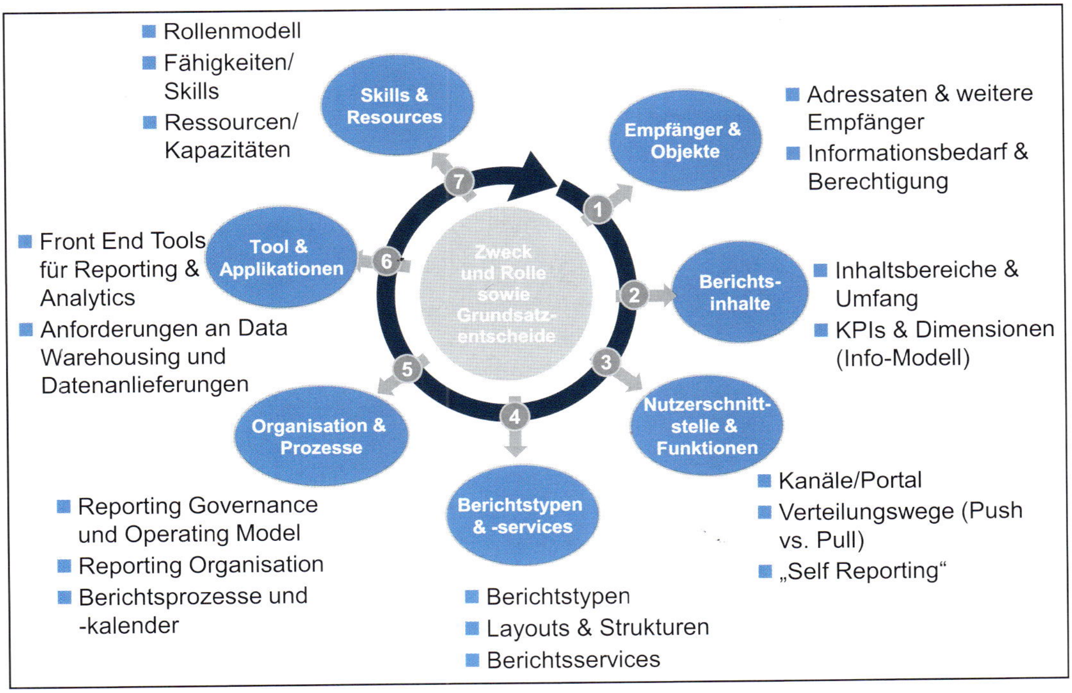

Abb. 4: Elemente einer Reporting-Lösung („Reporting-Rad")

Elemente einer Reporting-Lösung

Die Entwicklung einer geeigneten Lösung für Management Reporting & Analytics basiert auf einem mehrdimensionalen Zusammenspiel verschiedener Faktoren. Abb. 4 fasst die zu beantwortenden Fragen in einer Übersicht zusammen. Jedes Element ist mit den relevanten Stichworten näher beschrieben; auf weitere Details soll an dieser Stelle vorerst nicht eingegangen werden.

2.2 Management Reporting & Analytics im Kontext der Digitalisierung

Stoßrichtungen für ein digitales Reporting

Aus der eingangs beschriebenen Digitalisierung der Unternehmensumwelt und -abläufe sowie der Unternehmenssteuerung insgesamt ergeben sich gleichermaßen neue Möglichkeiten für und Anforderungen an das Reporting.

Während die grundsätzliche Aufgabe des Reportings (die Informationsversorgung der Entscheider) dieselbe bleibt, sind im digitalen Kontext dennoch zahlreiche Veränderungen zu erwarten, die einerseits die Reporting-Inhalte betreffen und andererseits die Art und Weise wie Berichte erstellt, verbreitet und letztlich gelesen werden. Übergreifend sind vier grundsätzliche Stoßrichtungen für ein digitales Reporting zu beobachten (s. auch Abb. 5):

- Mehr **Flexibilität** im Reporting durch die stärkere Integration von finanziellen und nicht-finanziellen Forecasts sowie die Möglichkeit, Steuerung und Reporting flexibel auf situativ relevante bzw. prognostizierte Inhalte/KPIs anzupassen.
- Umfassende **Zusammenführung** und **Integration** externer wie interner Daten für die Stärkung einer allgemeinen Entscheidungsgrundlage.
- Höhere **Individualisierung** der Informationsbereitstellung durch Betonung der Pull- bzw. Empfängersicht sowie die Stärkung kontextabhängiger Darstellungen.
- Fundamentale Verbesserung der **Effizienz** in der Datenermittlung und -bereitstellung durch Standardisierung, Fokussierung und Verschlankung.

Was dies konkret für die Gestaltung und den Aufbau einer Reporting Lösung bedeutet, soll im Folgenden an Hand ausgewählter Elemente des „Reporting-Rades“ aus Abb. 4 weiter konkretisiert werden.

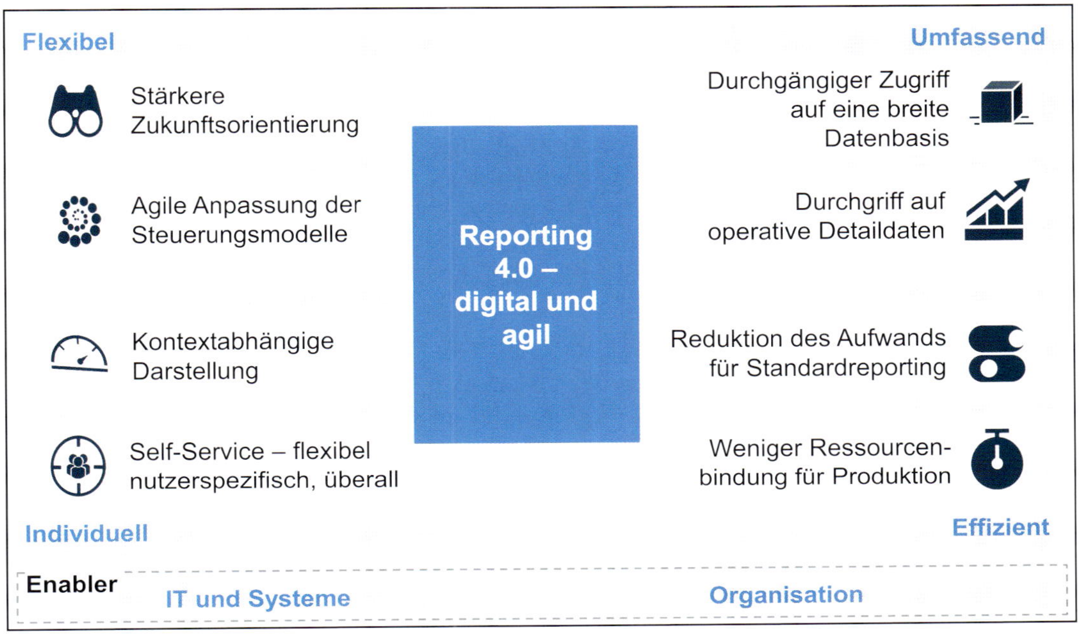

Abb. 5: Stoßrichtungen für das digitale Reporting („Reporting 4.0")

2.2.1 Berichtsinhalte: Ausweitung und intelligente Nutzung

Neben der Art und Weise, wie Berichte im Zuge der Digitalisierung erstellt, verteilt und genutzt werden, liegt die erste große Veränderung in den Berichtsinhalten. Treiber und zugleich Voraussetzung dieser Entwicklung sind die beständig wachsenden Massen von Daten („Big Data"), leistungsfähige Systeme zur Generierung, Verarbeitung und Bereitstellung dieser Daten mittels In-memory Technologien und die leichter zugängliche Anwendung von strukturerkennenden und prädiktiven Algorithmen zur intelligenten Nutzung dieser Daten (auch im Controlling).

Mehr Informationen zusammenbringen

Betrachtet man das heutige Reporting in Praxis, so ist dieses vielmals durch eine kaum überschaubare Anzahl von Einzellösungen für unterschiedliche Inhalte und Funktionen geprägt. Für die Zukunft ist hier eine Zusammenführung dieser Lösungen auf Basis eines zentralen Data Warehouse anzustreben, da nur so eine integrierte Steuerung mit finanziellen und operativen Daten ermöglicht werden kann. So werden für eine angemessene Steuerung finanzielle Informationen noch stärker mit operativen Informationen verschmelzen und neben rein unternehmensinternen auch stärker unternehmensexterne Daten für eine erfolgreiche Steuerung eingesetzt werden müssen. Damit dies gelingen kann, sind bestehende BI-Landschaften zu harmonisieren und Mindeststandards in Bezug auf Datenstrukturen zu definieren und sicherzustellen.

Drill-down bis zum Einzelbeleg

Neben der Ausweitung der Informationsbreite zeichnet sich das digitale Reporting durch viel mehr verfügbare Details aus, sprich die Informationstiefe wird deutlich größer als bisher. Beginnend bei den aggregierten Key Performance Indicators (KPIs) eines Management Cockpits sind bspw. Drill-downs und Absprünge bis in die operativen Details auf Transaktions- bzw. Einzelbelegebene möglich. Während die technischen Möglichkeiten hier nahezu unbegrenzt sind, zeigen Erfahrungen aus der Praxis, dass diese uneingeschränkten Analysemöglichkeiten nicht von allen Nutzern gewünscht sind. Entsprechende Governance-Strukturen müssen hierbei sicherstellen, dass jeder ein für seine Aufgabenstellung und Verantwortung sinnvolles Maß an Informationen erhält.

Flexibles und zukunftsorientiertes Reporting

Mit der Ausweitung der Datenbasis (breiter und tiefer) und Verfügbarkeit intelligenter Algorithmen lassen sich zwei weitere Möglichkeiten für ein digitales Reporting erschließen:

- Mehr Zukunftsbezug: Auf der einen Seite können Forecast-Informationen mit Hilfe von Predictive-Ansätze deutlich effizienter, schneller und in kürzeren Intervallen generiert werden. Der im Reporting meist durch nur einmal im Quartal verfügbare Forecast-Daten eingeschränkte Blick „nach vorne“, kann damit durch quasi tagesaktuelle Prognosen ausgebaut werden. Bestehende „Ist vs. Ist“ oder „Ist vs. Plan“ Vergleiche werden künftig stärker durch „Ist vs. Forecast“-Betrachtungen ersetzt. Das Berichtswesen gewinnt damit an Aussagekraft und Reporting- und Forecastingprozesse werden am Ende dieser Entwicklung möglicherweise komplett verschmolzen sein.
- Mit flexiblen Inhalten zur Renaissance des „Exception Reporting“: Ergänzend ist eine Abkehr von starren Steuerungsansätzen und fest definierten Berichtsinhalten zu erwarten. Während Kennzahlensysteme und die daraus resultierenden Berichtsinhalte durch Experten aus Business und Controlling nach sach-logischen Überlegungen bestmöglich definiert und in Berichten umgesetzt werden, erwarten wir eine Renaissance der Idee des „Exception Reporting“. Dabei können Algorithmen die verwendeten Kennzahlen regelmäßig auf ihre empirische Relevanz prüfen und situativ auf Basis der jeweils aktuellen Datenlage anpassen. Starre Kennzahlenmodelle im Standardreporting werden damit sukzessive abgelöst. Algorithmen erkennen die gerade aktuellen Werttreiber und Berichte passen sich in ihrem Aufbau automatisch so an, dass die relevanten Stellhebel zur Gegensteuerung priorisiert dargestellt werden.

2.2.2 Nutzerschnittstelle und Funktionen

Abkehr vom traditionellen Push-Reporting

Die Nutzerschnittstelle des Reportings definiert die Art und Weise, wie Berichte den Empfängern übermittelt und wie sie von diesen genutzt werden können. Während in Zeiten des Reportings in Excel, PowerPoint und PDF die „Push"-Verteilung dominiert hat (Empfänger haben die Berichte vom Controlling in definierten zeitlichen Intervallen oder anlassbezogen zugesandt bekommen), findet mit dem Einsatz moderner BI-Tools eine Umkehr dieses Push-Prinzips hin zum „pull-orientierten" Reporting statt. Dieses zeichnet sich dadurch aus, dass die Nutzer (auch auf Ebene des Managements) eigenständig online durch Berichte navigieren und mit möglichst wenig „Klicks" mittels vordefinierter bzw. kontextspezifisch vorgeschlagener Analysepfade zwischen den Inhalten jederzeit zu den gerade für sie relevanten Informationen gelangen können („Guided Navigation"). Abb. 6 zeigt den Zusammenhang von Standard Management Reporting und Analysereporting mit der Kombination aus Push- und Pull-Komponenten.

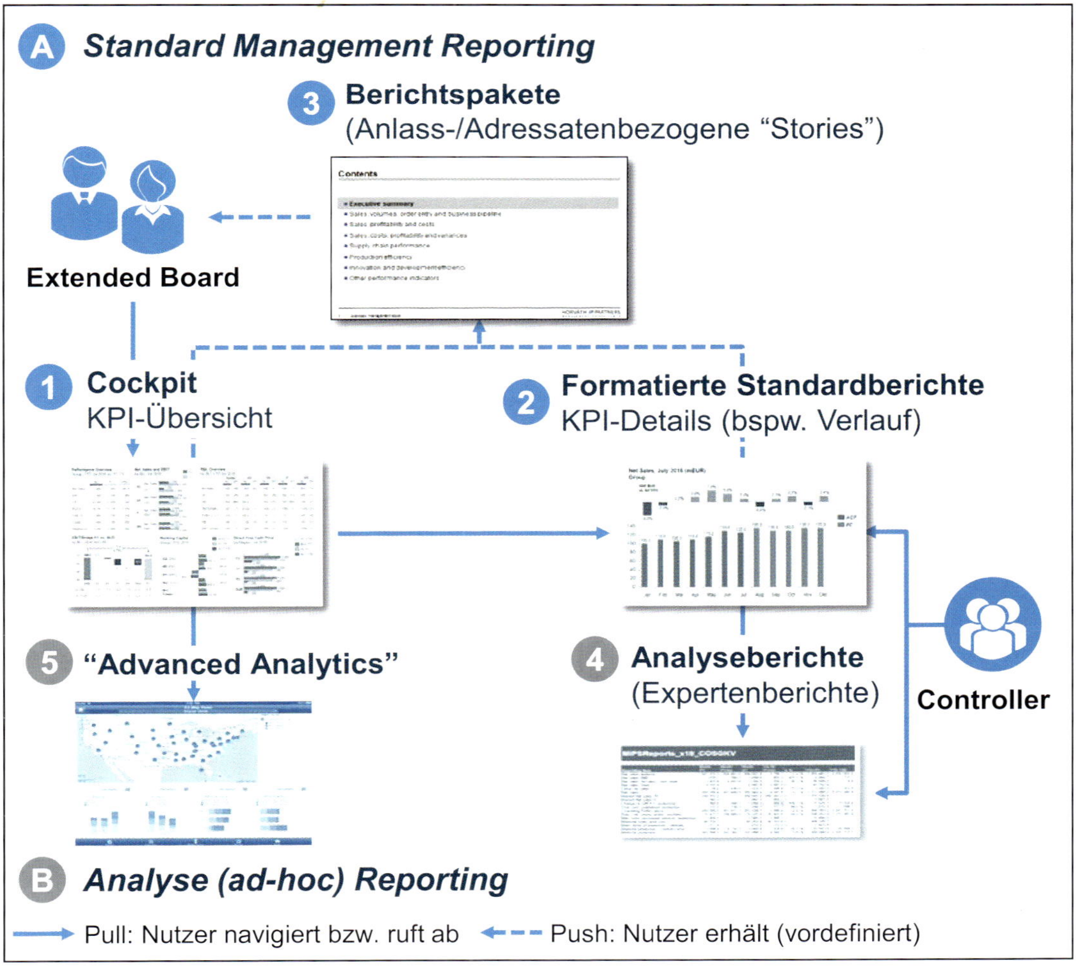

Abb. 6: Kombination aus Push und Pull Reporting in Standard- und Analysereporting

Storytelling und Integration der „letzten Meile"

Trotz aller Diskussionen bei Management Meetings mit online auf Tablets verfügbaren Daten und digitalen „Boardroom-Lösungen“, mit denen Management Teams direkt gemeinsam die Geschäftsentwicklung ansprechend visualisiert analysieren können, wird der Bedarf an klassischen Berichtspaketen bzw. Review-Präsentationen so schnell nicht nachlassen. Diese „letzten Meile“ zum Berichtsempfänger ist bis heute zumeist die Domäne der klassischen Office Applikationen. Trotz online verfügbarer Berichte und Daten werden die relevanten Informationen nochmals in PowerPoint überführt und dort aufwändig aufbereitet. Um diesen „Medienbruch“ künftig zu vermeiden, bieten die meisten BI-Tools den Anwendern mit dem „Storytelling“ heute eine Möglichkeit, übergreifende oder individuelle „Stories“ (=Berichtspakete) online zu erstellen, regelmäßig mit dem letzten Datenstand zu aktualisieren und bei Bedarf mit anderen Nutzern zu teilen.

Mobile Reporting in der Fläche angekommen

Während mobile Reporting-Lösungen in den letzten Jahren oftmals kritisch beäugt oder aus Sicherheitsgründen abgelehnt wurden, hat sich die Verfügbarkeit auf mobilen Endgeräten wie Tablet und Smartphone zu einer zentralen Anforderung entwickelt. BI-Tools unterstützen mit dem „Responsive Design“ die automatische Skalierung bzw. Transformation von der Desktop Ansicht hin zur fokussierten Darstellung auf den meist kleineren Geräten. Auch wenn der gedruckte Monatsbericht auf vielen Schreibtischen immer noch regelmäßig zu beobachten ist, scheint es nur eine Frage der Zeit zu sein, bis Online-Lösungen den traditionellen Print-Bericht weitgehend ersetzt haben werden.

2.2.3 Berichtstypen und -services

Einheitliche Darstellung mit Self-Service

Trotz aller Bestrebungen zur Individualisierung des Reportings bleibt ein übergreifender „Style Guide“ für die Anordnung, Gestaltung und Visualisierung für eine einfache Bedienbarkeit („Usability“), Wiedererkennung und Vergleichbarkeit eine wesentliche Voraussetzung für ein aussagekräftiges und effizientes Berichtswesen. Neben vordefinierten Berichtsseiten sollten die Nutzer im Rahmen eines „Self-Service“-Reportings aber die Möglichkeit bekommen, aus verschiedenen Darstellungen im Rahmen des Standards zu wählen, bestehende Berichtsseiten an ihre individuellen Anforderungen flexibel anzupassen oder auch eigene Berichtsseiten zu konfigurieren und mit dem Team oder unternehmensübergreifend (ggf. nach Prüfung durch eine zentrale Instanz) zu teilen.

Verbesserung der Kommentierung

Moderne Berichtslösungen sollten dem Nutzer nicht nur Informationen visualisieren und eine eigenständige Navigation ermöglichen, sondern weitere Funktionen bzw. Services bieten. Der oftmals in Print-Berichten zu beobachtende, lediglich die Abweichungen erklärende Kommentar durch Controller rückt mit der Verbreitung des „pull-basierten“ Online-

Reportings endlich in den Hintergrund bzw. kann durch systemunterstützte und regelbasierte automatische „Alerts“ ersetzt werden. Kommentare im Sinne von mehrwertstiftenden Handlungsempfehlungen, werden weiterhin vom Controller gefragt sein.

Ausbau von Simulationen und Szenarien im Reporting

Ergänzenden Mehrwert liefern auch Funktionen wie Simulationen im Reporting. Hier eignen sich bspw. interaktive Treiberbaumberichte, bei denen die Veränderungen der wesentlichen Stellschrauben durchgespielt und bspw. mit der Bewertung von Maßnahmenbündeln schnell und einfach Szenarien definiert und bewertet werden können. Die zuvor schon angesprochene Verschmelzung von Forecast/Prognose und Reporting kann dadurch prozess- und tool-basiert vorangetrieben werden.

2.2.4 Organisation und Prozesse

Reporting muss schlanker werden: Einheitlich, automatisch und zentral bereitgestellt

Neben den Effektivitätsgewinnen wird durch die Digitalisierung der ohnehin schon hohe Druck auf die Realisierung von Effizienzgewinnen im Reporting verstärkt. Kaum ein Unternehmen wird künftig bereit sein, den heute durch vielfach manuelle, verteilte und in Teilen redundante Aktivitäten viel zu hohen Aufwand im Reporting zu akzeptieren. Mit der Digitalisierung muss daher auch immer eine Zunahme der Effizienz durch eine weitgehende Automatisierung des gesamten Reporting-Prozesses einhergehen.

Neben einer absoluten Reduktion der eingesetzten Ressourcen muss es durch BI-Tools, die Optimierung von Schnittstellen, den Einsatz von Robotics sowie den bewussten Verzicht auf einzelne Aktivitäten nunmehr auch gelingen, die schon seit Jahren erwartete Optimierung der Ressourcenverteilung stärker in Richtung „Business Partner“ (im Sinne von geschäftsspezifische Analyse und Beratung der Entscheidungsträger) zu realisieren. Wie Abb. 7 zeigt, fallen heute noch mehr als 70 % der Ressourcen im Reporting in den ersten vier Schritten von der Datenbeschaffung bis zur Berichterstellung/-verteilung an. Im Zielbild des digitalen Reportings können Schritte anders ablaufen und weitestgehend automatisiert werden. Neben moderner IT sind insbesondere klare Governance- und Entscheidungsregeln vorzugeben. Einzelne ausgewählte Effizienztreiber sind:

- Vereinfachung und Flexibilisierung des Standardreportings (mehr „Self-Service“ mit zentraler Governance);
- Zentralisierung und Automatisierung von Routinetätigkeiten und Einsatz von „Robotic Process Automation“ (RPA);
- Zentral verfügbares Data Warehouse mit einheitlichem Master Data Management und Vermeidung von Schnittstellen;

- Vermeidung von Medienbrüchen und parallelen Reporting-Lösungen (lokales „Schatten-Reporting“);
- Sicherstellen einer hohen Datenqualität (Vereinheitlichung der operativen Prozesse).

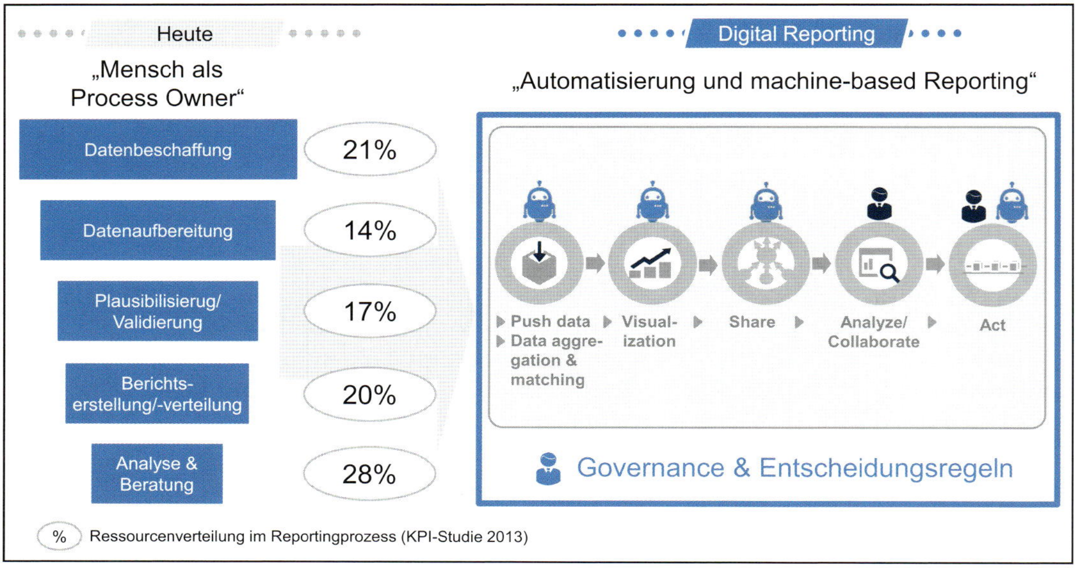

Abb. 7: Mehr Effizienz durch „machine-based Reporting“

2.2.5 Tools und Applikationen

Wandel der BI-Architekturen

Mit der Digitalisierung stehen die gesamten BI-Architekturen zur Diskussion und befinden sich im Umbruch. Dies betrifft alle Ebenen der zuvor in Abb. 2 dargestellten Reporting-Landschaft. Ohne auf die Veränderungen in den operativen ERP-Systemen, bspw. durch die Migration auf S4/HANA und daraus resultierende Optionen für die Gestaltung von Data Warehouse-Optionen, weiter eingehen zu wollen, stellen diese Systeme die Basis für die einzusetzenden BI-Front-Ends dar. Da das Management Reporting immer nicht rein auf ERP-Daten basieren wird, sondern mit weiteren funktionalen und externen Informationen angereichert wird, sind Data Warehouse-Lösungen trotz eines möglichen direkten Zugriffs in die ERP-Systeme (in Echtzeit) auch in Zukunft nötig.

Showcases zur Auswahl der richtigen BI-Werkzeuge

Um den oben beschriebenen funktionalen Veränderungen im Reporting gerecht zu werden, muss jedes Unternehmen ein für sich geeignetes Front-End-Tool auswählen. Insgesamt ist eine hohe Dynamik am Markt für BI-Tools zu beobachten. Viele Anbieter stellen ihr Tool-Portfolio grundsätzlich neu auf, um die Anforderungen an Integration, Usability,

Self-Service, Schnelligkeit und Ausbau des Funktionsumfangs (Interaktion, Workflows, Collaboration etc.) zu steigern. Für die Auswahl eines geeigneten BI-Werkzeugs empfiehlt sich noch immer ein mehrstufiges Software-Auswahl verfahren mit einheitlichen Bewertungskriterien und am besten mit mehreren Lösungspräsentationen inkl. eines möglichst kundenspezifischen Showcases.

2.2.6 Skills und Ressourcen

Controller und Data Scientists

Die künftige Rolle und Integration von „Data Scientists" ist eine der aktuellsten Fragestellungen im Controlling. Wie verändert sich die Rolle des Controllers? Welche Rolle nimmt der Data Scientist ein? Wie arbeiten diese Rollen zusammen oder wie grenzen sie sich ab? Werden Data Scientists im Controlling verortet sein, in der IT oder in anderen Funktionen? Diskussionen und Erfahrungen zeigen, dass all diese Fragestellungen noch nicht endgültig beantwortet sind. Klar scheint jedoch: Das Controlling benötigt Expertise bzw. Unterstützung bei der Gestaltung von komplexen Algorithmen zur Nutzung der Potenziale aus Big Data. Hingegen werden Data Scientists (Mathematiker, Statistiker, Physiker etc.) alleine keine Modelle zur Lösung betriebswirtschaftlicher Fragestellungen entwickeln. Folglich bedarf es eines integrierten Zusammenspiels beider Rollenbilder. Unabhängig von der organisatorischen Zuordnung (mehrere Modelle sind denkbar), müssen geeignete Wege der Zusammenarbeit prozessual, systemtechnisch und auch kulturell entwickelt werden. Viele Konzerne sind derzeit dabei in Form von „Digital Steering Labs" Organisationseinheiten zu schaffen, in denen projektbasiert neue Ansätze und Modelle zur digitalen Unternehmenssteuerung entwickelt und erprobt werden können, bevor diese dann optimiert und in die Fläche ausgerollt werden.

Controlling muss drei Rollen strikt trennen

Im Sinne einer rollenbasierten Controllingorganisation mit den drei Rollen Governance, Design & Produktion sowie Berater („Business Partner") liegt die Herausforderung für das Controlling darin, die „Governance" und das „Business Partnering" auszubauen und zu stärken (s. Abb. 8). Nur so können Controlling- und Reporting-Lösungen entwickelt werden, die die Steuerung verbessern und dem Business einen Mehrwert liefern. Alle Routine-Tätigkeiten für die Gestaltung und Produktion von Reporting-Lösungen sind zur Erzielung von Effizienzvorteilen organisatorisch in Expert Centern (BI Competence Center) zu zentralisieren und mittels moderner IT-Unterstützung zu automatisieren.

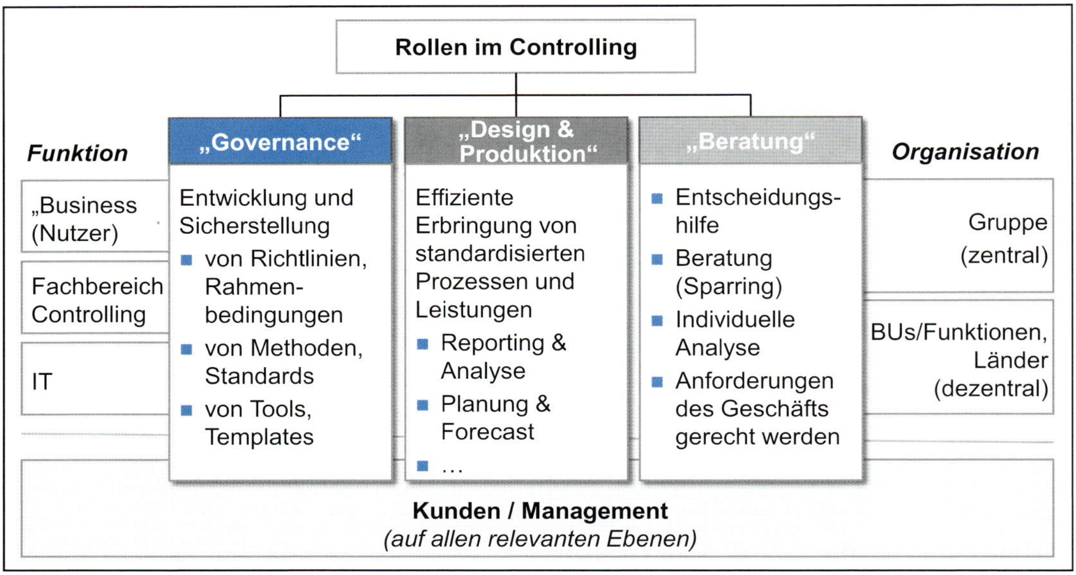

Abb. 8: Rollenmodell in Controlling und Reporting

3 Fazit

Die Digitalisierung verändert die Strategien, Geschäftsmodelle und viele unserer heutigen Unternehmensprozesse. Damit muss sich auch die Unternehmenssteuerung im Allgemeinen und das Reporting im Speziellen verändern. Zusammengefasst gilt damit: Steuerung und Reporting müssen *anders* und *besser* werden. Wie die Ausführungen gezeigt haben, heißt anders für das Reporting der Zukunft, dass die Potenziale aus Big Data sowohl für Standardreporting als auch für Analyseberichtswesen genutzt werden müssen. Berichte werden neben finanziellen Informationen noch stärker (integriert) auch funktionale und externe Daten umfassen. Gleichzeitig ermöglicht das Management Reporting einen tieferen Durchblick, d.h. es kann bis auf operative Details und Massendaten geschaut werden. Dies ermöglicht es dem Nutzer, in den Daten neue Strukturen zu erkennen und wiederum die Steuerung zu verbessern. Mit einer Abkehr vom traditionellen „Push Reporting“ (Berichte werden an den Empfänger versandt) gewinnt der Empfänger die Möglichkeit, nach eigenen Anforderungen online mittels „Guided Navigation“ durch die Berichte zu navigieren und sich eigene „Stories“ zusammenzustellen. Reporting wird damit individueller, flexibler und schneller. Besser muss das Reporting insbesondere in Bezug auf die

Effizienz werden. Die Digitalisierung muss auch die Prozesse des Reportings grundlegend verändern. Stichworte hierbei sind Automatisierung und Standardisierung. Damit werden Ressourcen im Bereich von „Design & Produktion" von Berichten frei. Gleichzeitig sind für einen erfolgreichen Umgang mit der Digitalisierung aber die zwei anderen Controlling-Rollen i. S. v. „Governance" und Beratung bzw. „Business Partner" zu stärken und auszubauen. Neben diese klassischen Controlling-Rollen tritt künftig verstärkt der „Data Scientist". Im Rahmen von digitalen „Steering Labs" muss es Controllern und Data Scientists gemeinsam mit dem Business gelingen, Algorithmen und Modelle zur Verwendung von Big Data im Controlling zu entwickeln, auszuprobieren und letztlich in der Fläche für eine digitale Steuerung auszurollen.

Die Digitalisierung stellt für das Reporting somit Chance und Risiko dar. Das Risiko liegt insbesondere darin, wenn das Controlling nicht frühzeitig beginnt, die Potenziale der Digitalisierung zu bewerten und entsprechende Entwicklungen in der BI-Architektur und in den eigenen Prozessen anzustoßen. Andernfalls werden andere Bereiche im Unternehmen in diese Lücke stoßen und eigene Instrumente für die Steuerung entwickeln; das klassische finanzielle Berichtswesen wird damit an Bedeutung verlieren und das Controlling seiner Rolle als Business Partner nicht mehr gerecht werden können. Andererseits müssen bei allen Entwicklungen aber auch die Bedürfnisse der Kunden des Controllings beachtet werden. Jede der diskutierten Entwicklungen und technischen Möglichkeiten muss mit den Nutzern bzw. Nutzerinteressen kritisch reflektiert werden, um die bekannten dysfunktionalen Effekte wie Informationsüberflutung und Überforderung der Empfänger zu vermeiden. Am Ende müssen Einfachheit, Schnelligkeit und Nachvollziehbarkeit trotz aller Möglichkeiten von Big Data, Predictive Analytics und dem Einsatz von Robotern gewährt bleiben.

4 Literaturempfehlungen

Feindt/Grüßing, Strategische Entscheidungen mit automatisierten Prognosen operativ umsetzen, in Gleich/Grönke/Leyk/Kirchmann (Hrsg.), Controlling und Big Data, 2014.

Gleich/Horváth/Michel (Hrsg.), Management Reporting – Grundlagen, Praxis und Perspektiven, 2008.

Grönke/Heimel, Big Data im CFO-Bereich – Kompetenzanforderungen an den Controller, in Controlling, 2015.

Grönke/Leyk/Kirchmann, Big Data: Auswirkungen auf Instrumente und Organisation der Unternehmenssteuerung, in Gleich/Grönke/Leyk/Kirchmann (Hrsg.), Controlling und Big Data, 2014.

Horváth & Partners (Hrsg.), KPI-Studie 2013 – Mehr DNA in Steuerung und Reporting, Studienbericht, 2014.

Isensee/Gräf, Die richtigen KPIs in Steuerung und Reporting – Neue Technologien als wesentliche Treiber des Wandels, CFO aktuell, 2014, S. 131–133.

Kieninger/Mehanna/Michel, Auswirkungen der Digitalisierung auf die Unternehmenssteuerung, in Controlling im digitalen Zeitalter, 2015.

Kirchmann/Tobias/Cengizeroglu, Reporting 2025 – Die Zukunft des Reporting im Zuge der Digitalisierung, in Digital Controlling & Simple Finance: Die Zukunft der Unternehmenssteuerung, 2016, S. 25–36.

Lanquillon/Mallow, Advanced Analytics mit Big Data, in Praxishandbuch Big Data, 2015, S. 55–89.

Mehanna, Digital Forecasts, in Business Intelligence Magazine, 2016, S. 22–25.

Niebecker/Kirchmann, Group Reporting und Konsolidierung – Optimierung der internen und externen Berichterstattung, Ansätze zur Prozessverbesserung, effiziente Unterstützung der Berichtsprozesse, 2011.

Satzger/Holtmann/Peter, Advanced Analytics im Controlling – Potenzial und Anwendung für Umsatz- und Kostenprognosen, in: Controlling – Zeitschrift für erfolgsorientierte Unternehmenssteuerung, 2015, S. 229–235.

Weber/Malz/Lührmann, Excellence im Management Reporting – Transparenz für die Unternehmenssteuerung, Advanced Controlling, 2008.

Treiberbasierte Steuerung: Anwendungsszenarien für modernes Management Reporting, Planung und Forecasting

- Treibermodelle bilden das Rückgrat einer geschäftsmodellorientierten Unternehmenssteuerung und führen zu einem Paradigmenwechsel in der Steuerung.
- Der Einsatz von Treibermodellen in Management Reporting, Planung und Forecasting führt zu einer effizienteren und intuitiveren bzw. verständlicheren Steuerung durch Fokussierung und Abbildung von Zusammenhängen.
- Die Digitalisierung der Unternehmensumwelt wirkt als Katalysator für die Anwendung von Treibermodellen in der Unternehmenssteuerung. Aus möglichen Anwendungsszenarien ergeben sich neue Anforderungen an BI-Tools für Reporting sowie Planung und Forecasting.
- Die Umsetzung erfordert eine Weiterentwicklung von Kompetenzen im Controlling bzw. den Einsatz von „Data Scientists" zur Modellierung von Modellen und Algorithmen.

Inhalt — **Seite**

Die Autoren

Dr. Johannes Isensee, Senior Project Manager im Competence Center Controlling & Finance bei Horváth & Partners Management Consultants in Hamburg.

Dr. Andreas Lemmerer, Managing Consultant im Competence Center Controlling & Finance bei Horváth & Partners Management Consultants in München.

1 Herkömmliche vs. treiberbasierte Steuerung

1.1 Herausforderungen in der Unternehmenssteuerung

Ideal moderner Unternehmenssteuerung

Eine erfolgreiche Unternehmenssteuerung zeichnet sich neben einer möglichst hohen Prozesseffizienz durch einen maximalen Steuerungsnutzen aus. Dieser wiederum äußert sich darin, dass alle wesentlichen Steuerungsprozesse positiv zur Entscheidungsfindung und Maßnahmenableitung und -kontrolle beitragen. Entscheidungen müssen dabei immer sowohl die operativen Veränderungen (Prozessveränderungen) als auch ihre finanziellen Auswirkungen berücksichtigen, bspw. im Hinblick auf GuV und Bilanz. D. h., im Rahmen der Steuerung müssen die finanzielle und die operative Sicht in Einklang bzw. miteinander „zum Sprechen" gebracht werden. Dies gelingt nur, wenn

- einerseits Abweichungen im finanziellen Ergebnis jederzeit rückblickend anhand ihre operativen Treiber erklärt werden können und
- andererseits auch erwartete Veränderungen der Treiber vorausschauend mit Blick auf das künftige finanzielle Ergebnis bewertet werden können.

Verzahnung in der Praxis oft nur mangelhaft

Der Blick in die Realität der Unternehmenssteuerung, im Speziellen für die Steuerungsprozesse Reporting, Planung und Forecasting, zeigt hingegen häufig Schwächen in der oben angesprochenen Verzahnung von operativen Treibern (bzw. KPIs) und dem finanziellen Ergebnis auf.

Die übergreifende Steuerung auf Konzern-, Unternehmens- oder Geschäftsbereichsebene ist meist dominiert durch finanzielle Größen, während die funktionale oder prozessuale Steuerung wiederum stark auf operativen Details basiert, ohne dass ein Zusammenhang zu den finanziellen KPIs aus den Bereichen Ergebnis, Umsatz, Kosten oder Working Capital besteht.

Folglich mangelt es den genannten Steuerungsprozessen an Instrumenten bzw. KPI-Modellen, welche

- das Geschäftsmodell des Unternehmens- bzw. einer Unternehmenseinheit spezifisch entsprechend der relevanten Erfolgsfaktoren abbilden und verständlich visualisieren,
- eine durchgängige Sicht von finanziellen bis auf nicht-finanzielle Größen ermöglichen (sowohl zur Ursachenanalyse als auch zur Prognose),
- die Grundlage für eine Maßnahmenableitung und -steuerung bilden,
- auch externe Indikatoren im Sinne einer Früherkennung integrieren und für die interne Steuerung verwendbar machen.

Treibermodelle als Lösung

Projekterfahrungen und Studien im deutschsprachigen Raum zeigen, dass Experten im Thema Unternehmenssteuerung (sowohl Controller als auch Manager) in Treibermodellen eine der zukunftsweisenden Möglichkeiten sehen, um die Unternehmenssteuerung methodisch weiterzuentwickeln und gleichzeitig effektiver und effizienter zu machen.[1] Treibermodelle bilden somit das Rückgrat einer fokussierten, durchgängigen und stärker geschäftsmodellorientierten Steuerung. Sie erlauben einen ganzheitlichen Blick auf die relevanten Kennzahlen über verschiedene Organisationsbereiche und unterstützen bei Verfügbarkeit aller relevanten Daten und entsprechender Tools/Algorithmen eine stärker intuitive und maßnahmenorientierte Unternehmenssteuerung.

„Treiber" der treiberbasierten Steuerung

Mehrere Entwicklungen wirken derzeit positiv auf eine Umsetzung einer treiberbasierten Steuerung. Hierzu zählen

- der Wunsch nach einfachen, schlanken und dennoch aussagekräftigen Steuerungsinstrumenten,
- der damit verbundene Bedarf einer Ausrichtung der Steuerung an den Geschäftsspezifika und relevanten Erfolgsfaktoren (gemeinsame Sprache mit dem „Business“),
- die zunehmende integrierte Verfügbarkeit von finanziellen und nichtfinanziellen Daten („Big Data“) und
- immer leistungsfähigere Algorithmen zur Erkennung von Strukturen und zur Prognose sowie geeignete BI-Tools zur Visualisierung und Anwendung von Treibermodellen.

Die möglichst vollständige Ausrichtung der Prozesse Reporting, Planung und Forecasting auf die relevanten Treiber stellt somit nicht nur sicher, dass künftig die richtigen Größen in der Steuerung Beachtung finden, sondern macht die Steuerung durch weniger Inhalte und geeignete Tool-Unterstützung auch einfacher und effizienter.

Aufbau des Beitrags

Im folgenden Abschnitt werden zunächst das Verständnis und der Aufbau von Treibermodellen als wesentliches Instrument der treiberbasierten Steuerung dargelegt. Der zweite Abschnitt zeigt Anwendungsszenarien in Management Reporting und Planung/Forecasting auf. Im dritten Abschnitt werden die Anforderungen und heutige Möglichkeiten für eine Umsetzung in verschiedenen BI-Tools beschrieben. Der Beitrag endet mit einem kurzen Fazit und Ausblick.

1.2 Treiberbasierte Unternehmenssteuerung und Treibermodelle

Definition Treibermodelle

Kerngedanke der treiberbasierten Steuerung ist es, die relevanten Prozesse (Reporting, Planung und Forecasting) durch den Einsatz eines Treibermodells als Kennzahlensystem inhaltlich zu fokussieren und stärker die

[1] Vgl. Horváth & Partners, 2014; Horváth & Partners, 2016.

Wirkungszusammenhänge zwischen finanziellen und operativen Größen zu berücksichtigen. Ziel ist dabei eine Steigerung sowohl der Effektivität als auch der Effizienz von Steuerung und Controlling.

Entsprechend dieser Zielsetzung soll unter einem Treibermodell ein Kennzahlensystem verstanden werden, welches die finanziellen Ergebnisgrößen und die sie maßgeblich beeinflussenden operativen Key Performance Indicators (KPIs) zum Zweck einer verbesserten Unternehmenssteuerung in Verbindung setzt.

Anwendungsmöglichkeiten in der treiberbasierten Steuerung

Abb. 1 skizziert die Einsatzmöglichkeiten von Treibermodellen in den Prozessen Reporting, Planung, und Forecasting. Alle drei Prozesse profitieren dabei von einer einheitlichen Struktur bzw. einem einheitlichen Denkmuster in Form des Treibermodells. Dies fördert die Konsistenz der Ergebnisse, bildet die Basis für einheitliche Überleitungen und strukturiert bzw. unterstützt die Kommentierung von Veränderungen entlang der wesentlichen Einflussfaktoren.

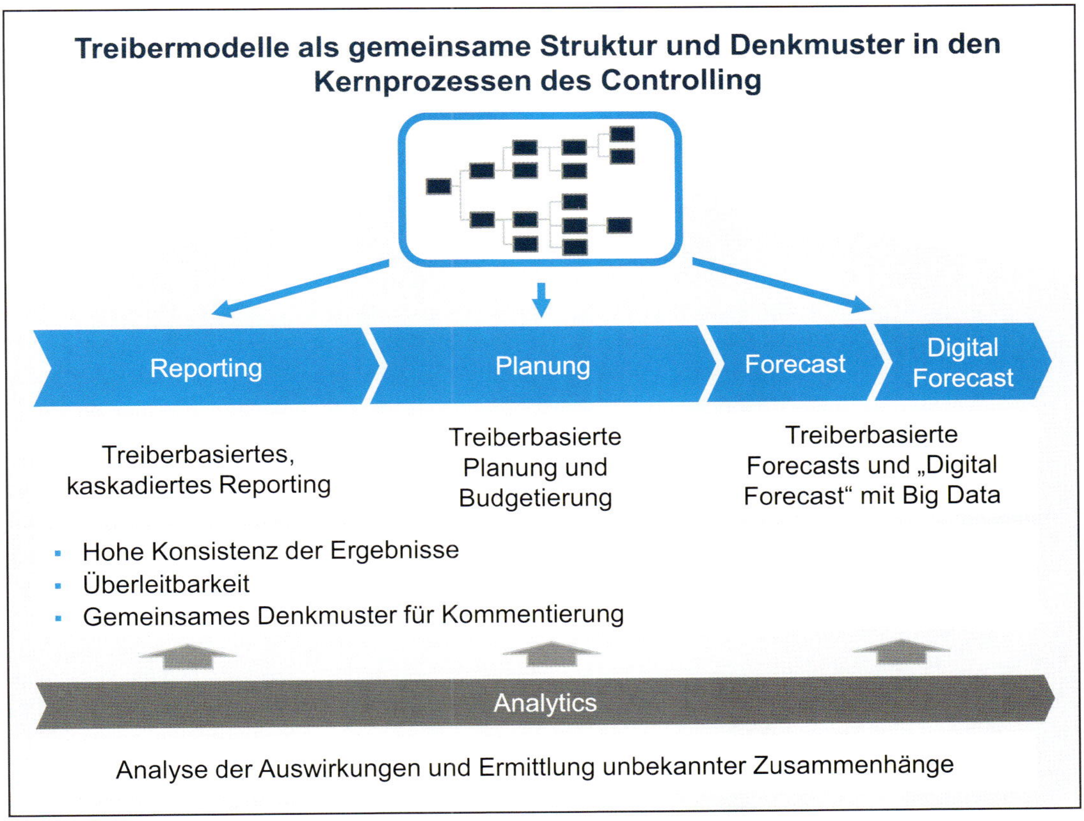

Abb. 1: Einsatz von Treibermodellen in Reporting, Planung und Forecasting

Treibermodelle im Management Reporting

Das Management Reporting profitiert u.a. von der durchgängigen Struktur des Treibermodells. Es lassen sich verschiedene Ausbaustufen eines treiberbasierten Berichtswesens unterscheiden, die von einer rein inhaltlichen Strukturierung der Berichtsinhalte/-seiten entlang des Treiberbaums, über interaktive Treibermodell-Berichte inkl. Analyse- und Simulationsmöglichkeiten hin zur systemgetriebenen Konfiguration von Berichten auf Basis der relevanten Treiber im Sinne eines „Exception Reportings" reichen. Im Sinne einer durchgängigen Steuerung können Abweichungen in den Istzahlen durchgehend bis „runter" in die operativen Details analysiert („drill-down") und auch vorausschauend simuliert werden (z.B. „Was wäre wenn?"-Analysen).

Moderne treiberbasierte Planung und Forecasting

Die finanziellen Auswirkungen aus Veränderungen der (operativen) Treiber können mit Hilfe von Treibermodellen auch im Rahmen von Planung und Forecasting genutzt werden. Hierbei können konkrete Veränderungen der Treiber in Form von Maßnahmen simuliert werden. Einzelne Maßnahmen lassen sich dabei zu Szenarien bündeln und das Resultat zum Beispiel als Top-down Planung („Frontloading") oder als treiberbasierten Forecast verabschieden. Aufwandsintensive, umfassende und oft bottom-up getriebene Prozesse, können so durch transparente/maßnahmenorientierte, interaktive und schnelle top-down Prozesse ersetzt werden.

Digital Forecast mit Hilfe von „Big Data"

Ein vergleichsweise neuer und innovativer Anwendungsfall zeigt sich im sog. „Digital Forecast". Die Prognose einzelner KPIs basiert dabei auf „Big Data", d.h. einer Unmenge von strukturierten wie unstrukturierten, unternehmensinternen und -externen Daten. Während Treibermodelle für Reporting, Planung und den klassischen Forecast in der Regel deterministisch aufgebaut und folglich objektiv nachvollziehbar sind, wird ein solches „klassisches Treibermodell" beim Digital Forecast durch Algorithmen um Inhalte aus einem „Data Lake" ergänzt und berechnet. Je nach Rechenmodell bildet das Resultat eines solchen Forecasts jedoch das Ergebnis einer „Blackbox", d.h., dass der Rechenweg des Modells und die Annahmen nicht mehr zwangsläufig nachvollziehbar sind (s. das spätere Beispiel in Abschnitt 2).

1.3 Aufbau und Entwicklung von Treibermodellen

Mehrstufiger Aufbau von Treibermodellen

Treibermodelle sollen finanzielle Spitzenkennzahlen, wie ROCE, RONA, CFROI oder EBIT operationalisieren, d.h. in weitere, konkretere Kennzahlen „zerlegen", und damit besser greif- und steuerbar machen. Mit Hilfe dieser Modelle kann folglich jedem Akteur sein individueller „Stellhebel" erklärt und sein Ergebnisbeitrag durch die Zusammenhänge mit übergeordneten Größen erläutert werden. Hierzu sollten Treibermodelle einem mehrstufigen Aufbau folgen, der schematisch in Abb. 2 dargestellt ist.

Die Entwicklung eines Treibermodells folgt idealerweise einem strukturierten Vorgehen in fünf Schritten:

Schritte zur Entwicklung von Treibermodellen

- Festlegung des Anwendungsfalls
- Auswahl der relevanten Organisationseinheit(en)
- Festlegung von Spitzenkennzahl und finanzielle Zerlegung
- Integration von operativen und externen Daten
- Validierung des Modells

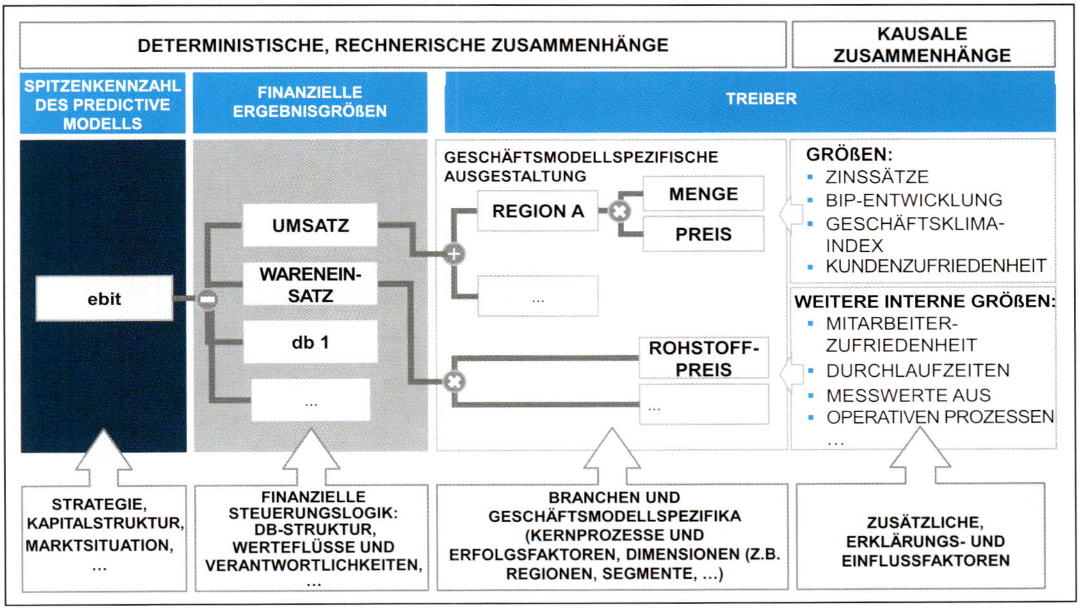

Abb. 2: Schematischer Aufbau von Treibermodellen

Jeder einzelne Schritt wird im Folgenden kurz überblickartig beschrieben.

Die Wahl des Anwendungsfalls entspricht im Wesentlichen der Festlegung und Konkretisierung des Steuerungsprozesses, der durch das Treibermodell unterstützt werden soll. Jeder Anwendungsfall bringt bestimmte Anforderungen an das Design bzw. den Aufbau des Treibermodells mit sich. So unterscheiden sich Treibermodelle für Reporting und Planung/Forecasting bspw. in den Anforderungen an die Rechenbarkeit der Modelle:

Schritt 1: Festlegung und Beschreibung des Anwendungsfalls

Während es für ein rein darstellendes Reporting ausreichend sein kann, operative oder externe Indikatoren logisch bzw. kausal, d.h. ohne rechnerische Zusammenhänge zu verknüpfen, bedingt ein Planungs- oder Forecast-Modell eindeutig rechnerische Zusammenhänge, welche idealerweise auch Spezifika wie Zeitverzögerungen, sprungfixe Zusammenhänge[2] etc. berücksichtigen.

Schritt 2: Auswahl der relevanten Organisationseinheit

Ist der Anwendungsfall beschrieben, ist im nächsten Schritt die relevante Organisationseinheit zu definieren, für die ein Treibermodell erarbeitet werden soll. Für eine bessere Übersichtlichkeit empfiehlt sich hier anstelle eines „Gesamtmodells" ein modularer Ansatz, bei dem vom Konzern bzw. Gesamtunternehmen über Geschäftsfelder (Business Units) und Funktionen einzelne Treibermodelle bis hin zu den operativen Prozessen definiert werden. Wie in Abb. 3 illustriert kann eine Verkettung der einzelnen Organisationseinheiten in der Art erfolgen, dass einzelne Treiber einer übergeordneten Einheit die Spitzenkennzahl einer Nachfolgenden darstellen.

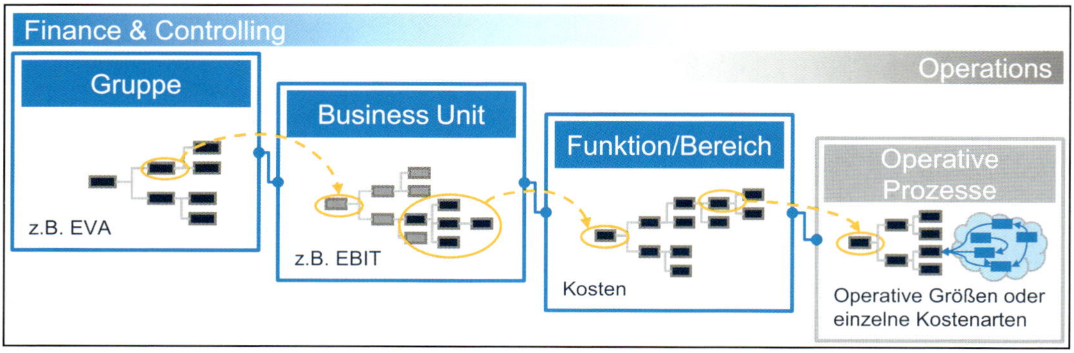

Abb. 3: Hierarchische Verknüpfung von einzelnen Treibermodellen

Schritt 3: Festlegung der Spitzenkennzahl und finanzielle Zerlegung

Je Organisationseinheit ist entsprechend der Steuerungslogik im Unternehmen sowie der Verantwortlichkeit der Einheit die geeignete Spitzenkennzahl auszuwählen. In der Regel ist dies eine finanzielle Größe; kann insb. in den Funktionen bzw. operativen Prozessen aber auch eine nicht-finanzielle Kennzahl zur Messung der operativen Leistungsfähigkeit sein.

Für die weitere Konkretisierung des Modells ist diese Spitzenkennzahl zunächst in ihre finanziellen Bestandteile weiter zu untergliedern (s. die schematische Struktur in Abb. 2). Dies erfolgt in der Regel durch bestehende Schemata, wie die Struktur der Gewinn- und Verlustrechnung oder der Deckungsbeitragsrechnung. Tipp: Wesentlichkeit sollte hierbei über Vollständigkeit gehen. Weniger steuerungsrelevante Positionen können entweder aggregiert oder aus Gründen der Vereinfachung (je nach Anwendungsfall) auch weggelassen werden.

[2] D.h. Entwicklungsverläufe wie bei sprungfixen Kosten.

Die wesentliche Herausforderung bei der Entwicklung eines Treibermodells liegt in diesem vierten Schritt, der Integration der operativen KPIs. Diese sind entsprechend der Spezifika des Geschäftsmodells auszuwählen und mit den finanziellen Größen durch die Modellierung möglichst realitätsnaher Zusammenhänge zu verknüpfen. Auswahl und Festlegung der Zusammenhänge können grundsätzlich auf zwei verschiedene Arten und Weisen erfolgen, wobei Kombinationen beider Verfahren möglich sind.

Schritt 4: Integration von operativen und externen Daten

- **Expertenansatz:** Die Auswahl von Treibern bzw. KPIs und die Modellierung der Zusammenhänge erfolgt auf Basis von Expertenwissen. Das Modell wird in Workshops und Interviews aus den Erfahrungen und Annahmen von verschiedenen Experten aus Business, Funktionen und Controlling erarbeitet.
- **Datengetriebener Ansatz:** Die Modellerarbeitung erfolgt datengetrieben, d.h. auf Basis von Vergangenheitsdaten identifizieren Algorithmen die wesentlichen Einflussfaktoren („Key Influencer") auf die vorab definierten finanziellen Ergebnisgrößen. In Abhängigkeit der eingesetzten Algorithmen bzw. Art der Softwareunterstützung können auch mögliche Arten von Zusammenhängen (statistische Funktionen) vorgeschlagen werden. Mit der Art des Algorithmus variiert auch die Komplexität bzw. die Nachvollziehbarkeit der Treibermodelle. So sind die vergleichsweise einfachen Korrelations- bzw. Regressionsmodelle gut (rechnerisch) nachvollzieh- und interpretierbar. Die Resultate aus komplexen und dynamischen Modellen wie neuronalen Netzen sind hingegen nicht nachvollziehbar.

Den letzten Schritt vor der eigentlichen Anwendung bildet die Validierung des Modells vor dem Hintergrund des spezifischen Anwendungsfalls. Unabhängig davon, ob das Modell durch Expertenwissen oder datengetrieben erarbeitet wurde, empfiehlt sich eine kritische Überprüfung der Inhalte und Zusammenhänge mit Experten aus den betroffenen Funktionen.

Schritt 5: Validierung des Modells

2 Anwendungsszenarien für treiberbasierte Steuerung

Treibermodelle finden aus den genannten zuvor Gründen zunehmend Verbreitung in Management Reporting, Planung und Forecasting. Nach den methodischen Grundlagen werden in diesem Abschnitt Anwendungsszenarien und die damit verbundenen Anforderungen an Treibermodelle und BI-Systeme zur Anwendung beleuchtet. Dies geschieht zunächst für das Management Reporting und danach allgemein für Planung und Forecasting sowie anhand eines aktuellen Praxisbeispiels für einen „Digital Forecast".

2.1 Treiberbasiertes Management Reporting

Treibermodelle als Leitplanke für „Guided Navigation" im Reporting

Anspruch eines treiberbasierten Management Reportings ist es, die Informationsdichte des Reportings zu reduzieren und die Berichtsinhalte in einer logischen Struktur entlang der definierten Zusammenhänge darzustellen und zu analysieren. Ein auf Treibermodellen basierendes Berichtswesen hat damit nicht nur eine höhere Aussagekraft (durch Zusammenhänge, Konsistenz, Vollständigkeit), sondern führt auch zu weniger Aufwand sowohl für das Erstellen von Berichten und bei deren Nutzung. Insbesondere vor dem Hintergrund der zunehmenden Datenverfügbarkeit im „digitalen Reporting" bilden Treibermodelle eine elementare Voraussetzung für die Umsetzung einer „Guided Navigation", die dem Nutzer von interaktiven Berichten sinnvolle Leitplanken für eigenständige aber stets sinnvolle Analyse im Daten- bzw. Berichtspool ermöglicht (= vordefinierte Absprünge und „drill-downs" im Standard- bzw. Analyse-Reporting).

Evolutionsstufen

Der Einsatz von Treibermodellen im Management Reporting kann anhand dreier unterschiedlicher Evolutionsstufen beschrieben werden.

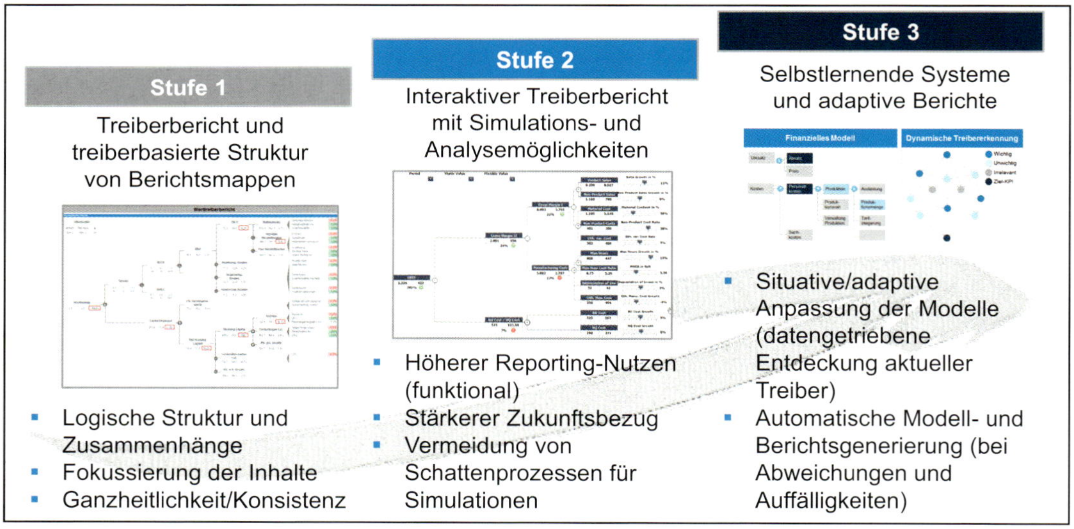

Abb. 4: Evolutionsstufen des treiberbasierten Management Reportings

Stufe 1: Treiberberichte und -strukturen für Berichtsmappen

Treibermodelle als Visualisierungs- und Strukturierungselement

In der ersten Stufe dienen Treibermodelle als Struktur für das Berichtswesen. Eine Einstiegsseite kann dabei ein Bericht bilden, in dem das Treibermodell für eine entsprechende Organisationseinheit in Form eines „Treiberbaums" visualisiert ist. Die visuelle Darstellung fördert das Denken in Zusammenhängen. Farblich hervorgehobene Abweichungen (im Sinne der Ampellogik) zeigen intuitiv auf, welche Pfade zur Erklärung von Abweichungen weiter analysiert und verfolgt werden müssen. Sofern in einem interaktiven Online-Berichtswesen umgesetzt, können von den einzelnen Knoten des Treibermodells Absprünge in ergänzende Detailberichte zu einzelnen KPIs oder aber zu anderen Treibermodellen nachgelagerter Organisationseinheiten angeboten werden (s. erneut Abb. 3).

Stufe 2: Treibermodelle mit Simulations- und Analysemöglichkeiten

Simulationen und treiberbasierte Analysen im Reporting

Interaktive Simulations- und Analysemöglichkeiten stellen den Mehrwert der zweiten Stufe dar. Hierbei dient das Treibermodell nicht nur als rein-visueller Bericht, sondern erlaubt neben Analysemöglichkeiten entlang des Treiberbaums auch die vorausschauende Simulation auf Basis der verfügbaren Istdaten. Durch Veränderung der relevanten „Stellschrauben" im Modell können alternative Entwicklungen in Form von „Was-wäre-wenn"-Simulationen durchgeführt und als mögliches Szenario definiert werden. Sofern dieses mit vereinbarten Maßnahmen hinterlegt wird, bilden diese Maßnahmen auch die Basis für eine Maßnahmensteuerung und Tracking. In der Folge wachsen Ist-Reporting und Forecasting folglich näher prozessual und systemisch zusammen.

Stufe 3: Selbstlernende Systeme und adaptive Berichte

Treiberbasiertes Reporting von Ausnahmen und Auffälligkeiten

Auf der letzten Stufe vollzieht sich ein Wandel von fest definierten Treibermodellen hin zu agilen Treibermodellen bzw. Kennzahlensystemen. Agil meint hierbei, dass datengetrieben nahezu in Echtzeit die jeweils für bestimmte Abweichungen relevanten Treiber erkannt und berichtet werden. Das treiberbasierte Management Reporting entspricht dabei einer Form des „Exception Reporting", bei dem sich situationsspezifisch entsprechende Treiberberichte generieren. Diese dritte Stufe beschreibt aufgrund der besonderen technischen Anforderungen folglich eher ein Zukunftsbild als die heutige Realität; auch wenn einzelne Softwarelösungen diesen Weg in Ansätzen bereits einschlagen und technisch unterstützen.

Beispiel beim Automobilzulieferer

Abb. 5 zeigt ein Beispiel für einen Treiberbericht mit Simulationsmöglichkeit entsprechend der beschriebenen zweiten Stufe. Dieses vereinfachte Beispiel[3] basiert auf der Spitzenkennzahl „Earnings before

[3] Das gezeigte Beispiel ist im Hinblick auf die Auswahl der KPIs (Treiber) und der Zusammenhänge vereinfacht. Es werden nur die wichtigsten Zusammenhänge linearer Art dargestellt. Zudem erfolgt in diesem Fall keine automatische Berücksichtigung von sprungfixen Effekten oder Kapazitätsgrenzen oder zeitlichen Verzögerungen in der Wirkung.

Interests and Taxes“ (EBIT) und umfasst ausgewählte relevante finanzielle und operative Treiber. Für jede KPI sind für zwei Perioden je ein fixer Wertetyp und ein flexibler Referenzwertetyp auswählbar. Mit Hilfe der „Stellhebel“ werden die Werte des als flexibel ausgewählten Wertetyps prozentual verändert und die entsprechenden Veränderungen gegenüber der Vergleichsperiode ausgegeben. Die Umsetzung erfolgte inkl. BW-Datenanbindung in SAP BO Dashboard.

Wie Abschnitt 3 zeigt bieten gängige BI-Tools zunehmend Unterstützung sowohl für die Modellierung und Visualisierung von Treibermodellen als auch in den Möglichkeiten für die Erkennung von Zusammenhängen und die Anwendung von Simulationen.

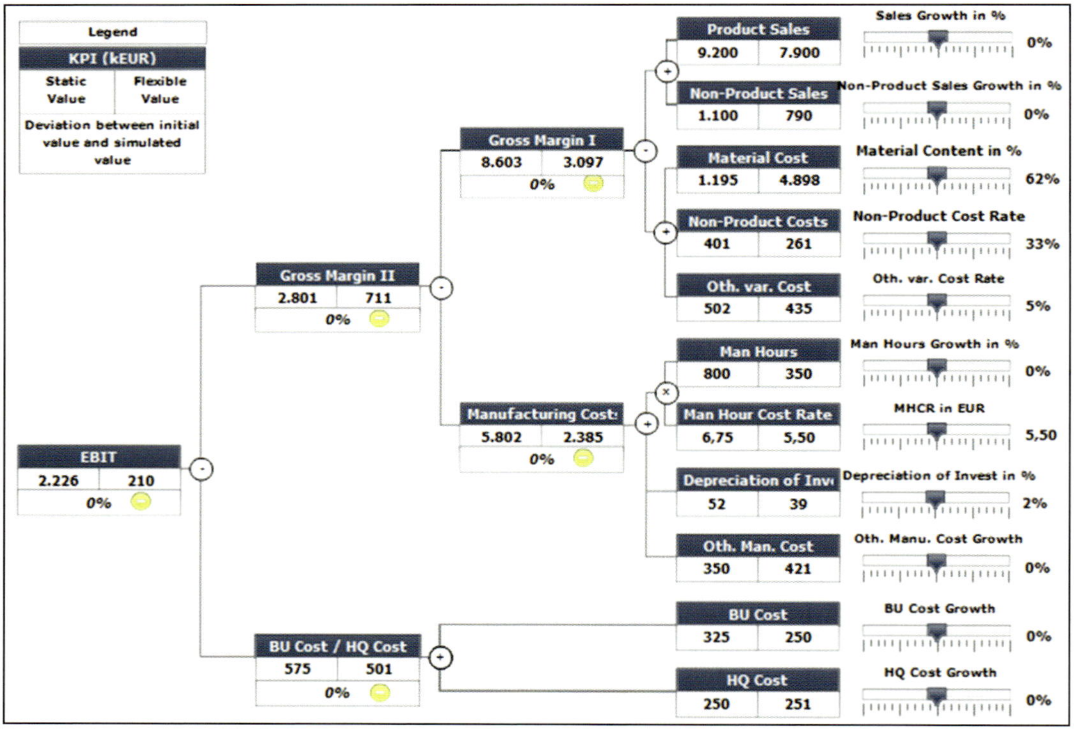

Abb. 5: Einfaches Beispiel für Treiberbaumbericht mit Simulationsfunktion (mit fiktiven Zahlen)

2.2 Treiberbasierte Planung und Forecasting

Die größte Herausforderung im Planungsprozess ist häufig die fehlende Zielorientierung und der damit verbundene ineffiziente Einsatz personeller Ressourcen. Planung sollte daher stets top-down organisiert sein. Der konsequente Einsatz von Treibermodellen in der Planung unterstützt maßgeblich bei der Umsetzung dieser Top-Down-Orientierung. Die auf Top-Ebene festgelegten finanziellen Ziele werden über die in den Modellen definierten Pfade transparent an untergeordnete Planungseinheiten (z. B. Divisionen oder Funktionen) weitergegeben und dort ausgeplant. Aufgrund der transparenten Beziehung zur übergeordneten Zielgröße sind die wesentlichen Planungsprämissen bekannt und vorgegeben.

Stärkere Top-Down-Orientierung in der treiberbasierten Planung

Überdies können in Treibermodellen Anpassungen effizient umgesetzt werden. Aufgrund der festgelegten Beziehungen zwischen über- und untergeordneten Modellteilen wirken sich Änderungen „real-time" auf alle verbundenen KPIs und/oder Treiber aus. Moderne Tools bieten zur Planungsunterstützung auch die Möglichkeit einer „Middle-Down"-Eingabe, wobei die Integrität des Modells durch automatische Verteilung stets sichergestellt ist.

Mehr Flexibilität für Anpassungen

Im Wesentlichen können die Vorteile treiberbasierter Planung wie folgt zusammengefasst werden:

Vorteile und Nutzen der treiberbasierten Planung

1. Eingrenzung des Planungsspielraums aufgrund Top-Down-Orientierung und transparenter Beziehung zu den übergeordneten finanziellen Zielen.
2. Erhöhung der Planungsqualität aufgrund transparenter Prämissen.
3. Verminderung der Anzahl der Planungsschleifen und damit Verkürzung der Planungsdauer je Einheit.
4. Verkürzung der Gesamtdauer der Planung.
5. Vereinfachte Modellanpassungen und Simulationen.

Beim Forecasting soll im ersten Schritt das erwartete finanzielle Ergebnis mit möglichst geringem Ressourceneinsatz möglichst genau vorhergesagt werden. Ziel ist es, Maßnahmen als direkte Reaktion auf Fehlentwicklungen objektiv aus dem Forecast ableiten zu können. Treiberbasiertes Forecasting bietet einerseits den Vorteil, die wesentlichen Treiber transparent und ressourcenschonend auszuplanen und andererseits die auf einzelnen Treibern basierenden Auswirkungen auf das finanzielle Ergebnis objektiv darzustellen. Die Forecast-Analysen werden durch die vorgegebenen Analysepfade erleichtert und Fehlentwicklungen in einzelnen Treibern einfacher identifiziert.

Effiziente treiberbasierte Forecasts

Im zweiten Schritt des Forecast-Prozesses können mögliche Maßnahmen im Modell berücksichtigt werden. Wie im ersten Schritt vereinfacht das Treibermodell die detaillierte Ausplanung. Ferner können die aus den Maßnahmen resultierenden Effekte im Treibermodell einfach kommentiert werden. Die Vorteile treiberbasierten Forecastings hängen damit eng mit jenen treiberbasierten Reportings und treiberbasierter Planung zusammen.

2.3 Treiberbasiertes „Digital Forecasting"

Vorhersagen automatisieren

Ziel des „Digital Forecasting" ist es, die Vorhersagegüte von Modellen vor allem in operativen Bereichen, z. B. Einkauf, Vertrieb, Disposition, Produktion, zu maximieren. Um diese Maximierung zu erreichen, sind zwei konzeptionelle Erweiterungen in klassischen bzw. bisherigen Treibermodellen notwendig:

1. Berücksichtigung von Treibern, deren Zusammenhänge mit den KPIs des Treibermodells nicht direkt rechenbar sind (komplexe/probabilistische Zusammenhänge)
2. Berücksichtigung möglichst vieler potenzieller Treiber aus unternehmensinternen und -externen Quellen unabhängig davon, ob diese strukturiert oder nicht strukturiert vorliegen (Modellerweiterung)

In Abb. 6 ist ein Digital-Forecast-Modell dargestellt, bei dem die Personalkosten eines produzierenden Werkes vorhergesagt werden sollen. Da der Treiber „Krankheitsstunden" Schwankungen unterliegt, die nicht auf Basis von im Unternehmen verfügbarem Expertenwissen modelliert werden können, wird dieser im Digital-Forecast-Modell statistisch prognostiziert. Dafür werden in einem statistischen Modell alle potenziellen Einflussgrößen, für die Daten zur Verfügung stehen, in ein kausales Netz eingebettet. Durch jede zusätzliche Größe im kausalen Netz kann die Vorhersagegüte (Predictive Power) weiter gesteigert werden. In der Praxis ist die Anzahl an im Modell berücksichtigten Einflussgrößen meist nur durch die beschränkte Verfügbarkeit von Daten limitiert.

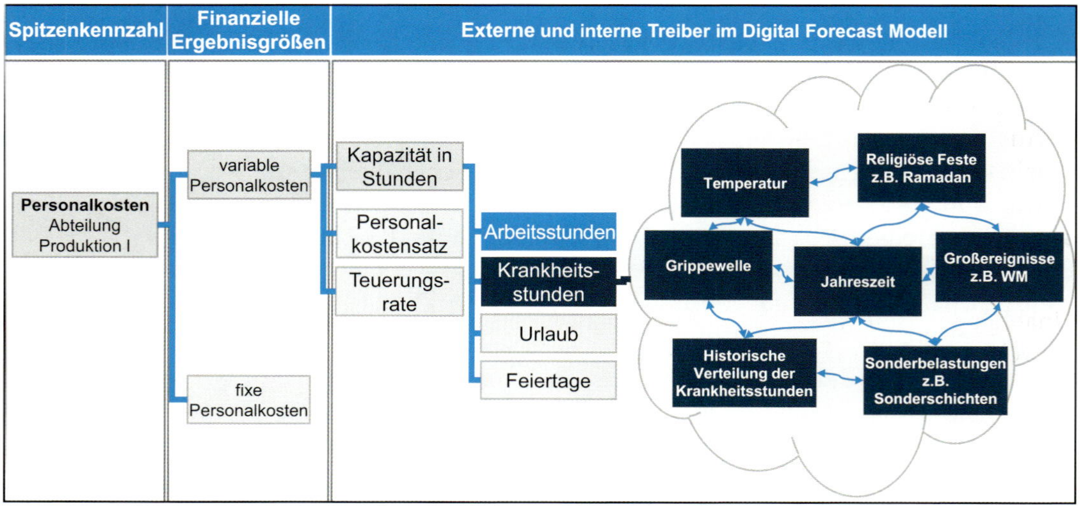

Abb. 6: Digital-Forecast-Modell mit kausalem Netz von Treibern

Als Ausgabewert, also als Ergebnis der Vorhersage, ergibt sich im statistischen Modell die Anzahl an Krankheitsstunden, die mit einer bestimmten Wahrscheinlichkeit eintreten werden. Der wahrscheinlichste dieser Werte, also jene Anzahl an Krankheitsstunden, die als am wahrscheinlichsten ermittelt wurde, kann dann in das gesamte Predictive-Forecast-Modell übernommen werden, wo dann mit deterministischen Zusammenhängen weitergerechnet werden kann.

Gerade die erhöhte Komplexität der Digital-Forecast-Modelle aufgrund der beschriebenen konzeptionellen Erweiterungen erhöhen die Notwendigkeit des Einsatzes von Treibermodellen im Digital Forecasting. Die Ergebnisse komplexer Modelle können für den Anwender ohne die Einbettung in ein Treibermodell weder objektiv interpretiert werden, noch könnten direkte Maßnahmen abgeleitet werden. Die Einbettung von Digital-Forecast-Modellen in übergreifende Treibermodelle ist daher unverzichtbar, um den Nutzen statistischer Methoden für die Steuerung zu optimieren.

2.4 Verzahnung von Treibermodellen in der Steuerung

Erfahrungen zeigen, dass Treibermodelle, wenn überhaupt, häufig isoliert bzw. nicht abgestimmt in relevanten Prozessen eingesetzt werden. Ein möglichst hoher Gesamtnutzen wird aber erst dann erreicht, wenn eine hohe methodische und inhaltliche Durchgängigkeit der Steuerung gegeben ist. Es empfiehlt sich daher, die gleichen Basis-Modelle bzw. einzelne Ausschnitte daraus übergreifend in Planung, Reporting und Forecasting einzusetzen. Daraus resultieren wesentliche Vorteile:

- Aufgrund Parallelität der KPIs und der Pfade sind die Modelle insgesamt vergleichbar.
- Aus dem Reporting-Modell können die wesentlichen Treiber abgeleitet werden, die in Planung und Forecasting zur Planung genutzt werden sollen.
- Aus dem Digital-Forecast-Modell können einzelne Ergebnisse transparent in den in den Gesamt-Forecast übernommen werden.

Unabhängig von den Vorteilen der Verzahnung können dennoch Abweichungen zwischen den Modellen gewollt sein. Beispielsweise kann es zu Beschleunigung des Planungsprozesses sinnvoll sein, eine geringere Modelltiefe als im Reporting zu wählen, d.h. einzelne KPIs oder Treiber pauschal auszuplanen. Wesentlich ist jedoch, dass im Kern des Treibermodells die Strukturen übereinstimmen.

3 BI-Unterstützung für treiberbasierte Steuerung

Kernbereiche der IT-Unterstützung

Die Anwendung von Treibermodellen in Reporting, Planung und Forecasting wird entscheidend von den Möglichkeiten der Systemunterstützung bestimmt. Die IT-Unterstützung der treiberbasierten Steuerung betrifft den obigen Ausführungen zufolge mindestens vier Kernbereiche:

1. Modellierung/Erkennung von Treibermodellen (Auswahl von KPIs und den möglichen Zusammenhängen).
2. Visualisierung/Gestaltung von treibermodell-basierten Berichten und Planungsmasken.
3. Unterstützung der Anwendung von Simulationen und Szenarien (inkl. Maßnahmen-Definition).
4. Automatische Hochrechnungen bzw. Predictive Analytics unter Nutzung von Big Data.

Entwicklungsbedarf bei BI-Tools

Kaum eines der heute (2016) am Markt befindlichen BI-Tools für Planung/Simulation und Reporting bietet Funktionalitäten zur vollumfänglichen Unterstützung aller vier Bereiche.

Dennoch haben viele der BI-Anbieter die „Zeichen der Zeit" erkannt und entwickeln ihre Lösungen zunehmend in diese Richtung. Einzelne neuere, teilweise spezialisierte Tools sind dabei weiter als andere und bieten nutzerfreundliche, intuitive und innovative Lösungen in einzelnen Bereichen bzw. Anwendungsfällen. Zusammenfassend lässt sich der heutige Verbreitungsstand folgendermaßen beschreiben:

Visualisierung von Treibermodellen meist noch aufwändig

Viele der gängigen BI-Tools (Reporting Frontends) unterstützen heute die Darstellung und Anwendung von Treibermodellen in Form von Berichten oder Planungs-/Simulationsmodellen. Die Umsetzung erfordert aber in der Mehrheit der Fälle einen gewissen Entwicklungsaufwand, da die Visualisierung von Treibermodellen heute oftmals noch nicht im Standard unterstützt wird. Entsprechend sind Berichtsseiten oder Planungsmasken individuell zu programmieren. Die Gestaltung in Form von „Plug & Play" stellt eher die Ausnahme dar. Fortgeschrittene Möglichkeiten für Fachanwender bieten hier (neben möglichen anderen Tools) die „BO Cloud"-Lösung von SAP (für Management Reporting und Planung/Simulation) sowie das Tool „Valsight" (primär für Planung/Simulation).

Inhaltliche Modellierung erfordert noch Spezialwissen und Tools

Die Modellspezifikation, d.h. die Auswahl der Treiber und die Beschreibung ihrer Zusammenhänge, wird von BI-Tools heute zumeist noch nicht integriert unterstützt. Entsprechende Analysen sind somit meist außerhalb der Standard-BI-Tools mittels statistischer bzw. analytischer Spezialtools (bspw. Statistiktools wie SPSS oder R) durchzuführen. Erste integrierte Ansätze liefert auch hier die BO Cloud Lösung, die bei der Erkennung von einzelnen Einflussfaktoren auf Ergebnisgrößen unterstützen kann (ohne jedoch die konkreten statistischen Zusammenhänge zwischen den Kennzahlen auszuweisen).

Statistiktools für Digital Forecasting

Auch für das „Digital Forecasting" gibt es heute noch keine flächendeckenden „out of the box"-Lösungen. Sofern aber die Modelle bzw. die relevanten Algorithmen bekannt bzw. definiert und die Daten entsprechend aufbereitet sind, können auch diese Anwendungen mit den am Markt verfügbaren Standard-Statistiktools umgesetzt werden.

4 Fazit und Ausblick

Treibermodelle als Rückgrat der modernen Steuerung

Treibermodelle bilden das Rückgrat der geschäftsmodellorientierten Steuerung und führen zu einem „Paradigmenwechsel" in der Steuerung. Treibermodelle stellen geschäftsmodellspezifische Kennzahlensysteme dar, welche die wesentlichen finanziellen und operativen KPIs durch rechnerische oder logische Zusammenhänge miteinander verbinden. Der Einsatz dieser Modelle in Reporting, Planung und Forecasting erlaubt innovative Anwendungen, die sowohl die Effizienz als auch die Effektivität der Unternehmenssteuerung verbessern.

Digitalisierung als Katalysator für treiberbasierte Steuerung

Der Bedarf und die Möglichkeiten für eine treiberbasierte Steuerung werden durch die voranschreitende Digitalisierung und den Wunsch nach einfacheren, verständlichen und intuitiven Steuerungsinstrumenten derzeit besonders gefördert.

Mit der Digitalisierung der Unternehmenswelt stehen auf der einen Seite leistungsstarke Systeme und Algorithmen zur Verfügung, die große Datenmengen schnell und in Echtzeit verarbeiten können (technische Voraussetzung); auf der anderen Seite bedarf es geeigneter Instrumente, die eine schnelle und sinnvolle Navigation in den Datenmengen unterstützen und die Entscheider vor einer möglichen „Informationsüberfrachtung" schützen (organisatorische Anforderungen). Hier können Treibermodelle eine „Leitplanke" bieten, um aussagekräftige Analysen und Simulationen zu unterstützen bzw. zu gewährleisten.

Zunehmender Einsatz von Algorithmen

Während Treibermodelle heute zumeist noch deterministisch auf Basis von Experten- und Erfahrungswissen bestimmt werden, ist in Zukunft eine stärkere datengetriebene Erkennung von Treibern und Zusammenhängen mittels geeigneter Algorithmen zu erwarten. Dies kann bis hin zu Black-box-basierten Schätzungen und Prognosen führen, die für den Mensch so nicht mehr ohne weiteres nachvollziehbar sind. Erfahrungen zeigen jedoch, dass die Vorhersagequalität oftmals besser ist, und die Ergebnisse zu einer Validierung von möglicherweise weiterhin manuell durchgeführten Prognosen dienen können.

Controller und Data Scientists mit neuen Kompetenzen und Fähigkeiten

Für eine weitere Verbreitung der im Beitrag skizzierten Anwendungsfälle zeigt sich insbesondere ein Weiterentwicklungsbedarf für BI-Tools, was die Modellierung von treiberbasierten Berichten und Planungsmasken und die einfache Unterstützung von Analysen und Simulationen angeht. Doch auch wenn die Tools diese Anwendungen künftig stärker unterstützen, bedarf es geeigneter Controller oder Data Scientists, die diese Modelle pflegen, kontrollieren und interpretieren. D. h. es bedarf bspw. Data Scientists für die Modellierung von Treibermodellen und Algorithmen. Andererseits obliegt es dem Controller künftig die ermittelten Ergebnisse kritisch zu prüfen und Managementerwartungen bzw. nicht vom System vorhersehbare Ereignisse (z. B. disruptive Ereignisse wie Zu-/Verkäufe von Unternehmen, die Anpassung von Geschäftsmodellen oder wirtschaftliche und politische Krisen, ...) in die Prognosen und Modelle zu integrieren.

5 Literaturhinweise

Borkenhagen/Kappes, Moderne Konzernplanung als Basis für eine aktive Konzernsteuerung, in Gleich/Gänßlen/Kappes/Kraus/Leyk/Tschandl, Moderne Instrumente der Planung und Budgetierung – Innovative Ansätze und Best Practice für die Unternehmenssteuerung, 2013, S. 147–161.

Horváth & Partners, KPI-Studie 2013: Mehr DNA in Steuerung und Reporting, 2014.

Horváth & Partners, 18. Planungsfachkonferenz, Köln, 2016.

Isensee/Gräf, Die richtigen KPIs in Steuerung und Reporting – Neue Technologien als wesentliche Treiber des Wandels, CFO aktuell – Zeitschrift für Finance & Controlling, 2014, S. 131–133.

Kappes/Schentler, Planung mit Treibermodellen für mehr Steuerungsmöglichkeiten und Effizienz, in Gleich/Gänßlen/Kappes/Krausl/Leyk/Tschandl, Moderne Instrumente der Planung und Budgetierung – Innovative Ansätze und Best Practice für die Unternehmenssteuerung, 2. Aufl. 2014, S. 73–100.

Kirchmann/Tobias/Cengizeroglu, Reporting 2025 – Die Zukunft des Reporting im Zuge der Digitalisierung, in Digital Controlling & Simple Finance: Die Zukunft der Unternehmenssteuerung, 2016, S. 25-36.

Kramer, „Treiberbasierte Planung" bei Festo: Konsistenz von der Strategie bis zum Budget, https://www.haufe.de/controlling/controllerpraxis/treiberbasierte-planung-bei-festo_112_342600.html, Abrufdatum 17.1.2017.

Math/Borkenhagen, Moderne Konzernplanung – Top-down, asymmetrisch, treiberbasiert, in Gleich/Grönke/Kirchmann/Leyk, Konzerncontrolling 2020 – Zukünftige Herausforderungen der Konzernsteuerung meistern, 2016, S. 63-78.

Schaer, Planungsstandards der Zukunft, https://www.haufe.de/controlling/controllerpraxis/planungsfachkonferenz-2016-planungsstandards-der-zukunft_112_391774.html, Abrufdatum 27.1.2017.

Reporting für die mobile Nutzung: User Experience on the Go

- Reporting-Anwendungen für Tablet und Smartphone müssen eine positive User Experience sowie echten inhaltlichen Nutzen bieten.
- Viele Nutzer erwarten auf Mobilgeräten ein gewisses Maß an Leichtigkeit und Ästhetik, sind bereit zu explorieren und sich auch durch neue Interaktionsmuster begeistern zu lassen. Neben pragmatischen Aspekten entscheiden auch emotionale Faktoren über die Akzeptanz der Anwendung.
- User Research ist nötig, um die Anforderungen der Nutzer zu erheben und in der Konzeption sowohl Usability als auch User Experience sicherzustellen.
- Die Verwendung von Szenarien ist eine effiziente Methode, um Kontexte zu verstehen und Lösungsideen zu generieren.
- Besondere Anforderungen des mobilen Kontextes, wie gestenbasierte Interaktion, gelegentliche Offline-Nutzung, Unterbrechungen und Ablenkungen in der Interaktion sowie unterschiedliche Display-Größen, müssen in der Konzeptionsphase berücksichtigt werden.
- Nach den Perspektiven des Mobile Reporting werden in dem Beitrag die Bewertungskriterien Usability und User Experience sowie Methoden des User Research und Storytelling erläutert. Im 2. Teil des Beitrags werden 8 Gestaltungsempfehlungen für Berichte im mobilen Kontext beschrieben und anhand von Beispiel-Screens veranschaulicht.

Inhalt		Seite

Der Autor

Svenja Noä, Diplom-Designerin, Schwerpunkt Interaktionsdesign, und Usability Consultant (artop Institut). Nachdem sie als User Interface-Designerin innerhalb des SAP-Konzerns tätig war, arbeitet sie heute als freiberufliche Interaktions-Designerin an der Schnittstelle von Design, Psychologie und Informatik.

1 Von mobilen Schnupper-Versionen und Miniatur-Desktop-Anwendungen zu echten Mobile Apps

Noch vor wenigen Jahren beschränkte sich die Zielsetzung vieler Mobile-Reporting-Projekte darauf, den Trend zu „Mobile" nicht zu verpassen. Häufig wurde eine sehr reduzierte mobile Anwendung konzipiert, in der nur einige ausgewählte Berichte für die mobile Nutzung zur Verfügung standen. Der Fokus lag häufig auf dem Rezipieren von vordefinierten Berichten, ergänzt um limitierte Anpassungsoptionen wie Filter- und Kennzahl-Auswahl. Bearbeitungsoptionen wurden meist vollständig ausgeklammert.

Wenig Mehrwert

Den Nutzern der Mobilanwendung stand also häufig nur eine „Mini-Schnupper-Version" der Reporting-Anwendung zur Verfügung, zumeist ausschließlich für Tablets. Man nahm an, dass es für mobile Anwendungen ausreiche, einen Überblick über eine Datenlage anzubieten. Die Idee, man könne auf einem kleinen Smartphone-Display tatsächlich intensiv mit einem Bericht arbeiten, erschien vielen Stakeholdern noch unrealistisch.

Nutzer jedoch sahen oft keinen Anlass, eine funktional stark eingeschränkte Mobilanwendung zu verwenden, da ihre Alltagsaufgaben oder ihr Informationsbedürfnis die zusätzliche Nutzung der Desktop-Version erforderte. Zu stark vereinfachte Reporting Apps wurden deshalb häufig schon nach kurzer Zeit von den Nutzern ignoriert, die wieder ausschließlich die gewohnte Desktop-Umgebung nutzten. Solche in ihrer Funktionalität stark eingeschränkten Apps erfüllten die Erwartungen der Stakeholder an Nutzungsfrequenz und -intensität nicht.

Verkleinerungen der Desktop-Anwendung häufig unbenutzbar

Alternativ waren auch Lösungen zu finden, die gar nicht ernsthaft für die mobile Nutzung aufbereitet wurden. Statt dessen verkleinerten sie die Desktop-Version auf Tablet- oder Telefongröße, ergänzt durch eine an die mobile Nutzung angepasste Navigations- und Funktionsleiste. Dass daraus kein überragendes Nutzungserlebnis resultierte, muss nicht betont werden:

- Zahlen und Texte waren oft kaum erkennbar.
- Nutzer mussten zwischen Vergrößerung und Überblick hin und her wechseln.
- Es gab nicht genug Platz, um die Bedienelemente mit der Fingerspitze zu treffen.

Reporting Apps, die die Inhalte des Desktops auf die Größe eines Telefons verkleinerten, waren nahezu unbenutzbar.

1.1 Anteil der Nutzung von Mobilgeräten steigt

Mobile Nutzung dominiert

Warum steigen zurzeit die Anforderungen an die User Experience mobiler Reporting-Anwendungen? Wir verbringen immer mehr Zeit mit der Nutzung von Tablets und Smartphones. Betrug im Jahr 2013 der Anteil an der Gesamtnutzungsdauer von Mobilgeräten in Deutschland nur 18 %, so stieg dieser im Jahr 2015 auf 42 % an (s. Abb. 1). Diese Entwicklung hält an und es ist anzunehmen, dass auch bei uns die Mobilnutzung in naher Zukunft höher sein wird als die Nutzung von stationären Geräten.

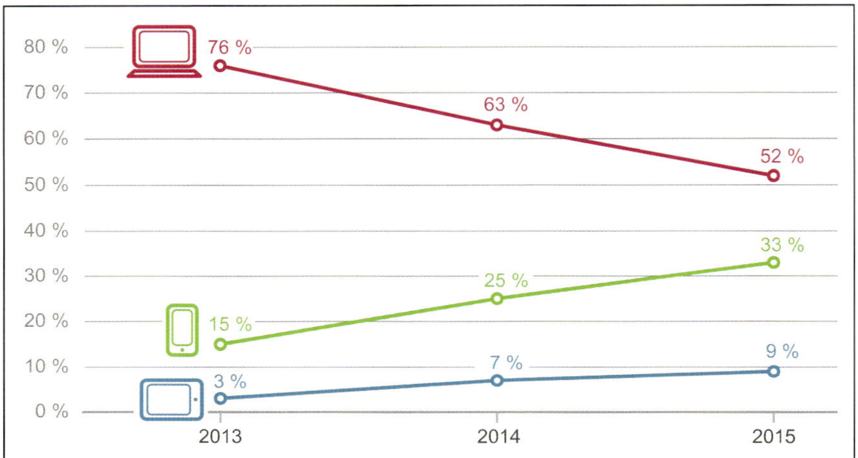

Abb. 1: Anteil an der Nutzungsdauer (Deutschland, 14- bis 64-Jährige)[1]

In den USA betrug der Anteil der mobilen Nutzungsdauer 2015 bereits 62 % (s. Abb. 2). Auch wenn sich beide Statistiken nicht auf Businesskontexte beziehen, so lässt sich doch ableiten, wie die Bedeutung von Mobilgeräten und deren Integration in unseren Alltag zugenommen hat.

Mobile Lösungen essenzieller Teil der Produktpalette

Entsprechend gewichten heute auch Projekt-Stakeholder und Anbieter von Reporting-Lösungen den Mobilbereich nicht mehr als Ergänzung des Desktop-Angebots, sondern als essenziellen Teil der Angebotspalette und sind bereit, mehr Ressourcen für deren Entwicklung zur Verfügung zu stellen.

---

1 TNS Infratest, TNS Conversion Monitor 2015.

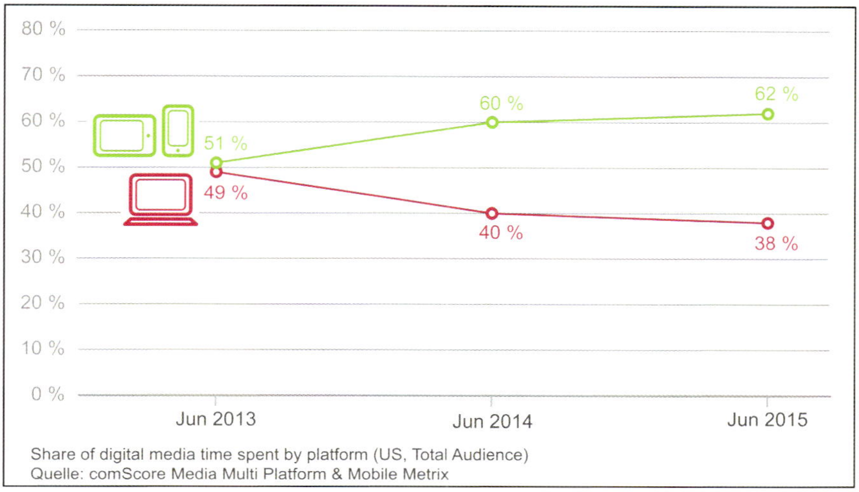

Abb. 2: Share of digital media time spent by platform (US, Total Audience)[2]

1.2 Viele privat genutzte Apps sind sehr gut benutzbar

User Experience privat genutzter Apps als Benchmark

Sowohl Nutzer als auch Anbieter kennen Apps mit sehr guter User Experience aus privater Nutzung. Die Messlatte, an der sich Business Apps messen müssen, liegt also sehr hoch. Kennt der Nutzer aus Fitness Apps oder Heizungssteuerungs-Anwendungen perfekte Datenvisualisierungen, dann darf die Reporting App nicht weniger professionell daherkommen.

1.3 Nutzer wollen mehr als Tabellen und Diagramme anschauen

Mobilgerät als Arbeitsmittel

Anbieter haben wahrgenommen, dass es reale Szenarien gibt, in denen Nutzer intensiv mobil arbeiten, zumal die Grenze zwischen mobilem und stationärem Szenario mit einem fragmentierten Geräteangebot und der zunehmenden Nutzung von Mobilgeräten als „Second Screen" auch in Büro-Umgebungen weiter verschwimmt.

Es genügt heute also nicht mehr, irgendeine mobile App anzubieten. Eine Reporting App muss nun einen wirklichen Mehrwert für den Nutzer bieten und sie muss sich anfühlen wie eine „echte" mobile App. Im Idealfall muss sie nicht nur funktionieren, sondern auch begeistern oder zumindest freudvoll zu benutzen sein.

[2] comScore Media Multi Platform & Mobile Matrix.

2 Usability und User Experience als zentrale Merkmale beliebter Apps

2.1 Usability

Usability als Qualitätskriterium

Welche Kriterien können wir heranziehen, um eine erfolgreiche mobile Reporting-Anwendung zu konzipieren? Ein Schlüsselbegriff ist hier die Usability, deutsch „Gebrauchstauglichkeit". Ist eine Anwendung gut benutzbar, so unterstützt sie den Nutzer in seinem spezifischen Kontext bei der Erledigung seiner Arbeitsaufgaben. Ohne Bezug auf den Nutzer des Produkts, die zu erledigende Aufgabe und den Nutzungskontext ist eine Bewertung der Usability nicht möglich.

Wichtig: Was ist Usability?
Usability ist definiert als „das Maß, in dem ein Produkt durch einen bestimmten Nutzer in einem bestimmten Kontext genutzt werden kann, um bestimmte Aufgaben effektiv, effizient und zufriedenstellend zu erledigen" (DIN EN ISO 9241 - Teil 11).

Funktionsumfang muss zur Arbeitsrealität passen

Bei der Definition des Funktionsumfangs einer App ist die sorgsame Auswahl der durch die Anwendung zu unterstützenden Aufgaben besonders wichtig. Eine Anwendung, die mit einem minimalen Set an Funktionalität ausgestattet ist, kann für eine eng umgrenzte Aufgabe unter Umständen eine sehr gute Gebrauchstauglichkeit erreichen. Kann der Nutzer mit ihrer Hilfe sein Ziel aber nicht erreichen, so wird sie häufig als wenig hilfreich oder gar unbrauchbar angesehen. Für die Akzeptanz einer Anwendung ist es deshalb essenziell, dass die Passung zwischen unterstützten Aufgaben und Arbeitsrealität der Nutzer stimmt. Kernfragen hierbei sind:

- Sind die Aufgaben, die das System unterstützt, relevant für den Nutzer?
- Können sie durchgängig im System gelöst werden?

Wissen über Nutzer und Kontext

Sowohl für die Gebrauchstauglichkeit als auch für die Nützlichkeit der Anwendung ist Wissen über die Nutzer und ihren Arbeitsalltag unverzichtbar. Fehlt der Fachabteilung beispielsweise die Information, dass es für einen Außendienstler des Unternehmens relevant ist, die Umsätze bei den von ihm betreuten Kunden miteinander vergleichen zu können und dabei die einzelnen Warengruppen zu unterscheiden, dann wird unter Umständen eine Mobilanwendung geplant, die an den Bedürfnissen der Nutzer vorbeigeht.

Um eine gut benutzbare Anwendung zu konzipieren, müssen wir Folgendes kennen:

- unsere Nutzer, mit ihren Zielen, Fähigkeiten, Erfahrungen, Motivationen und Bedürfnissen,
- die Aufgaben, die sie mit dem Produkt erledigen möchten und wie sie diese Aufgabe strukturieren,
- den Kontext, in dem das geschieht.

2.2 User Experience

User Experience ist mehr als Usability

Gute Usability ist ein gewichtiger Faktor im Nutzungserlebnis. User Experience ist jedoch viel mehr als nur das: Sie beinhaltet das gesamte Erleben des Nutzers, seine Erwartungen an die Anwendung und die Erfahrungen, die er mit dem Produkt macht, auch über die pragmatischen Aspekte der Usability hinaus.

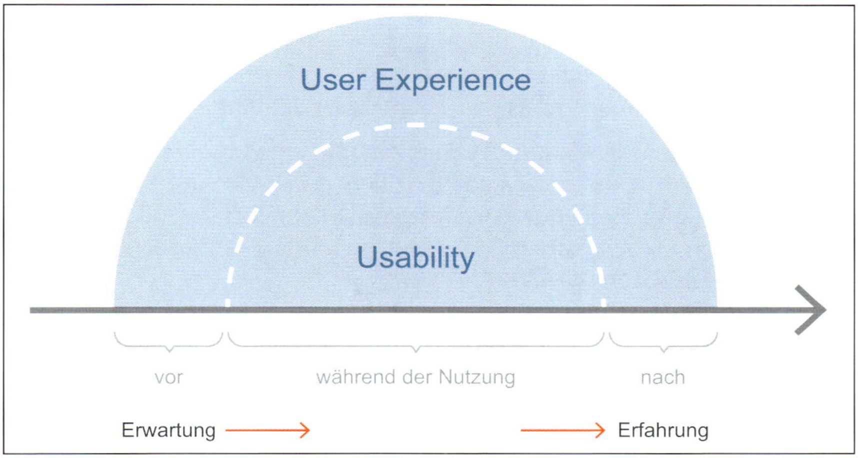

Abb. 3: User Experience umfasst Usability; Usability und User Experience beeinflussen sich wechselseitig[3]

Apps profitieren von positiven Erwartungen der Nutzer

Ein wichtiger Aspekt der User Experience ist die wahrgenommene Usability. Im Erleben der Anwendung spielt sie oft eine größere Rolle als die tatsächliche Usability; gerade Mobilanwendungen werden im Vergleich zu ihrer tatsächlichen Usability oft als relativ gut benutzbar wahrgenommen. Positive Erwartungen lassen die Lösung in einem besseren Licht erscheinen – wer vermutet, ein innovativ und hochwertig erscheinendes Produkt in den Händen zu halten, wird die Usability eher positiv bewerten.

[3] Darstellung nach: artop – Institut an der Humboldt Universität.

Ästhetik trägt entscheidend zur User Experience bei

Untersuchungen zeigen eine Korrelation zwischen Ästhetik und wahrgenommener Usability, d. h., je schöner wir ein Produkt finden, desto besser beurteilen wir seine Benutzbarkeit.[4] Donald Norman, Kognitionswissenschaftler und Usability-Ikone, geht noch weiter: Er ist überzeugt, dass wir ansprechende Produkte nicht nur als besser benutzbar wahrnehmen, sondern auch erfolgreicher mit ihnen arbeiten. Ein ästhetisches Produkt führe zu einer positiven Haltung, die kreatives, in die Breite gerichtetes Denken begünstige. Kleine Probleme und Stolpersteine in der Interaktion könnten so leichter umschifft werden.[5]

3 User Research: Der Schlüssel zum Verständnis

Den Nutzungskontext kennenlernen

Vor der Konzeption einer mobilen Lösung ist es entscheidend, dass das Projektteam genügend Informationen über die Nutzer und ihre Aufgaben hat und erfährt, wo sie in ihrem Arbeitsalltag noch nicht passend unterstützt werden. Dieser Informationsbedarf lässt sich in aller Regel nicht allein durch Literaturrecherche oder die Nutzung sozioökonomischer Daten decken. Auch beschränkt er sich nicht auf reines Faktenwissen. Vielmehr haben Teams gute Voraussetzungen, wenn sie emphatisch den Alltag der Nutzer nachempfinden können.

Interview und Beobachtung

Das User Centered Design bietet eine Vielzahl an Methoden zur Analyse des Nutzungskontexts an. Geeignet ist beispielsweise eine Kombination aus leitfadengestützten, qualitativ ausgerichteten Interviews mit Beobachtungen im Arbeitskontext, wie es im „Site Visit" des Contextual Design vorgeschlagen wird.[6]

Typische Fragen, die in User-Research-Aktivitäten erforscht werden können, sind beispielsweise:

- Wie erledigen Nutzer der Zielgruppe ihre Reporting-Aufgaben heute?
- In welchen Situationen erfahren sie Einschränkungen?
- In welchen Situationen abseits ihres Schreibtischs denken sie an Reporting-Themen?
- Wo gibt es Lücken und Probleme?

Auch wenn ein ausführlicher und erschöpfender Blick in die Arbeitswelt der Zielgruppe wünschenswert wäre, helfen schon 4 einstündige Interviews pro Nutzerrolle. Das meiste kann lernen, wer sich in dieser Phase frei macht von allen schon vorhandenen Ideen. Am wertvollsten sind oft Aspekte, nach denen zunächst gar nicht gefragt wurde.

---

4 Vgl. Müller/Schrepp, 2013; Chawda/Craft/Cairns/Rüger/Heesch, 2005.
5 Vgl. Norman, 2002.
6 Vgl. Holtzblatt/Wendell/Wood, 2004.

Beispiel: Ergebnisse von User Research
Durch User Research finden sich vielleicht Geschichten von

- Assistenten, die nach Meetings Protokolle ins Reporting-System eingeben,
- Managern, die Reports ausdrucken, etwas markieren und damit zum Schreibtisch ihres Mitarbeiters laufen,
- Kollegen, die sich in die Kaffee-Ecke zurückziehen, um die Präsentation der Quartalsberichte vorzubereiten und das Besprochene dann am Schreibtisch umsetzen,
- Controllern, die kurz vor Feierabend Exporte aus dem Berichtssystem ausdrucken, diese im Zug durchgehen und Notizen auf Zettel schreiben,
- Führungskräften, die eine Frage des Managements auf dem Weg zum Flughafen erreicht.

Vielfältige Kontexte

Zumeist findet man nicht nur einen mobilen Kontext: Mobilgeräte werden z. B. nicht nur unterwegs, sondern auch im Büro genutzt – im Meeting, auf dem Weg zur Kantine, aber auch am Schreibtisch als „Second Screen".

Das in dieser Phase gesammelte Wissen über die Zielgruppe und deren Aufgaben, Ziele und Bedürfnisse hilft im Weiteren, die richtigen Anforderungen für eine Lösung zu definieren. Im nächsten Schritt können dann Szenarien für eine zukünftige Lösung entworfen werden.

4 Storytelling – mit Szenarien zum perfekten Konzept

Think mobile first

Das Prinzip „think mobile first" ist seit einigen Jahren in aller Munde: Bei der Konzeption einer Lösung werden zunächst Mobilgeräte mit kleinem Display bedacht. Erst im nächsten Schritt – mit sog. „Progressive Enhancement" – entsteht stufenweise das Konzept für Geräte mit mehr Bildschirmplatz. Generell gibt es eine Übereinkunft darüber, dass dieses Vorgehen der sog. „Graceful Degradation" vorzuziehen ist. Diese macht von der Desktop-Anwendung Abstriche, um zur Gestaltung der Mobilanwendung zu gelangen.

Häufig denkt man bei „Mobile First" vor allem an die Größe der Bildschirme. Mindestens genauso wichtig ist es aber, die mobilen Kontexte zu bedenken.

Szenarien effizient nutzen

Storytelling ist dafür eine sehr effiziente Methode – und prima geeignet für interdisziplinäres Arbeiten. Geschichten erzählen kann jeder, es geht schnell, die Szenarien können ohne großen Aufwand mit Nutzern auf Realitätsnähe und Relevanz geprüft werden. Ein weiteres Plus: Auch während des Entwicklungsprozesses helfen die zu Beginn generierten Szenarien, die eingeschlagene Richtung zu halten und zu validieren.

Da Szenarien für nahezu alle Fragestellungen im Projektablauf verwendet werden können, treten sie in vielen „Geschmacksrichtungen“ auf. „Problem-Szenarien“[7] werden verwendet, um aus dem User Research generierte Sequenzen für das ganze Team greifbar zu machen. Als Brücke zum Design bietet sich das „Context Scenario“[8] oder „Activity Scenario“[9] an. Darin wird modelliert, wie Nutzer ihre Aufgaben mithilfe der zukünftigen Lösung bewältigen.

4.1 Beispiel-Szenario

Dieses beispielhafte Szenario erzählt die Geschichte von Controllerin Mara, die das Board Meeting vorbereitet:

Abb. 4: Beispielhaftes Szenario der zukünftigen Nutzung

1. Schon Monate vor diesem Meeting hat Mara ein Set von Berichten zusammengestellt, das sie für alle Board Meetings benötigt.
2. Diese Mappe – gefüllt mit den Zahlen des aktuellen Quartals – lädt sie eine Woche vor dem Termin auf ihr Tablet. Auf ihrem Heimweg im

---

7 Rosson/Carroll, 2002.

8 Cooper/Reimann, 2003.

9 Rosson/Carroll, 2002.

Zug möchte sie alles noch einmal in Ruhe prüfen, bevor sie die Handouts bereitstellt.

3. Im Zug fällt ihr ein ungewöhnlicher Knick in den Verkaufszahlen auf – sie vermutet einen Personalengpass in einer der Regionen und ist sich sicher, dass sie im Board Meeting eine Erklärung dafür liefern sollten.
4. Sie sendet ihrer Managerin den Report, in dem sie die Stellen mit dem ungewöhnlichen Verlauf der Grafik farblich markiert hat. Sie fügt eine Notiz hinzu, in der sie ihre Managerin um ein kurzes Gespräch bittet, um zu klären, wie diese den Ausreißer im Board Meeting kommunizieren möchte.
5. Ihre Managerin liest die Nachricht auf ihrem Smartphone und sendet gleich einen Gesprächstermin für den nächsten Tag zurück.
6. Mara schlägt vor, einen weiteren Bericht hinzuzufügen, der den Grund für die Abweichung verdeutlicht. Sie wählen den Absatzbericht nach Regionen, in dem man deutlich sieht, dass der Knick aus einer der Regionen resultiert. Diesen ergänzen sie um eine Gegenüberstellung des Absatzes für die problematische Region mit ihrer Ressourcenplanung für diesen Zeitraum. Deutlich kann man eine Senke in diesem Abschnitt erkennen.
7. Mara fügt die beiden Berichte zur Mappe hinzu.
8. Sie sendet ihrer Managerin den Link zu den finalen Meeting-Unterlagen und exportiert eine PDF, die für die Teilnehmer als Handout gedruckt wird.
9. Während Mara im Meeting an ihrem Notebook direkt die Entscheidungen der Runde im System festhält, präsentiert ihre Managerin mit ihrem Tablet die Berichtsmappe.

Tipp: Effektiver arbeiten mit Szenarien

- Befreien Sie sich davon, wie die Interaktion am Desktop oder im Back End augenblicklich abläuft oder welche Features Sie unbedingt realisieren möchten.
- Ihre Szenarien sollen „magisch" funktionieren; verschwenden Sie noch keinen Gedanken an die Machbarkeit der Lösung.
- Denken Sie dabei über das Erstellen einer App hinaus und erfassen Sie die ganze Geschichte.
- Versuchen Sie nicht, in einem Szenario alle Aspekte abzudecken, sondern erzählen Sie mehrere Geschichten rund um die Nutzung Ihrer zukünftigen Lösung.
- Arbeiten Sie in einem interdisziplinären Team, prüfen Sie, ob Sie Nutzer in den Prozess einbeziehen können.

4.2 Reporting-Szenarien, die heute interessant und morgen alltäglich sind

In der Großrechnerzeit hätten sich zeitgemäße Szenarien um mehrere Menschen gerankt, die ein Gerät bedienten. Bildschirme waren noch nicht Dreh- und Angelpunkt der Interaktion und asynchrone Interaktion war nicht ungewöhnlich. In den darauffolgenden Jahren erzählte man Geschichten von Nutzern in Interaktion mit einem PC, die Szenarien kreisten um die Eins-zu-eins-Beziehung.

Multiscreen- und Internet-of-Things-Szenarien

Heute interagieren die Protagonisten unserer Szenarien häufig mit mehreren Geräten und Bildschirmen, zum Teil simultan. Die Interaktion bleibt nicht beschränkt auf Geräte mit Bildschirm: Sensoren und Aktoren rücken immer mehr in unser Blickfeld. Unsere Szenarien enthalten also auch Geschichten von vermittelter oder impliziter Interaktion und nicht mehr jede Interaktion beinhaltet visuelle Information, die auf einem Bildschirm dargestellt wird. Die Charaktere dieser Szenarien werden so zum Akteur im „Internet of Things".

Kollaborative Szenarien

In den Reporting-Szenarien von morgen denken wir noch weiter: Es geht nicht mehr nur um den Einzelnen, sondern stärker um kollaborative Nutzung. Z.B. in Meetings, bei denen neben einem interaktiven Whiteboard oder interaktiven Tisch mehrere Teilnehmer mit Tablets, Notebooks oder Smartphones teilnehmen, sowohl vor Ort als auch irgendwo auf dem Globus. Wir denken an gleichzeitige, aber auch an asynchrone Zusammenarbeit, an direkte und bewusste, aber auch an vermittelte oder implizite Interaktion mit dem „Internet of Things".

5 Best Practices: Gestalten für den mobilen Kontext

5.1 Zuschnitt und Abgrenzung der Anwendungen

Abgrenzung der zu unterstützenden Kontexte

Wie im Beispiel-Szenario der Controllerin Mara gezeigt wurde, muss die Konzeption mobiler Anwendungen häufig anspruchsvolle und nur zum Teil vorhersehbare Kontexte unterstützen. So verwendet möglicherweise ein und derselbe Nutzer eine Tablet-Anwendung nebenbei im Zug, aber dann auch wieder für konzentriertes Arbeiten in der Kaffeeecke mit dem Kollegen. Auch die Screen-Formate und Eingabemöglichkeiten werden unübersichtlicher: Smartphones werden größer, Tablets zum Teil kleiner, es gibt Hybrid Devices, die mal mit Touch und mal mit Trackpad oder Maus genutzt werden.

Es braucht also eine gute Kenntnis der zu unterstützenden Kontexte, um abzugrenzen, wo eine Lösung in mehreren Kontexten funktionieren kann und wo mehrere separate Lösungen angeboten werden müssen, um eine gute User Experience zu erreichen.

Validieren der Konzeption mit Nutzern

Dennoch können auch gewissenhaft durchgeführte User-Research-Maßnahmen nicht alleine sicherstellen, dass tatsächlich aufgabenangemessene Lösungen entstehen. Um zu gewährleisten, dass die Konzeption sich in die richtige Richtung bewegt, sollten Nutzer bereits in der Grobkonzeption immer wieder eingebunden werden. Bewährt haben sich hierfür iterative, qualitativ ausgerichtete Usability Tests mit Papierprototypen mit je 3–5 Nutzern. Da bei Reporting-Anwendungen die Nutzer i.d.R. im eigenen Unternehmen zu Hause sind, verursacht diese Vorgehensweise kaum Mehrkosten und verhindert Fehlinvestitionen. Je früher im Prozess mit der Validierung begonnen wird, desto günstiger. I. d. R. ist es teurer, Probleme in späteren Projektphasen zu beheben als in der Konzeptionsphase.

5.2 Gestalten für eine nahtlose User Experience

Zusammengehörigkeit ist wichtiger als 100 % Konsistenz

Nutzer erwarten eine nahtlose User Experience auf all ihren Geräten. Das bedeutet aber nicht, dass sie erwarten, dass auf all ihren Geräten die Reporting-Lösung gleich aussieht, ja noch nicht einmal, dass sie sich exakt gleich verhält. Wichtiger als eine vollständige Konsistenz einer Anwendung über verschiedene Plattformen hinweg ist die gefühlte Zusammengehörigkeit. Um eine gute Gebrauchstauglichkeit zu erreichen, muss zwischen Konsistenz in den Erscheinungsformen der Reporting-Anwendung und Konsistenz der mobilen Anwendung mit den Regeln und Gepflogenheiten des jeweiligen Device abgewogen werden.

Nutzer erwarten Konsistenz zur jeweiligen Plattform

Insbesondere für Mikro-Interaktionen wie Auswahl von Optionen, Verschieben von Elementen, Blättern in Seiten gilt: Nutzer erwarten auf ihren Mobilgeräten eine native User Experience, eine App, die sich den Regeln des jeweiligen Device unterwirft, sein Potenzial und seine Interaktionsmuster nutzt. So sollte sich beispielsweise die Navigation verhalten, wie im jeweiligen Gerät üblich; die Anordnung der Funktionselemente sollte zu den Richtlinien der jeweiligen Plattform passen. Diese Kriterien sind relevanter für eine positive User Experience als die Wahrung der Konsistenz mit der zugehörigen Desktop-Anwendung.

5.3 Erwartungskonforme Unterstützung von Gesten

Mobilanwendungen sollten die von Nutzern bereits erlernten Gesten unterstützen. Es gibt einige Standardgesten, die als erlernt vorausgesetzt werden können, z.B. „Tap“, um auszuwählen oder den Fokus zu setzen, „Drag“/„Swipe“, um zu scrollen oder ein Objekt zu löschen, „Flick“, um

Standard-Gesten unterstützen, für unbekannte Gesten alternative Wege anbieten

zu blättern (s. Abb. 5). Andere Gesten sind noch nicht allgemein etabliert: So können „Long Press“, „Double Tap“, „Force Tap“ noch nicht als gelernt vorausgesetzt werden. Auch Gesten mit mehreren Fingern sind häufig nicht allgemein bekannt. In einer mobilen Reporting-Lösung dürfen Sie dennoch eingesetzt werden, jedoch sollte sich die Kernfunktionalität der Anwendung nicht hinter einer solchen Geste verstecken, ohne dass ein alternativer Weg zur Funktionalität angeboten wird.

Tap	Drag/Swipe	Flick	Pinch	Expand
	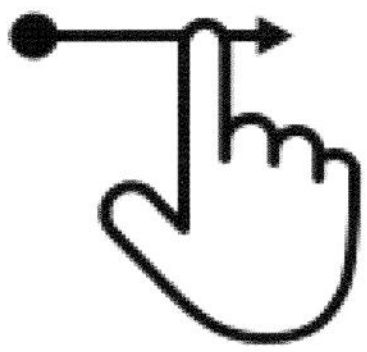			
Kurzes Berühren der Oberfläche mit einer Fingerspitze	Finger über die Oberfläche ziehen	Finger schnell über eine kurze Distanz der Oberfläche ziehen	2 Finger auf der Oberfläche näher zusammen-ziehen	2 Finger auf der Oberfläche weiter auseinander-ziehen
Selektion, Fokus setzen, öffnen, ...	Scrollen, Objekt löschen, Objekt bewegen, ...	Blättern, schnell scrollen, Bildlauf, ...	Objekte verkleinern, auszoomen, Bereiche zuklappen, ...	Objekte vergrößern, zoomen, Bereiche aufklappen, ...

Abb. 5: Häufig verwendete Gesten auf Touch-sensitiven Oberflächen

5.4 Touch braucht Platz

Mindestgröße für interaktive Elemente: 7×7 mm

Trotz begrenztem Screen-Platz auf mobilen Geräten müssen interaktive Elemente ausreichend groß sein, um mit der Fingerspitze bedienbar zu sein. Wie groß die Touch-sensitiven Bereiche sein sollten, hängt u.a. von der Auflösung des Geräts und der Zusammensetzung der Zielgruppe ab. Je höher aufgelöst ein Display ist, desto mehr Pixel passen auf eine gegebene Oberfläche – und desto größer müssen die Pixel-Abmessungen eines sensitiven Bereichs sein. I.d.R. geht man davon aus, dass ein Bedienelement nicht kleiner als 7×7 mm sein sollte. Bei einer für ein Smartphone typischen Auflösung von 326 ppi entspricht das einer Größe von 90×90 Pixeln, bei einer Auflösung von 264 ppi muss das Element nur 73×73 Pixel groß sein.

Um die interaktiven Elemente dennoch nicht wie Hinweisschilder aussehen zu lassen, darf das sichtbare Element, beispielsweise ein Druckknopf, kleiner sein als der aktive Touch-sensitive Bereich.

5.5 Offline-Nutzung

Daten bei Bedarf auch offline anbieten

Gerade bei Reporting-Lösungen, die nicht nur mit relativ stabilen Daten aus den letzten Quartalen, sondern mit tagesaktuellen Daten oder in Echtzeit arbeiten, muss ein Konzept zur Offline-Nutzung bedacht werden. Die Nutzung des Reporting-Systems kann entweder im Firmennetzwerk, aus einem externen WLAN, mit mobiler Datenverbindung oder ganz ohne Internetverbindung erfolgen. In einigen Kontexten ist es wichtig, dass gerade benötigte Daten auch offline verfügbar gemacht werden können, z. B. für den Außendienst, der beim Kunden präsentiert. Dabei sollte bedacht werden, dass für den Nutzer nachvollziehbar sein soll, ob Echtzeitdaten oder ein älterer Datenstand angezeigt werden. Relevant ist auch, ob Datenaktualisierungen steuerbar sind: In mobilen Kontexten ziehen Nutzer häufig bewusste Datenaktualisierungen den automatischen Aktualisierungen vor.

5.6 Für Ablenkung und Unterbrechungen gestalten

Unterbrechungen mitdenken

Mobile Kontexte gehen häufig mit Ablenkung und Unterbrechungen einher, entweder wegen der Situation, in der sich der Nutzer befindet, oder ganz banal durch den plötzlichen Abbruch der Internetverbindung oder wegen eines leeren Akkus. Nutzer erwarten, dass sie auch nach Unterbrechungen wieder an der korrekten Stelle in die Interaktion mit dem System einsteigen können und möglichst wenige ihrer Eingaben verloren sind.

5.7 Strategien für Anwendungen auf kleinen Displays

Die Sichtbarkeit aller in einem Moment verfügbaren Handlungsoptionen ist ein wichtiges Prinzip für gute Benutzbarkeit. Sie ist entscheidend für eine einfache Erlernbarkeit und eine sich selbst erklärende Anwendung.

Zu hohe Feature-Dichte vermeiden

Das Dilemma kleiner Bildschirme ist, dass nicht alle Optionen auf einmal sichtbar sein können, die in einer Desktop-Anwendung mit ähnlicher Aufgabenstellung gezeigt werden könnten. Zum einen gibt es schlicht nicht genügend Platz, zum anderen verbieten die Erwartung der Nutzer an Leichtigkeit, Klarheit und Einfachheit einer mobilen Anwendung und die Notwendigkeit, für Kontexte mit Ablenkungen und geteilter Aufmerksamkeit gestalten zu müssen, eine zu hohe Feature-Dichte. Das Anfüllen des verfügbaren Platzes bis auf den letzten Pixel sollte aus diesen Gründen vermieden werden. Erfolg versprechend ist die Kombination der folgenden Strategien.

5.7.1 Strategie 1: Reduzierter Funktionsumfang

Unnötige Funktionen entfernen

In vielen Konzepten finden sich Funktionen, die von der Zielgruppe nicht verwendet werden. Manchmal handelt es sich um Features, die nur ein einziger Kunde vor vielen Jahren gewünscht hat. Manchmal finden sich Buttons, die nur existieren, weil das höhere Management die Idee dazu hatte. Hier kann geprüft werden, ob diese Funktionalitäten es wert sind, den Weg in die neue App zu finden.

Aber Vorsicht – manchmal ist es ein schmaler Grat zwischen der minimalistischen, gut benutzbaren App und der völlig nutzlosen. Die Validierung mit Nutzern zeigt, was tatsächlich ausgelassen werden darf.

5.7.2 Strategie 2: Tiefe statt Breite

Abb. 6: Desktop: Bericht Ertragsentwicklung[10]

Funktionsangebot strukturieren

Die Funktionen, die nun tatsächlich in der Mobilanwendung nutzbar sein sollen, sollten nach Wichtigkeit und Nutzungsfrequenz strukturiert

[10] Darstellung basiert auf einem Projekt mit b-i-con Hildenbrand & Holze Unternehmensberater, Partnerschaft.

werden. Während in Desktop-Anwendungen sehr viele Funktionen mit nur einem Klick erreichbar sind, werden in Anwendungen für Tablets und Smartphones viele Funktionen erst durch Navigation erreicht.

Abb. 6 zeigt einen Beispielbericht aus der Bankenwelt für den Desktop, in dem die zu setzenden Filter und Darstellungsoptionen (z.B. Einzelwerte vs. kumulierte Darstellung oder Kennzeichnung der Herkunftsarten) direkt in der Kopfzeile ausgewählt werden. In der Smartphone-Version (s. Abb. 7, linke Seite) kann zwar an der Darstellung des Filter-Icons erkannt werden, dass Filter gesetzt sind, der Nutzer muss aber in den Filterbereich wechseln (s. Abb. 7, rechte Seite), um zu sehen, welche Filter das sind, und um diese zu ändern.

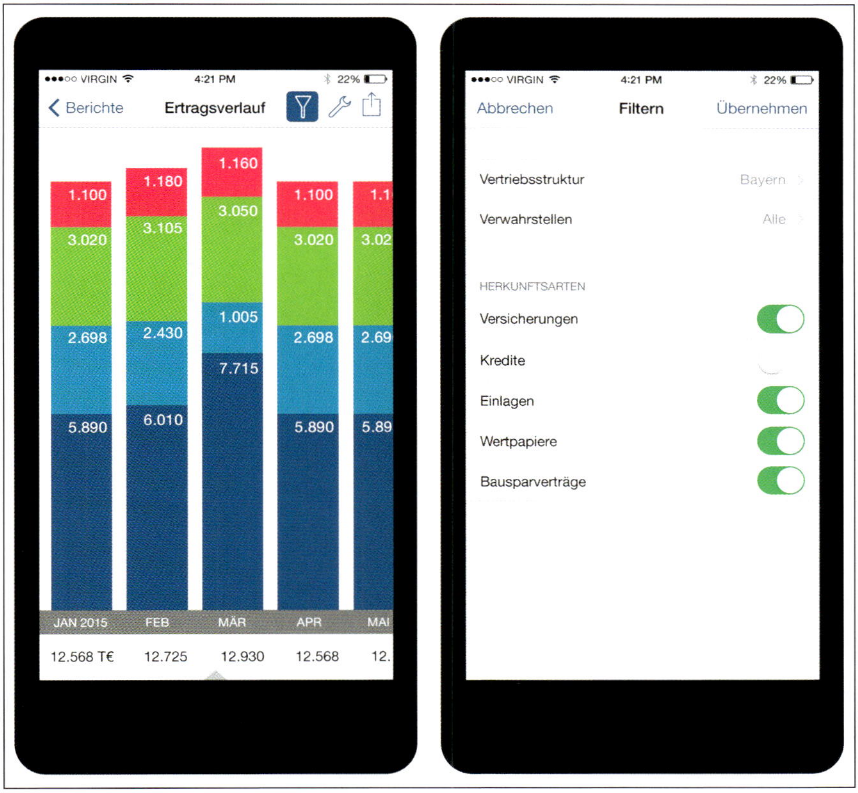

Abb. 7: Smartphone: Bericht Ertragsentwicklung (links) und Filteroptionen (rechts)

Diese Reduktion der Handlungsmöglichkeiten pro Schritt schafft Platz auf dem Display und sorgt für eine einfachere Anmutung, bringt aber auch mehr Interaktionsschritte pro Aufgabe mit sich: Während in der Desktop-Variante 21 Funktionen direkt erreichbar sind, sind es auf dem

Smartphone nur 7. Um beispielsweise den Filter auf „Hessen“ statt auf „Bayern“ zu setzen, benötigt der Nutzer 2 Interaktionsschritte auf dem Desktop, aber 5 Interaktionsschritte auf dem Smartphone. Die wichtigsten und häufigsten Aufgaben sollten so direkt wie möglich erreichbar sein.

5.7.3 Strategie 3: Reduktion visueller Hinweise

Nicht jede Funktion braucht einen Button

Nicht jede Funktion braucht eine grafische Repräsentation im Interface. Abb. 8 zeigt einen Überblick über abonnierte Berichtsmappen, der in der Desktop-Version die Interaktionsmöglichkeiten für einzelne Mappen als Buttons anbietet.

In der Smartphone-Version (s. Abb. 9, linke Seite) gibt es keinen Platz für eine solche Toolbar. Wie in der Desktop-Variante auch findet der Nutzer diese Interaktionsmöglichkeiten in der Detailansicht der jeweiligen Mappe. Ergänzend wird ein effizientes, aber unsichtbares Interaktionsmuster angeboten: Wischt der Nutzer das Element nach links, so erscheinen die wichtigsten Aktionen (s. Abb. 9, rechte Seite). Das unter iOS bereits gut bekannte Konzept ermöglicht es, die Funktionalität anzubieten, ohne kostbaren Screenspace zu verschenken oder zur visuellen Komplexität beizutragen.

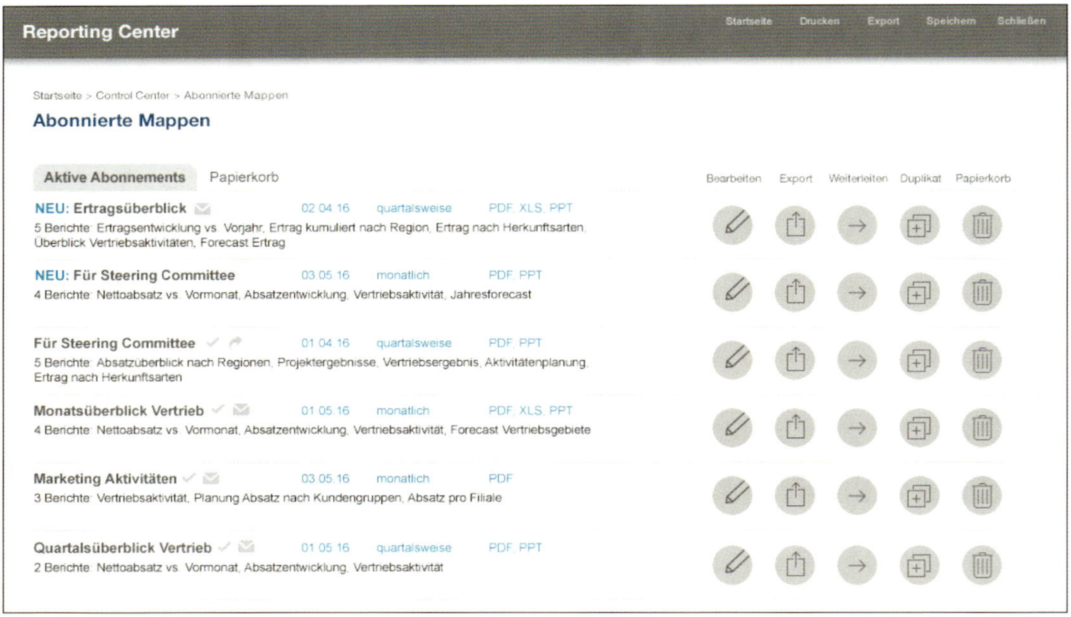

Abb. 8: Desktop: Abonnierte Mappen

Neue Interaktionsmuster müssen jedoch erst gelernt werden. Das ist besonders schwierig, wenn es nur schwache oder gar keine visuellen Hinweise auf eine Interaktionsmöglichkeit gibt. Deshalb gilt: Bei wichtigen Funktionalitäten sollten alternative Wege angeboten werden (hier im Beispiel wäre das die Bearbeitung in der Einzeldarstellung nach Auswahl einer Berichtsmappe).

Neue Interaktionsmöglichkeiten müssen gelernt werden

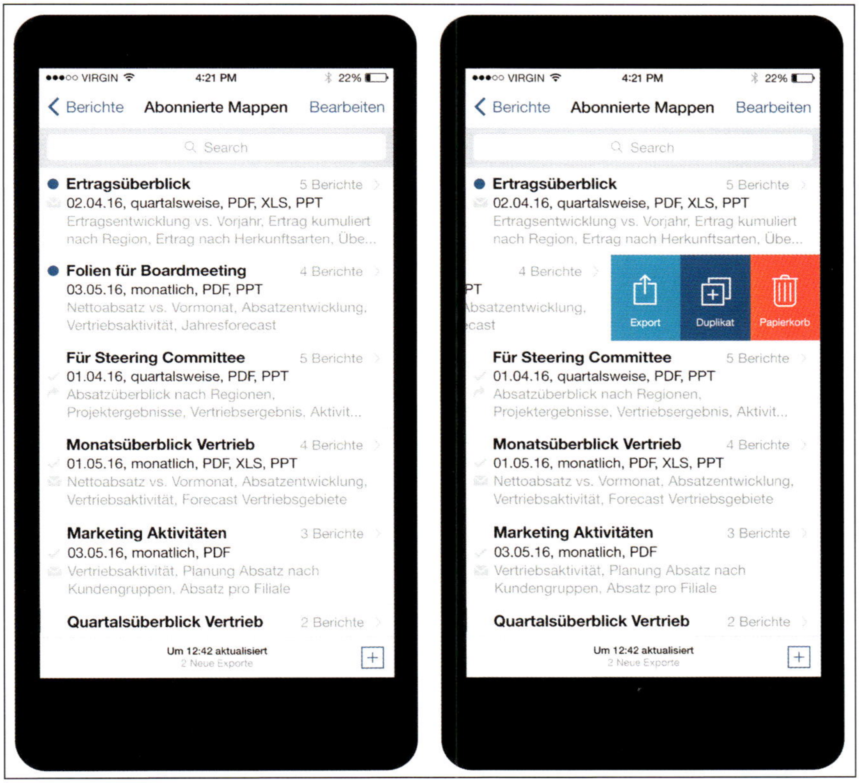

Abb. 9: Smartphone: Abonnierte Mappen (links) und Bearbeitungsoptionen

5.8 Typische Interaktionsmuster für mobiles Reporting

Viele Nutzer sind bereit für positive Erfahrungen in der mobilen Nutzung; sie erwarten ein gewisses Maß an Leichtigkeit und Ästhetik und sind bereit zu explorieren und sich begeistern zu lassen. Will eine Reporting App diese Erwartungen an Innovation, Ästhetik, Leichtigkeit und freudvolles Benutzen erfüllen, darf sie nicht trocken, langweilig und anstrengend sein.

Positive Emotionen durch explorative Interaktion

So belohnt beispielsweise das Entdecken neuer Funktionen und Interaktionsmöglichkeiten mit positiven Emotionen. Bekannt ist dieser Anreiz aus Spielsituationen – unerwartete, kleine Überraschungen erhalten die Motivation und tragen zu einem positiven Erlebnis bei. Ziel ist nicht die spielerische Interaktion um jeden Preis. Stattdessen geht es um das Schaffen von kleinen, positiven Elementen und den geschickten Einsatz von Mikro-Animationen, die auch zum besseren Verständnis der Oberfläche beitragen können. Wird beispielsweise ein Bereich innerhalb einer Tabelle mit einer Animation expandiert, fällt es dem Nutzer leichter, den Zusammenhang mit den zuvor gesehenen Zeilen zu behalten.

Abb. 10: Smartphone: Bericht Ertragsentwicklung mit einem Ausschnitt aus der Timeline

Typische Gesten zur Navigation in einem Bericht

Wie können also grundlegende Interaktionsmuster für mobile Anwendungen aussehen? Ein einfaches Beispiel ist die Darstellung von Datenpunkten auf einer Zeitleiste (s. Abb. 10). Wischen nach rechts oder links zeigt einen anderen Ausschnitt auf der Zeitleiste an. Die Pinch-Geste, also das Zusammenziehen von 2 Fingern auf einer horizontalen Achse, zeigt die Quartalsdaten statt der Monatsdaten. Das Tippen auf einen Balken liefert die Legende, in der die Farbcodierung den Kategorien zugeordnet wird.

Wischen nach oben schiebt den Grafikteil aus dem Blickfeld und den tabellarischen Teil des Berichts in den Fokus (s. Abb. 11). Auch hier navigiert der Nutzer durch Wischen nach rechts oder links zu einem anderen Berichtszeitraum. Außerdem kann die Detailtiefe variiert werden: Die vertikale Expand-Geste (das Auseinanderziehen von 2 Fingern) expandiert eine Kategorie, z.B. „Wertpapiere“, eine vertikale Pinch-Geste schließt sie wieder. Alternativ funktioniert beides mit einem einfachen Tap auf die Kategorie-Zeile.

Abb. 11: Smartphone: Wischen nach oben bringt den Nutzer zum tabellarischen Teil des Berichts

Dieselbe Anwendung auf dem Tablet kann im Hochformat-Modus Grafik- und Tabellenteil auf einen Blick anzeigen. Durch Wischen nach oben kann der Tabellenteil auf die gesamte Fläche ausgedehnt werden (s. Abb. 12).

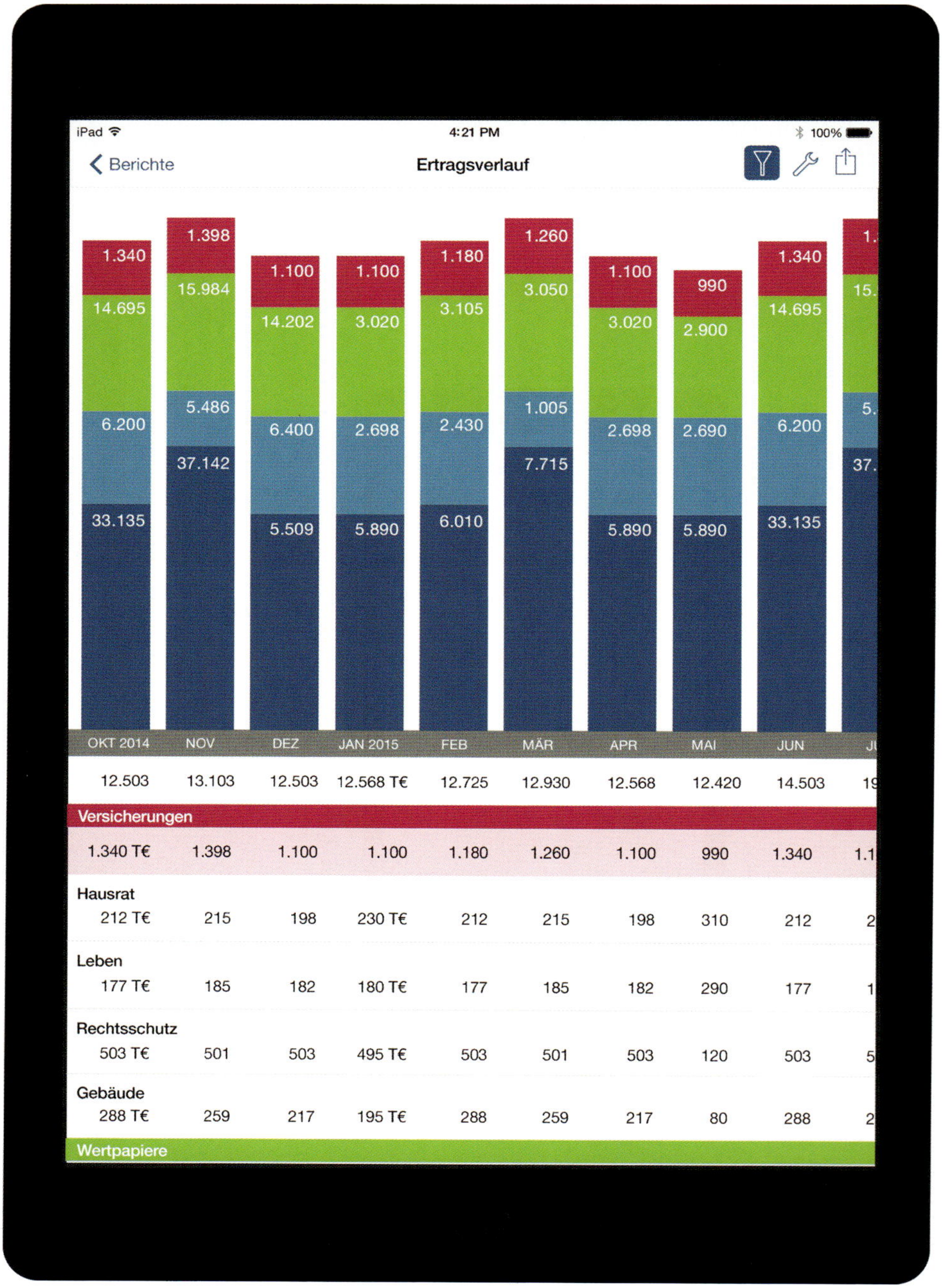

Abb. 12: Tablet: Im Hochformat kann Grafik- und Tabellenteil angezeigt werden

6 Zusammengefasst: Das mobile Reporting von morgen

Think context first

Um zukünftig mit Reporting-Anwendungen erfolgreich zu sein, ist es entscheidend, Lösungen von Beginn an nicht nur für verschiedene Plattformen, sondern auch für verschiedene Orte und Situationen zu konzipieren. Der Mobile-first-Gedanke wird uns bald nicht mehr beschäftigen, denn die Grenzen zwischen mobil und stationär verschwimmen weiter. Stattdessen werden wir „context first" denken. Es wird uns eine Selbstverständlichkeit sein, für kollaborative und Multi-Screen-Szenarien zu planen, und wir werden sowohl sehr kleine Devices, wie Smart Watches, als auch sehr große, wie interaktive Whiteboards, Wände und Tische sowie die unbegrenzte Projektionsfläche von smarten Brillen, für die Darstellung und Bearbeitung von Reports nutzen.

Der Mensch im Mittelpunkt des Designs

Was bleibt, ist, dass wir den Menschen nicht nur ins Zentrum unseres Designs stellen, sondern ihn auch in die Erhebung der Anforderungen und die Validierung des Konzepts einbeziehen müssen. Erfolgreich wird sein, was sich an die Lebenswirklichkeit der Nutzer anpasst und was tatsächlich nützlich ist, also einen echten Mehrwert bietet. Dass auch komplexe Anwendungen gut benutzbar sind, erwarten unsere Anwender schon heute. Dass Reporting-Anwendungen bald nicht mehr die Aura von Steuererklärungen haben und emotionale Bedürfnisse nicht außer Acht gelassen werden, wird in Zukunft den Unterschied machen.

7 Literatur

Chawda/Craft/Cairns/Rüger/Heesch, Do Attractive Things Work Better? An Exploration of Search Tool Visualisations, 2005.

Cooper/Reimann, About Face 2.0, 2003.

Holtzblatt/Wendell/Wood, Rapid Contextual Design: A How-to Guide to Key Techniques for User-Centered Design, 2004.

International Organization For Standardization: ISO 9241-11, 1998.

Müller/Schrepp, Visuelle Komplexität, Ästhetik und Usability von Benutzerschnittstellen, in Boll/Maaß/Malaka (Hrsg.), Mensch & Computer 2013, 2013, S. 211–220.

Norman, Emotion and design: Attractive things work better, in ACM, Interactions Magazine, ix 4/2002, S. 36–42.

Rosson/Carroll, Scenario-Based Design, in Jacko/Sears (Hrsg.), The Human-Computer Interaction Handbook: Fundamentals, Evolving Technologies and Emerging Applications, 2002, S. 1032–1050.

Harmonisierung des externen und des internen Rechnungswesens aus aufbau- und ablauforganisatorischer Sicht

- In vielen Unternehmen ist die Harmonisierung des externen und des internen Berichts- und Rechnungswesens schon weit fortgeschritten oder zumindest in Angriff genommen worden.
- Neben einer inhaltlichen und betriebswirtschaftlichen Harmonisierung gibt es aber eine Vielzahl an weiteren relevanten Aspekten. Dazu zählen Prozessmodelle, IT- und Datenstrukturen sowie Mitarbeiter und deren Skills.
- Dieser Artikel beleuchtet diese weiteren Aspekte und fokussiert sich auf die notwendigen Maßnahmen und Anpassungen im Target Operating Model.
- Abschließend werden die Einflüsse der Digitalisierung beleuchtet und ein Szenario zur Zukunft der Finanzorganisation entworfen.

Inhalt | **Seite**

Der Autor

Andreas Kirchberg, Principal und Leiter des Kompetenzfeldes Organizational Effectiveness bei Horváth & Partners Management Consultants in Düsseldorf.

1 Die Konvergenz des externen und internen Rechnungswesens

Wenn über die Zusammenführung von externem und internem Berichts- und Rechnungswesen geschrieben wird, geht es i. d. R. um die relevanten betriebswirtschaftlichen und inhaltlichen Aspekte. Es gibt umfangreiche Überlegungen auf Basis der Angleichung von Rechnungslegungsvorschriften und internen Anforderungen bezüglich der Steuerung, um eine stärkere Konvergenz des externen und internen Berichts- und Rechnungswesens herbeizuführen.

Auswirkungen im gesamten CFO-Bereich

Diese betriebswirtschaftliche Zusammenführung findet aber nicht nur im Rechnungswesen und im internen Reporting ihren Niederschlag, sondern muss durch adäquate Prozesse und hierauf abgestimmte Organisationsformen getragen werden. Ebenfalls sind die Auswirkungen auf IT-Systeme, auf die Mitarbeiter und ihre Skills sowie auf das gesamtheitliche Rollenmodell im CFO-Bereich zu betrachten. Dies bedeutet, dass das gesamte CFO Target Operating Model (Zielbild der Finanzorganisation) das stärkere Zusammenwachsen des externen und internen Rechnungswesens abbilden muss.

1.1 Treiber der Konvergenz

1.1.1 Die betriebswirtschaftliche Betrachtung sowie externe Vorschriften

Internationalisierte Standards

Seit Jahren wird eine Annäherung von Rechnungslegung und Controlling durch die Veränderungen der externen Vorschriften forciert. Die Entwicklungen von IFRS, BilMoG, Basel II und III legen nahe, dass eine strikte Trennung nicht mehr zeitgemäß ist.[1] So bietet die Rechnungslegung nach IFRS bzw. US-GAAP die Möglichkeit, annähernd gleiche Kenngrößen bis zum adjusted EBIT zu verwenden.[2]

Der IFRS-Ansatz ermöglicht weitreichende Harmonisierungen des externen und internen Rechnungswesens. Weiterhin gibt es aber Unterschiede, wie z. B. kalkulatorische Abschreibungen und Zinsen in der Kostenrechnung. Auf manche kalkulatorischen Werte kann i. S. d. Komplexitätsreduzierung verzichtet werden, wenn das nicht mit allzu großem Informationsverlust einhergeht. Für weitere Unterschiede sind nach wie vor Übergangsrechnungen notwendig.[3]

---

[1] Meier, 2012.
[2] Haeger, 2006.
[3] Plaut Consulting GmbH.

1.1.2 Motive zur Harmonisierung des internen und externen Rechnungswesens

Kommunikationserleichterung und Wirtschaftlichkeit

Zum einen gibt es eine extrinsische Motivation: Unternehmen haben eine stärkere Kapitalmarktorientierung und müssen dementsprechend selbstverständlich auch den geänderten Rechnungslegungsvorschriften Rechnung tragen. Neben den extrinsischen Motiven gibt es eine Vielzahl intrinsischer Motive:

- Die interne und externe Kommunikation wird durch eine strikte Trennung zwischen internem und externem Rechnungswesen erschwert. Unterschiede sind nur schwer vermittelbar.
- Zudem ist wie bei allen Harmonisierungsbemühungen in einem Unternehmen eine erhöhte Wirtschaftlichkeit zu erwarten.
- Die Internationalisierung von Unternehmen und die damit einhergehende Notwendigkeit, internationale Rechnungslegungsstandards abzubilden, hat Harmonisierungsbemühungen ebenfalls gefördert.[4]

1.2 Das Finance Target Operating Model

Fünf Dimensionen

Wie bereits beschrieben, stehen die betriebswirtschaftlichen Konvergenzen zwar oftmals im Mittelpunkt, die gesamtheitlichen Auswirkungen auf die CFO Organisationen sind aber ebenfalls zu betrachten. Um zu verstehen, wie sich die Harmonisierung des externen und internen Rechnungswesens auf das Finance Target Operating Model (TOM) auswirkt, wird dieses im Folgenden mit seinen fünf Dimensionen kurz beschrieben.

- Die Vision des Finanzbereichs
- Die Rollenprofile und Verantwortlichkeiten im Finanzbereich
- Die Ausgestaltung der Organisation
- Das Design der Prozesse und der zugrundeliegenden IT
- Die Mitarbeiter und ihre Skills, die den Finanzbereich mit Leben füllen

Die Zusammenführung des externen und internen Rechnungswesens hat auf alle diese fünf Dimensionen Auswirkungen. Diese Auswirkungen sind Gegenstand der folgenden Ausführungen.

---

[4] Freygang/Geltinger, 2009.

Abb. 1 illustriert diese Zusammenhänge:

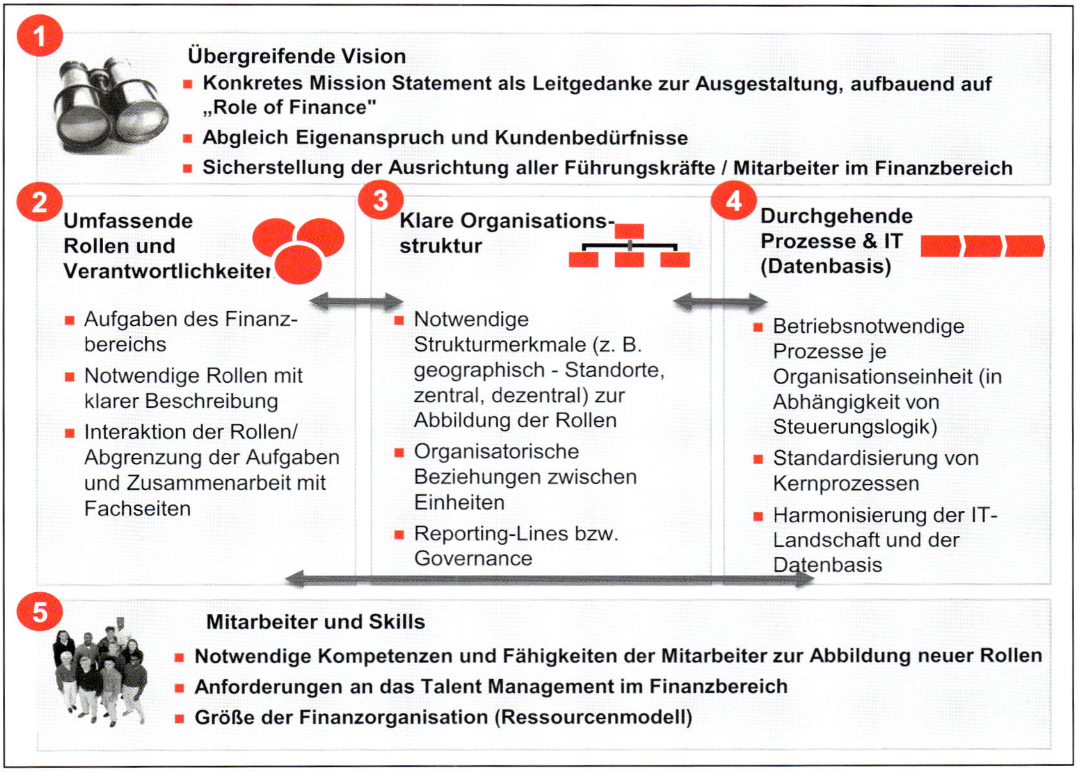

Abb. 1: FTOM

1.2.1 Vision

Die Vision eines Target Operating Models in Bezug auf das externe und interne Rechnungswesen darf sich nicht in einem abgehobenen Leitsatz erschöpfen, sondern muss Ziele und Leitgedanken klar benennen. Kapitalmarktorientierung und gesteigerte Transparenz, eine einheitliche Finanzsprache, Kosteneffizienz, Steigerung der Harmonisierungstiefe, Reduktion von Komplexität und somit Verbesserung der Wirtschaftlichkeit sowie der Abbau von Zielkonflikten und Kommunikationsproblemen innerhalb des CFO Bereichs sind hier maßgeblich zu nennen.[5]

Ziele und Leitgedanken benennen

[5] Freygang/Geltinger, 2009.

Beispiel: Vision aus dem Mittelstand

Im Folgenden findet sich ein Projektbeispiel eines mittelständischen Unternehmens, das die Bereiche Controlling und Finanzen (Accounting) organisatorisch zusammengeführt hat und hierdurch natürlich auch auf eine Zusammenführung des externen und internen Reportings abzielt:

„Unsere MISSION ist ‚Was wir tun':

Wir stehen als Business Partner

- für eine partnerschaftliche Zusammenarbeit auf Augenhöhe,
- für zentrale Finance Services auf der Basis von Best Practice-Prozessen,
- unter Beachtung der Individualität des heterogenen Geschäfts für die Business-nahe aktive Beratung unter Sicherstellung der notwendigen Compliance,
- für die Steigerung der Effizienz des Business durch Informationsbereitstellung und die vertrauensvolle Bereitstellung von externen und internen Informationen als Competence Center für die internen Entscheidungsträger und externen Anteilseigner.

Finanzen + Controlling motiviert sich durch ‚Partnering' und ‚Spaß bei der Arbeit' zu einem Höchstleistungsteam.

Unsere VISION ist die ‚Zukunft, die wir anstreben':

Finanzen + Controlling versteht sich als lösungs- und zukunftsorientierter Service, der effizient und effektiv

1. die langfristige und nachhaltige Unternehmensentwicklung unterstützt;
2. den Herausforderungen des dynamischen Marktumfeldes durch zukunftsgerichtete Informationen im internen und externen Berichtswesen durch proaktive Gestaltung begegnet;
3. mit einheitlichem Auftritt, Verständnis und Sichtweisen vertrauensvoll mit den Entscheidungsträgern und externen Stakeholdern zusammenarbeitet."

Diese Vision ist nicht nur zu formulieren, sondern es ist sicherzustellen, dass alle Führungskräfte und Mitarbeiter im Finanzbereich dieser Ausrichtung folgen. Hier erwartet den CFO eine große Herausforderung im Bereich Change Management, da es um alt eingespielte Abteilungsstrukturen, Prozesse und Einflussbereiche des Managements geht.

1.2.2 Rollenmodell und Verantwortlichkeiten

Grundlegende Veränderungen

Eine stärkere Konvergenz des externen und internen Berichts- und Rechnungswesens führt zu einem neuen Rollenmodell innerhalb der Organisation. Hier ist zu definieren, welche Rollen es in der zukünftigen

Organisation auszugestalten gilt. Sowohl die Rolle des klassischen Controllers, der sich ausschließlich auf die interne Steuerung fokussiert, als auch die Rolle des Buchhalters, der sich umfassend um die Erfüllung der Rechnungslegungsvorschriften kümmert, sind aufzuweichen und näher aneinander zu führen.

Im angelsächsischen Raum ist diese strikte Trennung ohnehin nicht gegeben. In der Literatur findet man oftmals das Konzept und die Rolle des Biltrollers, also des Grenzgängers zwischen beiden Bereichen. Die Umsetzung dieses Konzeptes findet man im deutschsprachigen Raum eher selten, sie ist für eine engere Zusammenarbeit und eine Integration des externen und internen Berichtswesens auch nicht zwingend notwendig. Viel eher lassen sich Rollenmodelle nach Art der Tätigkeit clustern.

Drei Rollenmodelle

Wenn man Tätigkeiten im Finanzbereich analysiert, lassen sich drei Rollenmodelle – Governance, Business Partner und Produktion – identifizieren (s. Abb. 2).

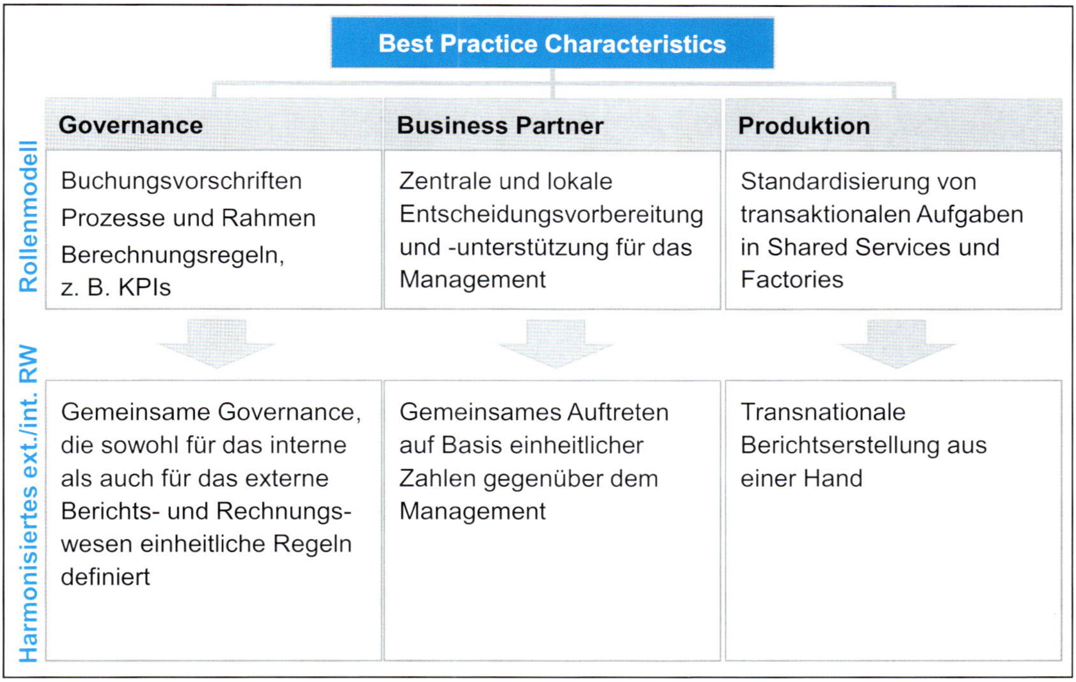

Abb. 2: Rollenmodelle in der CFO Organisation

Governance

Wichtig ist eine gemeinsame Governance, die sowohl für das interne als auch für das externe Berichts- und Rechnungswesen einheitliche Regeln vorgibt. Selbst wenn hier unterschiedliche Expertisen notwendig sind, ist eine enge Abstimmung sicherzustellen.

Produktion

Die Produktion umfasst transaktionale, immer wiederkehrende Prozesse. Diese sind repetitiv und bieten Potenzial für eine Bündelung. Organisatorisch ist die Produktion, ergo die transaktionale Rolle, oftmals in einer Reporting-Factory gebündelt, die sowohl das externe als auch das interne Berichtswesen abdeckt, bei letzterem allerdings nur die Erzeugung der Berichte. Die inhaltliche Aufbereitung und Würdigung erfolgt in der Rolle des Business Partners.

Business Partner

Somit ist die Betrachtung der Business-Partner-Rolle wichtig. Schwerpunktmäßig ist diese im Controlling verankert. Sie kommt aber auch im Accounting, spätestens bei der Diskussion der Konzernabschlüsse und bei der Bilanzpolitik zum Tragen. Diese beratende Rolle kann nur auf Augenhöhe mit dem Management erfolgen, wenn die zugrundeliegenden Informationen, Berichte und Kennzahlen abgestimmt sind und auf einer gemeinsamen Datenbasis beruhen.

1.2.3 Organisationsstruktur

Viele Unternehmen sind klassisch in eine Controlling- und eine Accounting-Organisation unterteilt. Somit findet man bei Unternehmen aller Größen einen Leiter Controlling und einen Leiter Accounting. Die zunehmende Konvergenz des externen und internen Berichts- und Rechnungswesens eröffnet Möglichkeiten für alternative Organisationsmodelle. Selbstverständlich werden weiterhin auf der Managementebene tiefgreifende Controlling-Skills sowie Expertise im Bereich Buchhaltung notwendig sein; nichtsdestotrotz lässt sich dies alternativ abbilden. So kann das Zusammenführen des Leiters Controlling und des Leiters Accounting für mittelständische Unternehmen ein Weg sein, Synergien voranzutreiben.

Factory-Ansatz

Ebenfalls möglich ist die Aufteilung in einen Verantwortlichen für das externe und interne Reporting mit einem starken Fokus auf Steuerung sowie einem Verantwortlichen für eine Serviceorganisation, in der naturgemäß der Schwerpunkt auf transaktionale und Accounting-nahe Prozesse gelegt wird. So lässt sich ein stringenter Factory-Ansatz umsetzen, bei dem transaktionale Tätigkeiten zentralisiert werden. Dies ermöglicht eine effektive und effiziente Umgestaltung der Organisationsstruktur (s. Abb. 3).

Wie Abb. 3 verdeutlicht, geht es nicht nur um klassische Shared Services im Accounting, sondern auch um Factory-Ansätze im Reporting. Viele Unternehmen haben bereits Reporting Factories eingeführt oder sind gerade dabei. Diese „Fabriken“ befassen sich mit dem transaktionalen

Berichtsprozess sowohl für das externe als auch für das interne Berichtswesen. Idealerweise erzeugen die Reporting Factories Bilanzen sowie Gewinn- und Verlustrechnungen mit identischen Strukturen für interne und externe Adressaten. Darüber hinaus werden Berichtsanforderungen für das externe Rechnungswesen im Anhang und Anforderungen des internen Berichtswesens in regelmäßigen Berichtsmappen oder Self Service Reporting Tools abgedeckt.

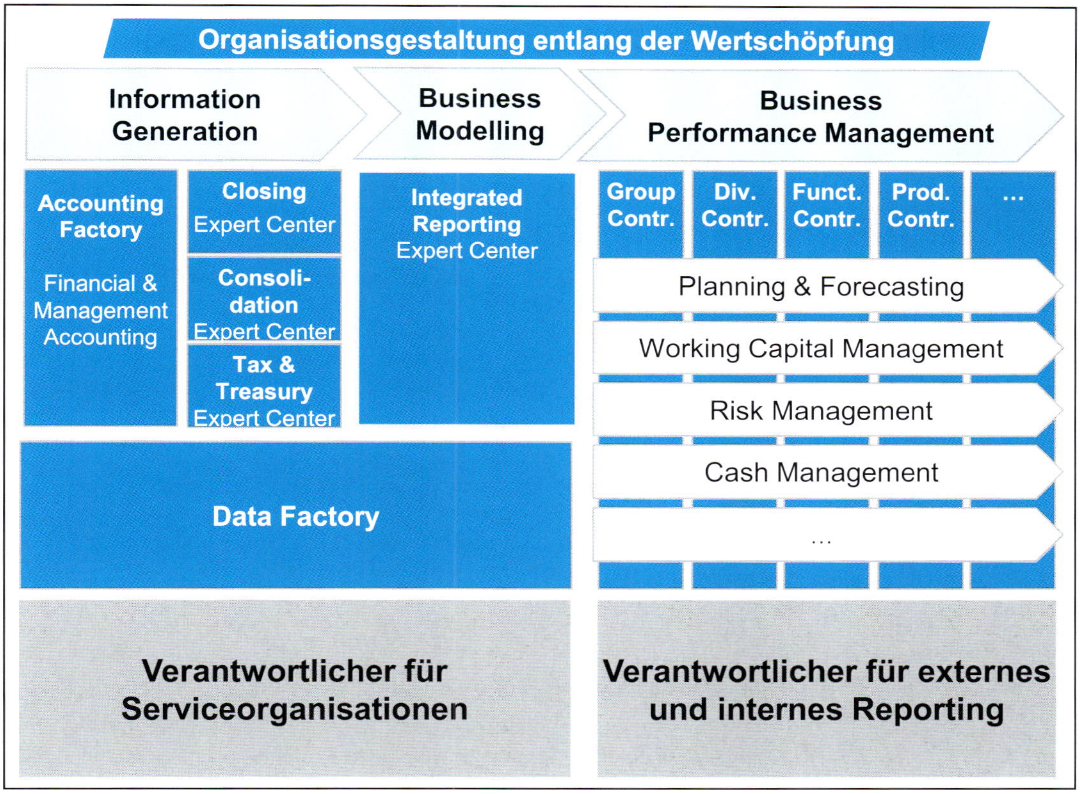

Abb. 3: Strukturierung in Serviceorganisationen und Factories

Einheitliche Governance-Regeln

Warum unterstützen diese Organisationsmodelle eine Zusammenführung des externen und internen Berichts- und Rechnungswesens? Durch die Übertragung der transaktionalen Prozesse in eine Factory oder Serviceorganisation wird organisatorisch sichergestellt, dass nach einheitlichen und durchgängigen Governance-Regeln gebucht wird und diese Daten unternehmensweit einheitlich verarbeitet werden.

Ein Großteil der Unternehmen in Deutschland greift mittlerweile auf Ansätze unter Einbeziehung von Serviceorganisationen zurück. Die hierdurch forcierte Harmonisierung und Standardisierung ist ein wichtiger Faktor zur Konvergenz des Berichts- und Rechnungswesens.

1.2.4 Prozessmodell

End-to-end-record-to-report-Prozesse

Wird die Idee der Konvergenz des externen und internen Rechnungswesens konsequent in die Prozesse übertragen, ergibt sich schnell die Notwendigkeit für die Integration in Richtung end-to-end-Prozess.

Der Berichtsprozess, sowohl für das externe als auch das interne Berichtswesen, beginnt mit der Datenerfassung, gefolgt von der Datenverarbeitung und endet mit der Berichtserzeugung, d.h. es kann von einem „record-to-report"-Prozess gesprochen werden.

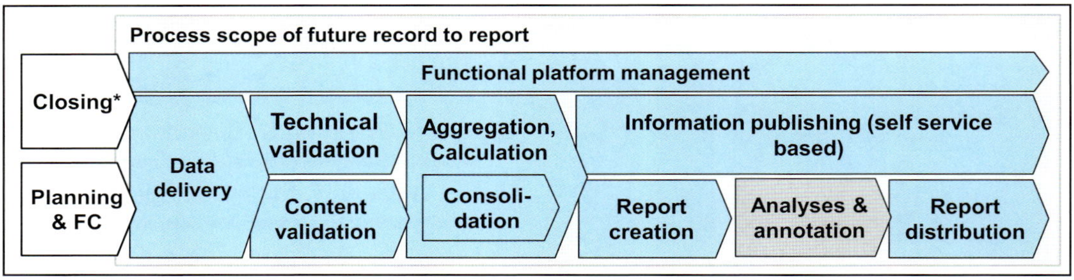

Abb. 4: Beispiel eines record-to-report-Prozesses

Idealerweise wird ein durchgängiger „end-to-end-record-to-report"-Prozess entworfen, möglichst ohne oder nur mit wenigen System- und organisatorischen Schnittstellen. Abb. 4 illustriert anhand eines Beispiels eine mögliche end-to-end-Prozess-Ausrichtung.

Welche Vorteile bieten ein end-to-end-Prozess und eine einheitliche end-to-end-Prozessverantwortung? Der Verantwortliche des Prozesses stellt sicher, dass

- Berichtszeitpunkte aufeinander abgestimmt sind,
- identische Berichtsinhalte auch identische Zahlen enthalten,
- identische KPIs auch unternehmensweit identisch definiert sind,
- Layouts sich gleichen, ggf. sogar extern und intern.

Nicht zuletzt hat der Prozessverantwortliche ein starkes Interesse an einer einheitlichen IT und harmonisierten Datenstrukturen. Hierauf wird im nächsten Abschnitt vertiefend eingegangen.

1.2.5 IT und Datenstrukturen

Finanzprozesse in modernen CFO-Organisationen kommen ohne IT-Unterstützung nicht mehr aus. Aus diesem Grund werden in diesem Abschnitt drei Aspekte stärker beleuchtet:

- Harmonisierung der ERP- und BI-Systemlandschaften
- Harmonisierung der Stammdatenstrukturen
- Perspektiven durch die Einführung von SAP S/4HANA

Viele Unternehmen haben sich One.ERP-Initiativen auf die Fahnen geschrieben. Die primären Gründe liegen nicht unbedingt in der Harmonisierung des externen und internen Berichts- und Rechnungswesens, sondern in der strukturellen Harmonisierung und Standardisierung von Daten, Prozessen und Informationen sowie im Bereich der Kosteneinsparung.

Selbstverständlich haben diese Initiativen aber auch einen massiven Einfluss auf das externe und interne Reporting.

One.ERP-Initiativen

Beim Aufbau einer One.ERP-Systemlandschaft wird in den meisten Fällen kein Zweikreissystem für einen internen und einen externen Berichtsweg aufgebaut. Sinnvollerweise werden Buchungsvorschriften so harmonisiert, dass sie dem internen und dem externen Reporting genügen. Konsolidierungssysteme erzeugen eine harmonisierte Sicht auf den Konzern und ggf. auf Teilkonzerne, Divisionen oder weitere Strukturen; Überleitungen zwischen externem und internem Berichtswesen werden gesondert ausgewiesen. Somit haben One.ERP-Initiativen quasi als Nebeneffekt die Harmonisierung des externen und internen Berichts-und Rechnungswesens mit vorangetrieben. Abb. 5 illustriert die positiven Effekte.

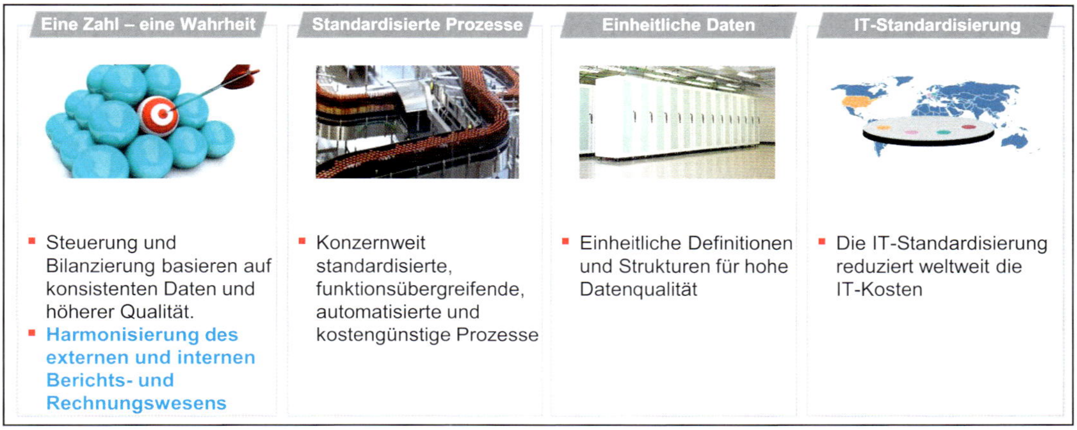

Abb. 5: Vorteile einer One.ERP-Initiative

Beschleunigt wird dieser Effekt durch die neue Generation der SAP-Software S/4HANA. SAP S/4HANA ist hoch integrativ aufgebaut, losgelöste Nebenbücher für das Controlling existieren nicht mehr, Haupt- und Nebenbücher werden integriert. Idealerweise werden Buchungen so kontiert, dass sie sowohl den Anforderungen des externen als auch des internen Berichtswesens genügen.

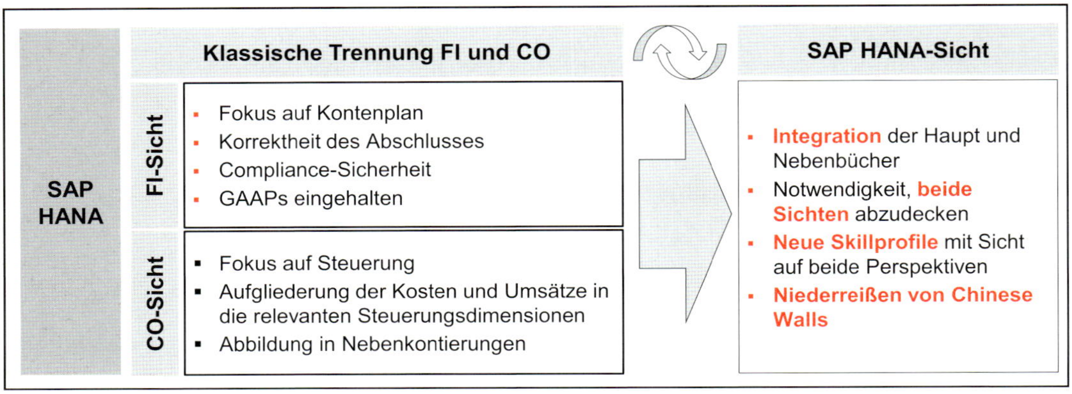

Abb. 6: Zusammenführung Haupt-/Nebenbücher über SAP S/4HANA

Einhergehend mit One.ERP-Initiativen verfestigt sich das Problembewusstsein bezüglich nicht harmonisierter Stammdaten. Neben wichtigen Stammdatenobjekten wie Kreditoren, Debitoren und dem Materialstamm betrifft dies auch Stammdaten aus dem Finance-Bereich.

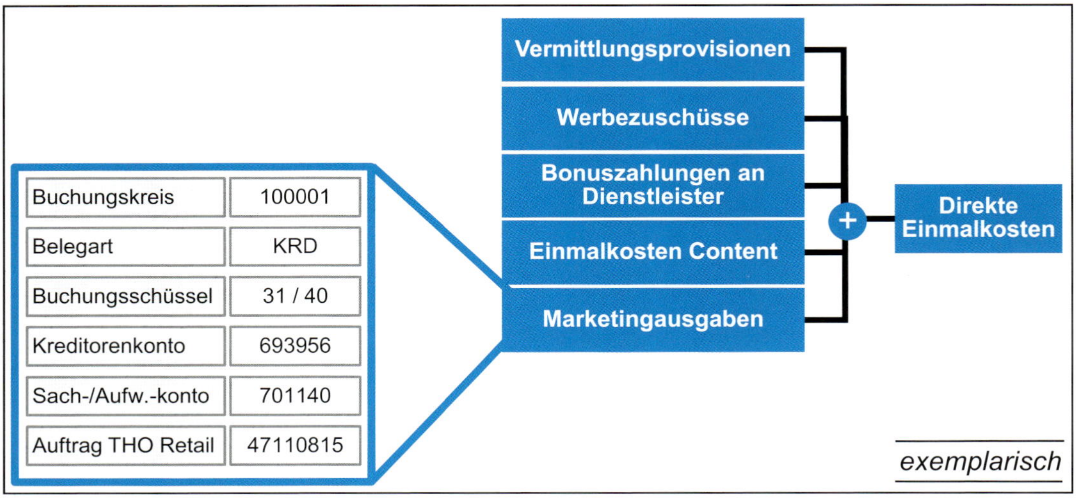

Abb. 7: Abhängigkeit Stammdaten zu KPIs

Die Harmonisierung des Kontenrahmens und der Kostenarten bilden eine wichtige Voraussetzung für eine Integration des externen und internen Berichts- und Rechnungswesens. Die Integration der Kontierungsvorschriften, um gleichermaßen das externe und das interne Berichtswesen zu befriedigen, ist ebenfalls ein wesentlicher Faktor harmonisierter Stammdaten. Abb. 7 stellt beispielhaft den Zusammenhang zwischen einheitlichen Kontierungen auf Basis harmonisierter Stammdaten und einem konsistenten Berichts- und Rechnungswesens dar.

Kontenrahmen und Kontierungsvorschriften

Harmonisierungstiefe (einheitliche Datenbasis, Harmonisierung der technischen Infrastruktur und organisatorische Zusammenführung) sind die Basis für die Konvergenz des internen und externen Rechnungswesens.[6]

1.2.6 Mitarbeiter und Skills

Kein inhaltliches, organisatorisches oder prozessuales Veränderungsprogramm wird greifen, wenn die eigenen Mitarbeiter nicht „mitgenommen" werden. Bei den Mitarbeitern muss Verständnis für den Sinn und Zweck der Harmonisierung des externen und internen Berichts- und Rechnungswesens geschaffen werden. Notwendiges Know-how ist aufzubauen, Chinese Walls zwischen Abteilungen und Mitarbeitern sind einzureißen.

Verständnis schaffen

Diese Hürden sind nicht zu unterschätzen. Nur wenn ein harmonisierter Ansatz im Berichtswesen gelebt wird, wird dieser von Dauer sein. Gerade das unterschiedliche Naturell von Controllern und Buchhaltern stellt eine Herausforderung dar, der mit Change-Management-Maßnahmen begegnet werden muss.

1.2.7 Grenzen der Harmonisierung

Die Harmonisierung der Datenstrukturen stößt spätestens dort an ihre Grenzen, wo aufgrund von Rechnungslegungsvorschriften unterschiedliche Inhalte gefordert werden. Daher wird eine vollständige Konvergenz zwischen internem und externem Rechnungswesen eher die Ausnahme bleiben, da hierzu auf eine vollständig vereinheitlichte Datenbasis zurückgegriffen werden müsste. Unter realen Bedingen ist das aber eher nicht umsetzbar. Dennoch sollte aufgrund der vielen Vernetzungen aber eine gewisse Konvergenz gegeben sein.

Komplette Harmonisierung selten möglich

Der Arbeitskreis „Controlling und IFRS" des Internationalen Controller Vereins schlägt in Bezug auf die IFRS-Rechnungslegung die folgenden Leitlinien vor:

- eine Beschränkung des Konvergenzbereichs auf die Informationssysteme der oberen Hierarchieebenen,

[6] Freygang/Geltinger, 2009.

- keine vollständige, sondern eine partielle Konvergenz, d.h. eine Eliminierung, Ergänzung oder Umbewertung „einzelner“ Positionen ist möglich, sowie
- eine operative produkt- und prozessorientierte Steuerung auf der Basis eigenständiger interner Größen.[7]

2 Digitalisierung und Reporting 4.0

Chancen der Integration durch Digitalisierung

Wie auf alle Bereiche wird die Digitalisierung auch einen großen Einfluss auf das externe und interne Berichtswesen haben. Wenn das interne Berichtswesen zunehmend real-time zur Verfügung steht, auf großen Datenvolumina beruht und von Algorithmen getrieben wird, wird eine Integration der externen Anforderungen z.B. bezüglich der Rechnungslegungsstandards zunehmend komplexer. Dem lässt sich durch vier Maßnahmen entgegenwirken:

- **Stärkung der zentralen Governance:**
  Nur durch eine Integration der Regeln und zentralen Vorgaben bezüglich des externen und internen Berichtswesens lässt sich eine De-Harmonisierung verhindern. Für eine transparente Darstellung ist eine Durchgängigkeit vom gebuchten Wert bis zum berichteten Wert ein wesentlicher Faktor. Gerade Verteilungen und Umlagen, die gerne im internen Berichtswesen verwendet werden und am Ende nur einer Transparenz entgegen stehen, erschweren eine Vergleichbarkeit mit dem externen Berichtswesen. Wenn im internen Berichtswesen zukünftig auf einer weit größeren Datenbasis (big data) und auf Basis von Prognose-Algorithmen gearbeitet wird, besteht eine erweiterte Gefahr, dass die Zahlenwerke voneinander abrücken. Hier können gemeinsame Regeln (Governance) einen positiven Effekt haben.
- **Ausbau der Service-Funktion:**
  In einer sinnvoll ausgebauten Servicestruktur lassen sich Harmonisierungsaspekte viel einfacher durchsetzen und auf der Zeitschiene sicherstellen. Hierbei wird der Anteil der Prozesse, die das externe und das interne Berichtswesen betreffen, und die in einer Serviceorganisation abgebildet sind, deutlich ausgeweitet. Center of Excellence und Center of Scale werden einen Großteil der Finanzprozesse abdecken. Lediglich das Business Partnering und wenige verbleibende Restfunktionen (retained functions) verbleiben vor Ort. Die Vorteile hierbei liegen vor allem in der Erzeugung einer harmonisierte Zahlenbasis: so haben z.B. in einem Shared Service Center gebuchte Daten die gleiche Struktur, oder in einem Controlling Center of

---

[7] Haaker, 2008.

Excellence vorbereitete Buchungssätze, z. B. für Rückstellungen oder Abgrenzungen, werden nach den gleichen Regeln generiert. Durch diese inhaltlich harmonisierte Datenstruktur wird eine Weiterverarbeitung dieser Daten in „digitalen" Prozessen vereinfacht. Gleichzeitig kann die Anzahl der Mitarbeiter durch Automatisierung (z. B. Robotics) reduziert werden (s. Abb. 8).

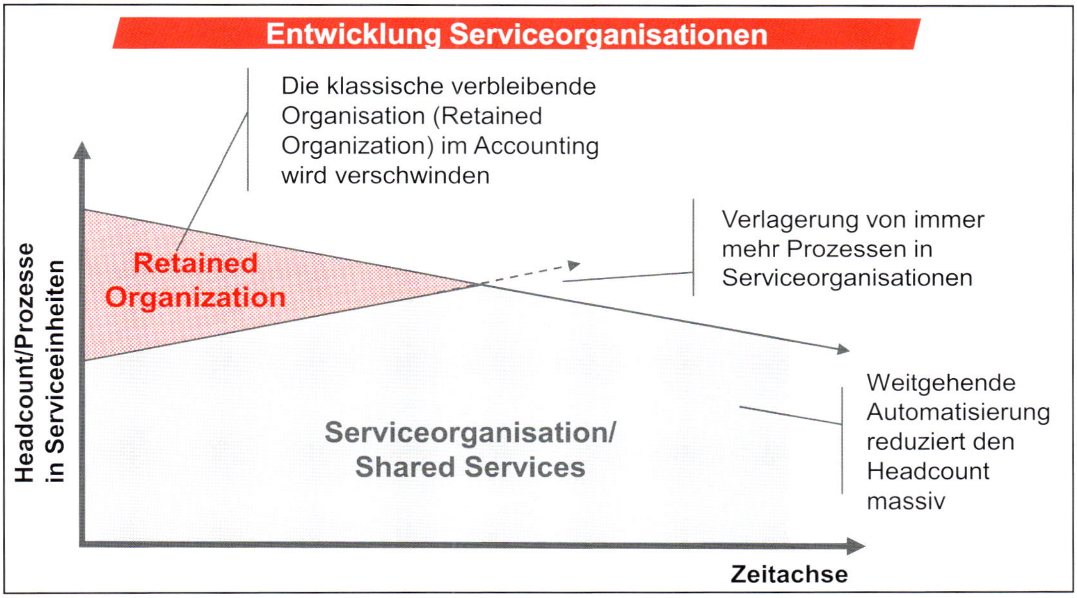

Abb. 8: Zunahme der Prozesse in Serviceorganisationen

- **Integration und Automatisierung:**
  Das Rollenbild des klassischen Buchhalters wird es in absehbarer Zeit nur noch in einem reduzierten Umfang geben. Die Prognose, dass zukünftig keine Buchhaltungskapazitäten mehr notwendig sein werden stellt sicherlich eine Überspitzung dar, deutet aber die Richtung zukünftiger Entwicklungen an. Transaktionale Tätigkeiten werden weitgehend ins System überführt, einfache Entscheidungen bis hin zu einfachen Kommentierungen werden vollständig automatisiert, während die Rolle des Business Partners sowohl für das interne als auch für das externe Berichts- und Rechnungswesen gestärkt wird. Gerade das Feld der Kommentierung wird durch Digitalisierung eine neue Qualität erlangen. Während zurzeit nur deskriptive Kommentierung automatisierbar ist (z. B. „die Umsätze haben sich um x % erhöht"), werden zukünftig Hintergrundinformationen automatisiert zugesteuert werden. Um in unserem Beispiel zu bleiben: Ein Algorithmus, in dem die Werttreiberbäume für den Umsatz sowie externe Markt-

informationen hinterlegt sind, kann diese werttreibenden Effekte in einem Kommentar darstellen und die entsprechenden Markt- und Umfeld-informationen bereitstellen. Der analysierende Controller kann sich hierdurch besser auf Maßnahmen konzentrieren, um Abweichungen nicht nur zu erklären sondern diesen aktiv gegen zu steuern. Dies geschieht zum einen als Reaktion auf Ist-Werte, aber ebenfalls steuernd auf Basis von Predictive/Forecast-Werten. Hier geht es natürlich im Schwerpunkt um das interne Reporting.

- **Annäherung durch die Entwicklung der externen Vorschriften:**
  Das Beispiel der Richtlinien zur E-Bilanz im Steuer-Reporting zeigt, dass auch hier eine Annäherung an die digitale Welt stattfindet. Während zurzeit eine E-Bilanz oftmals noch manuell oder durch „selbstgebastelte" Excel-Brücken gefüllt wird, arbeiten Softwarehersteller an der Automatisierung der Befüllung, so dass zukünftig idealerweise kein manueller Eingriff mehr notwendig ist. Bei einer einheitlichen inhaltlichen Governance wie oben beschrieben, lassen sich die Zahlenwerke extern/intern nahtlos überleiten.

3 Zukunft der Finanzorganisation – ein mögliches Szenario

Restrukturierung der CFO-Organisation...

Was bedeutet das hier Dargestellte für die grundlegende Struktur der Finanzorganisation? Welche Implikationen können sich hieraus für die Trennung zwischen Controlling und Accounting ergeben? Im Folgenden ist ein organisatorisches Szenario dargestellt, das aus dem „Zusammenwachsen" des externen und des internen Rechnungswesens resultieren könnte und ebenfalls die Herausforderungen der Digitalisierung für den CFO und das Berichtswesen adressiert.

...ohne klassische Aufteilung Accounting und Controlling

Die klassische CFO-Organisation ist in eine Controlling- und eine Accounting-Abteilung geteilt. Diese organisatorische Trennung spiegelt nicht die Konvergenz des externen und internen Berichtswesens wider. Wenn diese Themen inhaltlich zusammengeführt werden, dann ist es nur eine logische Konsequenz, dies auch in der Organisationsstruktur so anzulegen.

Business Partner

Eine mögliche Option ist die Etablierung einer Organisationseinheit in Form eines „fachlichen Business Partners", der die fachlichen Kompetenzen des externen und internen Rechnungswesens bündelt und auf der fachlichen und inhaltlichen Ebene die maximale Konvergenz sicherstellt. Selbstverständlich wird es innerhalb dieser Gruppe Mitarbeiter mit einem klaren „internen", Controlling-lastigen Skill-Profil geben und Spezialisten für das externe Rechnungswesen. Diese organisatorische

Integration bisher getrennter Bereiche schafft bei den Mitarbeitern das Gefühl „in einem Team zu spielen“ und hat dadurch einen zusammenführenden Effekt.

Performance Officer

Die Organisation des Performance Officers ist dem Ziel der Effizienz und optimalen Performance verpflichtet. Alle Factory-Ansätze aus Abb. 3 werden hier gebündelt. Die optimale und effizienteste Ausgestaltung der Prozesse ist Ziel und Erfolgsfaktor dieser Gruppe. Abb. 9 illustriert diese mögliche zukünftige Organisationsstruktur.

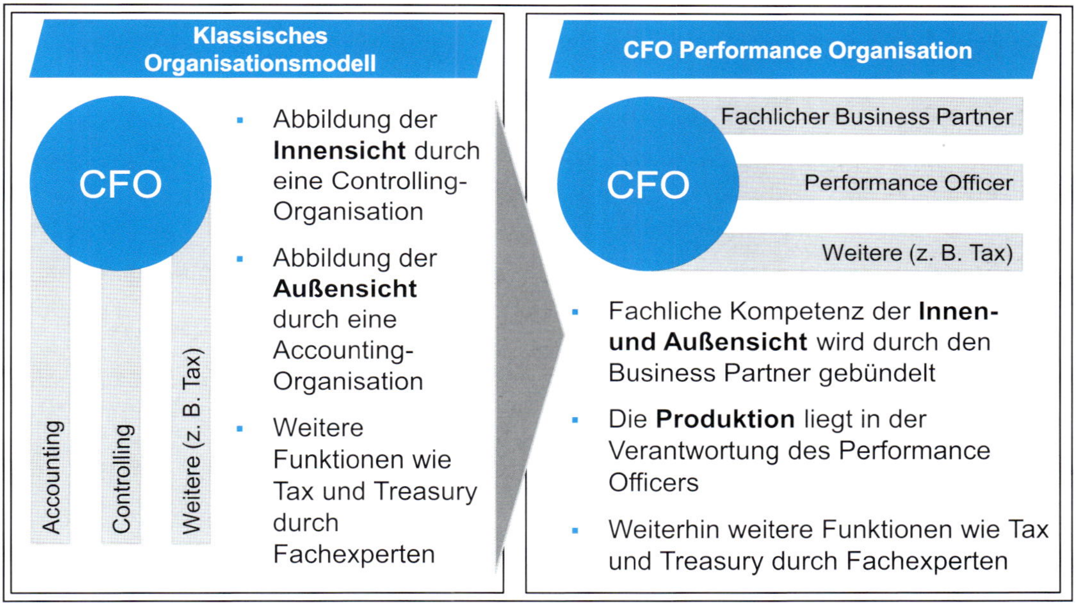

Abb. 9: Restrukturierte CFO-Organisation anhand des neuen Rollenmodells

Folgen Unternehmen diesem Ansatz, bedeutet dies einen Paradigmenwechsel, weg von der klassischen Trennung von Controlling und Accounting, hin zu einer eher rollenmodell-basierten Organisationsstruktur.

4 Fazit

Als Fazit lassen sich die folgenden Punkte nennen:

- Die Vorschriften der externen Rechnungslegung unterstützen eine Annäherung an das interne Reporting, trennende Aspekte bleiben aber weiterhin erhalten.

- Die Zusammenführung und Harmonisierung des externem und internem Berichts-und Rechnungswesens besteht nicht nur aus dem Abgleich der Berichtsinhalte; es ist ebenfalls das Target Operating Model des CFO zu betrachten.
- Rollenmodelle, Organisation, Prozesse und IT-Systeme sind auf die Vision einer Harmonisierung des externen und internen Berichts-und Rechnungswesen auszurichten.
- Um erfolgreich zu sein und die eigene Organisation und die Mitarbeiter auf diesen Kurs auszurichten, sind sowohl fachliche Vorgaben als auch notwendige Change-Management-Hürden zu überwinden.

5 Literaturhinweise

Freygang/Geltinger, Harmonisierung des internen und externen Rechnungswesens in der BayernLB, in Jelinek/Hannich, Wege zur effizienten Finanzfunktion in Kreditinstituten, S. 179–198, 2009.

Haaker, Konvergenz des internen und externen Rechnungswesens, in Haaker, Potential der Goodwill-Bilanzierung nach IFRS für eine Konvergenz im wertorientierten Rechnungswesen, S. 145–160, 2008.

Haeger, Harmonisierung von Rechnungswesen und Controlling bei E.ON, in Wagenhofer, Controlling und IFRS-Rechnungslegung: Konzepte, Schnittstellen, Umsetzung, S. 243–266, 2006.

Meier, Annäherung von Rechnungslegung und Controlling, in Springer Professional, https://www.springerprofessional.de/rechnungswesen/annaeherung-von-rechnungslegung-und-controlling/6602136, Abrufdatum 24.1.2017.

Plaut Consulting GmbH, Harmonisierung des internen und externen Rechnungswesens, http://www.plaut.com/assets/Harmonisierung.pdf, Abrufdatum 24.1.2017.

Kapitel 3: Umsetzung & Praxis

A tidy house, a tidy mind: Zalandos Maßnahmen für eine strukturierte und aufgeräumte Reportinglandschaft

- In einem schnell wachsenden Unternehmen wie Zalando müssen Themen und Strategien schnell und kurzfristig umgesetzt werden. Deshalb hat Zalando Ressourcen für Datenqualität, -landschaft, -flüsse und das darauf aufbauende Reporting aufgebaut.
- Eine aufgeräumte Datenlandschaft schafft Effizienzen und Synergien für einen zielgerichteten Einsatz bestehender personeller Ressourcen bei der Erstellung von Reports.
- Wichtige Faktoren bei grundlegender Restrukturierung der Reportinglandschaft sind genügend Zeit als auch das Commitment der Führungsebene. Nur dann können Prozesse wirklich aufgebrochen und inhaltlich durchdacht neu angelegt werden.
- Ein Auge auf die Fülle an Reports und eine stetige Verprobung der Inhalte helfen ungemein dabei, die Reportinglandschaft auf das Wesentlichste zu beschränken und Berichte für den Konsumenten bedarfsgerecht aufzusetzen.
- Einheitliche Definitionen von verwendeten KPIs schaffen Transparenz und sorgen für korrekte Interpretationen der Berichte.

Inhalt Seite

Der Autor

Tobias Schönaich, Teamlead Finance Controlling bei der Zalando SE und zuständig für das Management Reporting und die gesamthafte Controlling-spezifische Systemarchitektur.

1 Kurzvorstellung Zalando

Europas führende Online-Modeplattform

Zalando ist Europas führende Online-Modeplattform für Damen, Herren und Kinder. Das in Berlin ansässige Unternehmen bietet seinen Kunden eine umfangreiche Auswahl an Modeartikeln wie Schuhen, Bekleidung und Accessoires bei kostenlosem Versand und Rückversand.

Das Sortiment reicht von beliebten weltweit bekannten Marken über Fast-Fashion bis zu lokalen Brands und wird durch selbst designte Private-Labels ergänzt – insgesamt arbeitet Zalando mit über 1.500 internationalen Markenherstellern zusammen.

Die stationären Outlet-Stores in Berlin, Frankfurt am Main und Köln bieten einen zusätzlichen Absatzkanal für Restbestände. Das Mutterunternehmen, die Zalando SE, wurde 2008 gegründet und hat seinen Hauptsitz in Berlin. Die Zalando-Shops sind lokal auf die Bedürfnisse der Kunden in 15 verschiedenen europäischen Märkten zugeschnitten. Das Logistiknetzwerk von Zalando mit derzeit vier zentralen Logistikzentren in Deutschland ermöglicht die effiziente Versorgung aller Kunden in ganz Europa. Ein weiteres Logistikzentrum wird aktuell in Polen gebaut (s. Abb. 1).

Abb. 1: Zalando in Zahlen

2 Ausgangssituation und Zielsetzung

Für viele Unternehmen dürfte es eine nachvollziehbare Situation sein – der Fokus liegt auf Wachstum und Kapazitäten im Controlling werden innerhalb zugehöriger Prozesse verwendet. Das dynamische Umfeld führt dazu, dass viele Themen und Strategien schnell und kurzfristig (Neudeutsch „quick and dirty") umgesetzt werden müssen. Das hat zur Folge, dass wenige Ressourcen vorhanden sind, um Prozesse und Strukturen stringent zu durchdenken und zukunftsfähig bzw. nachhaltig aufzustellen. Dies gilt speziell auch für den Bereich Reporting und die dazugehörige Systemarchitektur.

Junges Unternehmen mit rasantem Wachstum

Auch bei Zalando lag in den letzten Jahren der Fokus auf den mit dem rasanten Unternehmenswachstum verbundenen Themen. Um ad hoc auskunftsfähig zu sein und die notwendigen Informationen zielgerichtet zur Verfügung stellen zu können, musste sich das Reporting sehr dynamisch entwickeln.

Infolgedessen ließen sich neu hinzukommende oder sich ändernde Geschäftsfelder nicht ohne erheblichen Zeit- und Personalaufwand abbilden. Der Börsengang im Jahr 2014 und die damit auch im Reporting gestiegenen Anforderungen haben diese Herausforderungen weiter verschärft, so dass Handlungsbedarf geboten war.

Datenlandschaft und Reporting nachhaltig aufstellen

Um Zalando mit Blick in die Zukunft nachhaltig aufzustellen, wurde bewusst entschieden, Ressourcen für Datenqualität, -landschaft, -flüsse und das darauf aufbauende Reporting aufzubauen. Prozesse für das Zusammenstellen und Veranschaulichen von Finanzkennzahlen sollten um ein Vielfaches schlanker gestaltet werden. Gleichzeitig sollten sowohl Qualität als auch Inhalte der Berichte auf ein neues Niveau gehoben und wesentlich flexibler gestaltet werden.

	1 Datenlandschaft (Fundament)		2 Reportinglandschaft (Smart Home)		
Bausteine	Databasis (Back End)	Reporting-Tool (Front End)	Reports	KPIs	Prozesse
Anforderungen	• Klare Rollen-/ Rechtekonzeption • Automatisierte Datenflüsse • Historische Datenrekonstitution • Versionskontrolle	• Automatisierte Tools statt Excel • Verheiraten von Plan- und Ist-Welt • Automatisierter Workflow • Self Service BI • Mobiler Zugriff	• Übersicht aller erstellten Reports • Umfragen hinsichtlich Nutzbarkeit und Aussagekraft • Trennung nötige/ unnötige Reports • Corporate Design	• Übersicht aller genutzter KPIs • Definition und einheitliche Nutzung • Standards schaffen • Unternehmensweite Transparenz	• Zyklische Verprobung der Reports und der Inhalte • Neue Reports mit einheitlicher Notation • Zentrales Gremium für Globale Reports
Ziel	**Single Source of Truth**	**Konsistentes und leicht anzupassendes Reporting**	**Minimieren der Anzahl an Reports**	**Einheitliche Verwendung und einheitliches Verständnis**	**Konstant aufgeräumtes Reporting**

Abb. 2: Zielbild und dazugehörige Anforderungen

Einen Überblick zu den Anforderungen und der Strukturierung der anzugehenden Themenfelder gibt Abb. 2. In den folgenden Kapiteln werden die dort veranschaulichten Bausteine sowie deren Untergliederungen des Zielbildes erläutert, die erfolgten Maßnahmen ausführlich beschrieben und die Ergebnisse vorgestellt.

Der Artikel wird aufzeigen, wie es einzelne Maßnahmen in Summe schaffen, die eigene Daten- und Reportinglandschaft so zu strukturieren und in sich geordnet aufzustellen, dass vorhandene Ressourcen optimal genutzt werden können.

3 Fundament: Effiziente Datenlandschaft als Basis für den Erfolg

Um uns den genannten Zielen zu nähern, haben wir innerhalb des Projektteams als erstes die Datenlandschaft (Fundament) von Zalando analysiert und Übersichten zur Datenlandschaft und den dazugehörigen Datenflüssen erstellt. Ein relativ komplexes Unterfangen, aber es lohnt sich, sehr viel tiefer in die Datenwelt einzutauchen als es einem als Controller vielleicht zunächst lieb ist. Ein Verständnis darüber zu entwickeln, wie und wann die Daten erzeugt, abgelegt und wo sie überhaupt vorgehalten werden, hilft ungemein bei der Automatisierung und schlussendlich der effizienteren Gestaltung von Prozessen.

3.1 Datenlandschaft/Datenflüsse

Im ersten Schritt haben wir sämtliche Ist-Prozesse und ihren Status analysiert. Vereinfacht haben wir uns zunächst grafisch beholfen und eine Datenlandkarte erstellt und darin die Datenflüsse nebst der wichtigsten Reports und Outputs aufgenommen.

In Absprache mit diversen Verantwortlichen innerhalb unserer Technologie-Teams haben wir einen sehr guten ersten Einblick in die einzelnen Data Warehouses (DWH) bekommen und konnten somit die verschiedenen Abhängigkeiten erkennen und veranschaulichen. Zudem haben wir einen Überblick erhalten, wie die Daten schlussendlich verarbeitet werden und mit welchen Tools die verschiedenen Teams arbeiten, um ein bestimmtes Reporting zu erstellen.

Unübersichtliche Datenflüsse

Abb. 3 veranschaulicht, wie kompliziert Datenflüsse und letztendlich auch Reports aufgebaut waren und welche manuellen Schritte dazwischenlagen. Viele Kapazitäten und Ressourcen wurden unnötig gebunden und es bestand zudem ein hohes Fehlerrisiko.

Die meisten Berichte wurden bisher mit Excel erstellt und die verschiedenen Datenquellen bzw. Back Ends waren nicht miteinander verknüpft. Die Technik im Hintergrund wurde nicht konsequent genutzt und war nicht adäquat aufgestellt.

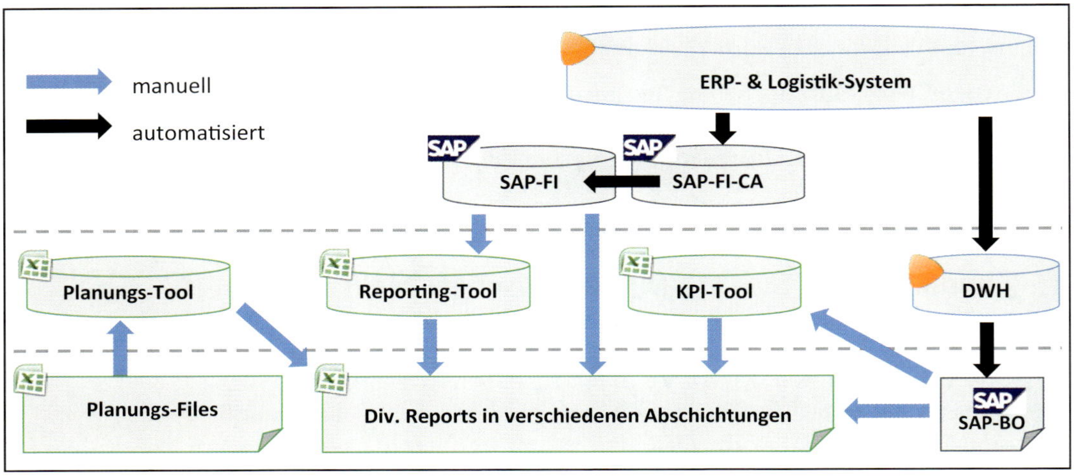

Abb. 3: Datenlandschaft Zalando vor Umstellung

Hohe manuelle Aufwände

Dies führte neben sehr hohen manuellen Aufwänden auch zu einer gewissen Inflexibilität hinsichtlich geplanter Strategieänderungen, wie z. B. dem Erschließen neuer Geschäftsfelder. Jeder Report musste händisch angefasst und auf die neuen Anforderungen eingestellt werden. Darüber hinaus war das Datenverarbeitungsvermögen an sich beschränkt. Power Pivot[1] hat eine gewisse Zeit bei der Überbrückung geholfen. Jedoch sind auch bei dieser Alternative die Möglichkeiten begrenzt, weshalb auch das keine langfristige Lösung sein konnte.

Eine neue automatisierte Lösung, die Kapazitäten freisetzt, gleichzeitig Flexibilität bietet und jederzeit ein konsistentes Zahlenwerk liefert, musste her. Auf den ersten Blick klang das wie die Suche nach der „eierlegenden Wollmilchsau“.

Um sich an dieser Stelle richtig zu fokussieren, haben wir die elementaren und wichtigsten Anforderungen anhand der Defizite bestehender DWHs und darauf aufbauender Reportinglösungen abgeleitet (s. Abb. 4).

1 Power Pivot ist ein Add-On von Microsoft Excel, das deutlich mehr Funktionalitäten bietet als die herkömmlich bekannte Pivot-Tabelle.

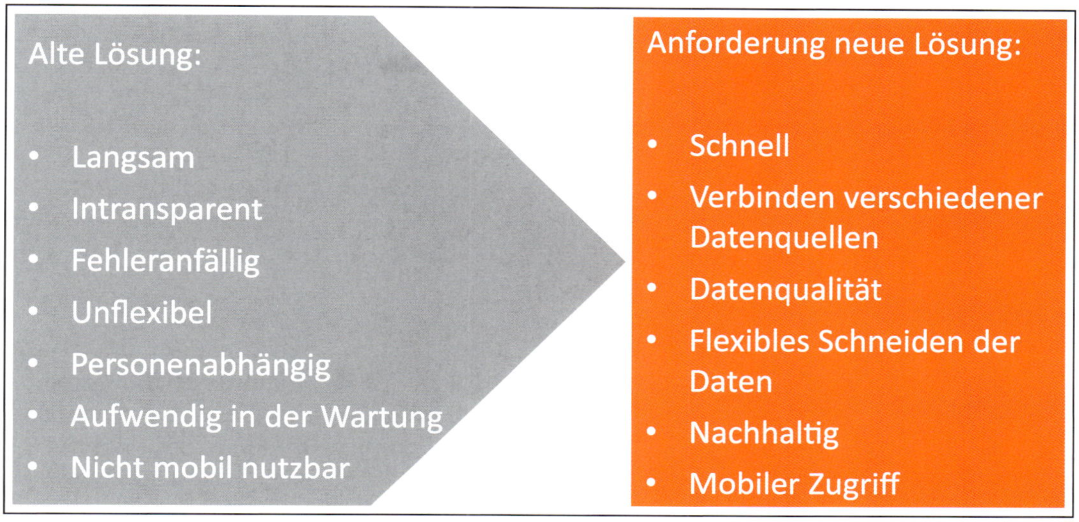

Abb. 4: Anforderungen an die neue Reportinglösung

3.2 Back Ends/Front Ends

Unterstützende Softwarelösungen und entsprechende Front Ends sind für automatisierte und inhaltlich saubere Reports in der Zeit von Big Data unerlässlich. Diese Thematik soll in diesem Artikel aber nicht Hauptbestandteil sein, jedoch der Vollständigkeit halber kurz erwähnt werden.

Nachdem wir die wichtigsten Anforderungen definiert hatten, haben wir gemeinsam mit den Technologie-Abteilungen die Vielzahl an Datenflüssen diskutiert und evaluiert. Kernfrage des Ganzen war, wie wir die benötigten Daten aus unterschiedlichen DWHs kombinieren und diese periodengerecht ablegen können, um sie zeitunabhängig und hochautomatisiert verfügbar zu machen.

SAP BW/4HANA als Back End

Wir haben uns für ein Business Warehouse (SAP BW) und im Nachgang für die noch schnellere Variante SAP BW/4HANA als Back End entschieden.

- SAP BW bietet Schnittstellen zu allen SAP-Anwendungen, externen Datenquellen und das Datenintegrations- und Datenqualitätstool „SAP BusinessObjects Data Services".
- SAP BW/4HANA bietet eine agile Data Warehousing Architektur mit dem Ziel, Cloud-basiert Real-Time Analysen an jeden Arbeitsplatz zu bringen.

Benötigte Daten werden in diesem System in gewünschter Form abgelegt und können automatisiert in ein nachgelagertes Front End überführt werden. Das wiederum hat den entscheidenden Vorteil, dass umfangreiche Kontrollen manueller Inputs entfallen und wir allein an diesem Punkt schon die Prozesseffizienz sichtbar steigern konnten.

JEDOX als Front End

In Bezug auf das Front End haben wir uns parallel für JEDOX entschieden, welches im herkömmlichen Sinne eine integrierte Planungssoftware, aber auch als Reporting-Lösung überaus interessant und anwendbar ist. JEDOX ist ein Front End zur Unterstützung von Controllingprozessen: vom Finanzreporting über Data Discovery bis hin zur integrierten Unternehmensplanung und Szenarioanalyse.

JEDOX bietet beide benötigten Funktionalitäten:

1. eine automatisierte und integrierte Planungslösung und
2. die Möglichkeit, Reports schnell, online und überaus flexibel zu erstellen.

Alle definierten und benötigten Daten sind automatisiert abrufbar und miteinander verknüpft. Planwerte aus unterschiedlichen Bereichen fließen automatisch zusammen und lassen sich „on the fly"[2] aggregiert im Finance Controlling auswerten.

Gleichzeitig haben wir einen Workflow in JEDOX implementiert, der nicht nur den Prozess wesentlich vereinfacht hat, sondern auch die Kommentierung unserer Reports strukturiert und per Ampelsystem leicht und schnell verfolgbar macht.

3.3 Ergebnisse der Fundamentarbeiten

Hoher Automatisierungsgrad als Basis für Effizienzgewinne

Im Ergebnis der Systemeinführung rund um Back End und Front End haben wir alle manuellen Schritte und Datenflüsse komplett eliminiert und stattdessen automatisiert. Strategieänderungen und neue Geschäftsfelder lassen sich nun automatisiert und via Drag and Drop in bestehende Reports integrieren. Zusätzlich hat sich die Datenkonsistenz extrem verbessert, da sämtliche Reports auf ein und dieselbe Datenquelle (Single Source of Truth) zugreifen.

Wir haben die Reports webbasiert aufgesetzt, so dass sie zu jeder Zeit und von jedem Ort von den Konsumenten[3] aufgerufen werden können. Durch diese Funktionen haben wir die Effizienz weiter gesteigert und Ressourcen innerhalb der Abteilung freisetzen können. Viele Berichte wurden von nun an nicht mehr manuell verschickt, sondern es wird automatisch und systemgestützt eine Benachrichtigung (Push) an alle

[2] „On the fly" bezeichnet einen Vorgang, der auf das dauerhafte oder temporäre Speichern von Daten (insbesondere Ausgabedaten) im permanenten Datenspeicher verzichtet.

[3] Konsumenten bezeichnet in diesem Kontext die Empfänger der Reports.

erforderlichen Empfänger versendet, sobald Daten auf den aktuellen Stand gebracht worden sind.

Darüber hinaus konnten in unserem Fall zusätzlich Synergieeffekte erzielt werden, die den Prozess zu Monats- und Quartalsabschlüssen durch die Automatisierung beschleunigten, da Datenflüsse optimiert und deutlich einfacher gestaltet wurden.

Abb. 5 zeigt stark vereinfacht unsere heutige Datenlandschaft nach Umsetzung zuvor genannter Maßnahmen. Im Vergleich zum vorherigen Zustand (Abb. 3) sieht sie heute deutlich aufgeräumter, strukturierter und bereinigt um alle manuellen Prozesse aus.

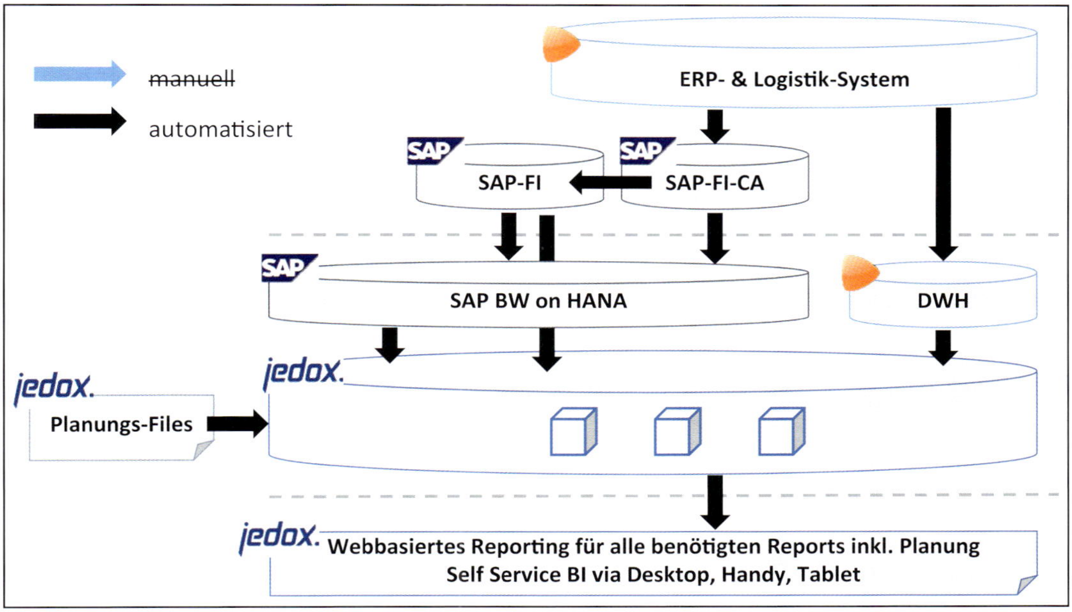

Abb. 5: Finale Datenlandschaft nach Umsetzung der Aufräumarbeiten

Alles in allem hat die Umstellung eine Reihe von Vorteilen gebracht und wir konnten die uns selbst gesetzten Anforderungen (Abb. 4) hinsichtlich der Datenlandschaft und dem genutzten Reporting-Tool großteilig umsetzen.

Datenbasis (Back End):

- Flexible Verbindung verschiedenster Datenquellen und -ströme (multidimensionaler Datenwürfel).
- Datenkonsistenz und gleichbleibend hohe Datenqualität (Single Source of Truth).

- Überaus schnelle Ladezeiten von großen Datenmengen.
- Stark verbesserte Datenqualität.
- Massive Effizienzgewinne durch automatisierte Datenflüsse.
- Risikominimierung durch Eliminierung fast aller manuellen Prozesse.
- Periodengerechtes „Einfrieren“ von Daten.
- Versionskontrolle von Planungsszenarien und bereinigte Gewinn- und Verlustrechnungen.

Reporting-Tool (Front End):

- Performantes Front End mit hoher Reaktionsgeschwindigkeit.
- Diverse Features für multidimensionale Auswertungen (Daten lassen sich systemgestützt flexibel auswerten).
- Zugriff mobil zu jeder Zeit und von jedem Ort möglich.
- Stark gestiegene Flexibilität bei der Änderung oder Implementierung neuer Geschäftsfelder.
- Auslagern der reinen Ersteller- und Versender-Tätigkeiten an die Konsumenten der Reports (Self Service BI).
- Corporate Design aller Reports durch zentrale Vorgaben.
- Technisch gesteuerte Rollen-/Rechtekonzeption.
- Simultanes Arbeiten (> 200 Nutzer).
- Automatisierter Workflow (Zeitgewinne durch weniger Kontrollen, automatisierte Prozesse, selbstdefinierte Kontrollinstanzen mit Push-Benachrichtigungen).

4 Smart Home: Maßnahmen zur Feinadjustierung

Während der grundlegenden Aufräumarbeiten und dem Erstellen eines sauberen Datenfundaments haben wir parallel an den im Unternehmen zirkulierenden Reports (Aufbau, Struktur, Inhalt) gearbeitet.

Wie eingangs erwähnt, entsteht gerade bei stark wachsenden Unternehmen eine Vielzahl an Reports, die in Teilen redundant, überflüssig oder einfach nicht mehr aktuell sind.

Die von uns definierten Maßnahmen, anhand derer wir nun regelmäßig unsere Reports auf den Prüfstand stellen, werden nachfolgend erläutert.

4.1 Cleansing Reporting

Zunächst wollten wir mit dieser Maßnahme einen Überblick darüber bekommen,

- welche Reports regelmäßig als auch ad hoc angefertigt werden,
- welche Daten diese enthalten und
- welchem Empfängerkreis die Auswertungen zur Verfügung gestellt werden.

Unkontrolliertes Wachstum der Reports stoppen

Wir haben über die Jahre festgestellt, dass die Reportinglandschaft unkontrolliert gewachsen ist und ein holistischer Blick auf die Fülle an Berichten fehlt. Die Vermutung lag nahe, dass wir in Teilen Doppelarbeiten verrichten oder sogar Berichte generieren, die bereits obsolet sind und gar nicht mehr zur betrieblichen Steuerung genutzt werden.

Das Cleansing Reporting haben wir in 3 Teilschritte gegliedert:

Abb. 6: Teilschritte Cleansing Reporting

4.1.1 Inventur

Für die Inventur aller bestehenden Reports haben wir Attribute definiert, nach denen wir diese auswerten und validieren können. Dies waren z. B.:

- Ersteller (Abteilung?)
- Frequenz (Regelmäßig oder ad hoc?)
- Empfängerkreis (Vorstand, oberes Management oder andere Stakeholder?)
- Inhalt (Einfluss?)
- Arbeitsaufwand (Personenstunden pro Monat)
- Design (Corporate Design?)
- Datenvolumen (Größe der verschickten Daten)
- Seiten (Anzahl der versendeten Seiten)

Reporting-Aufwand analysieren

Die Ergebnisse der Analyse haben uns eine gute Übersicht über die Summe und Art aller erstellten Reports pro Monat gegeben. Zudem haben wir Aufschluss über den Erstellungsaufwand je Report und je Monat bekommen und an welchen Wochentagen Ressourcen dafür eingesetzt werden. Mit Hilfe der erhobenen Daten konnten wir gezielt Analysen hinsichtlich jener Berichte machen, die als erstes auf den Prüfstand mussten.

Beispiel: Alarmierende Erkenntnisse

Teilweise gab es Fälle, in denen bis zu einem Drittel der Arbeitszeit eines Mitarbeiters für die reine Erstellung von Reports ohne inhaltliche Auseinandersetzung aufgebracht wurde.

Die Ergebnisse haben auch auf das in Kapitel 3 erwähnte neue Front End eingewirkt. Sie haben uns dazu bewegt, die Automatisierung so weit wie möglich auszurollen und diesen Einmalaufwand in Kauf zu nehmen, um im Nachhinein bestehende Ressourcen besser und zielgerichteter einzusetzen.

4.1.2 Reduktion

Im zweiten Teilschritt, der Reduktion, haben wir die Analysen dazu genutzt, die erstellten Berichte auf ein notwendiges Minimum zu reduzieren und nach Synergien bei der Erstellung zu suchen. Dazu haben wir für uns folgende Handlungsalternativen (Abb. 7) definiert, mit den übergeordneten Zielen:

- Redundante Berichte löschen
- Ungenutzte Reports abschaffen
- Empfängerkreise anpassen

Handlungsmöglichkeiten	Identifizierung
Report löschen	Empfänger fragen
Frequenz verringern	Empfänger fragen
Report ersetzen	Reports vergleichen
Reports zusammenfügen	Reports vergleichen
Empfängerliste anpassen	Empfänger fragen; unautorisierte Empfänger streichen
Umfang des Reports verringern	Empfänger fragen
Erstellungsprozess verbessern	Personenstunden sind bekannt
Reports standardisieren	Kennzahlen überprüfen

Abb. 7: Definierte Handlungsalternativen

Die Reduktion führte zum gewünschten Erfolg. Wir haben die aufgewendeten Personenstunden je Monat um rund 15 % reduzieren können. Die versendeten Seiten pro Monat sind halbiert worden, da wir die Berichte im Parallelprojekt rund um das neue Front End (Kapitel 3) überarbeitet und auf die notwendigsten Informationen reduziert haben. Was die im Zusammenhang notwendigen Informationen sind, konnte mit Hilfe von Umfragen bei den Konsumenten klar und deutlich herausgestellt werden. Umfragen sind ein überaus probates und viel zu selten eingesetztes Mittel, um Berichte bedarfsgerecht aufzusetzen sowie die Akzeptanz eines neu überarbeiteten Reports zu erhöhen.

Das „Cleansing Reporting" hat somit nicht nur innerhalb des Controllings für Entlastung gesorgt, sondern auch extern, auf abteilungsfremden Ebenen. Es wurden pro Monat wesentlich weniger Reports an deutlich weniger Empfänger verschickt, was auch in den Empfängerbereichen zu geringer eingesetzten Ressourcen führte. Ein hilfreicher, aber nicht primär angestrebter Nebeneffekt auf das interne Netzwerk und die E-Mail-Inboxen ist dabei, dass das Datenvolumen der Berichte um fast 50 % gesunken ist.

Geringerer Aufwand innerhalb und außerhalb des Controllings

4.1.3 Redesign

Der letzte Teilschritt, das Redesign, sollte sich nicht nur auf Art und Umfang der Reports beschränken, sondern diese auch inhaltlich und vom Design her auf den Prüfstand stellen. Wir wollten Berichte nicht nur verkleinern und auf das Nötigste reduzieren, sondern zeitgleich standardisieren (Corporate Design/Verwendung einheitlicher KPIs). Daraus haben sich die in Kapitel 4.2 und 4.3 aufgeführten Maßnahmen „Tool-TÜV" und „KPI-Wiki" entwickelt.

4.2 Tool-TÜV

Diese Maßnahme haben wir analog dem TÜV für Automobile benannt. Jedes Kfz muss turnusmäßig zur Kontrolle, um feststellen zu lassen, ob es noch den Anforderungen des Straßenverkehrs genügt. Warum etwas Vergleichbares nicht auch für Reports innerhalb des Unternehmens machen?

„Tool-TÜV" als regelmäßige Maßnahme

Mithilfe des Cleansing Reportings haben wir feststellen können, dass diverse Reports im Unternehmen existieren, die teils überflüssig, teils schwer zu erschließen und partiell auch unterschiedlich in ihren Definitionen genutzter KPIs waren. „Tool-TÜV" war an dieser Stelle nicht nur seitens der Bezeichnung ein gutes Mittel um das Cleansing Reporting nicht allumfänglich immer und immer wieder durchzuführen, sondern es in verschiedenen Zyklen (je nach Wirkungsrad und Empfängerkreis) für verschiedene Reports in Form einer Untersuchung umzusetzen. Das übergeordnete und nachhaltige Ziel dieser Unternehmung sollte es sein, eine saubere und gut durchdachte Reportinglandschaft im Unternehmen zu gewährleisten. Diese Maßnahme haben wir ebenfalls in drei Teilschritte aufgegliedert (s. Abb. 8).

Abb. 8: Teilschritte Tool-TÜV

4.2.1 Checkliste erstellen

Zunächst wurden im ersten Teilschritt Kriterien definiert, nach denen die einzelnen Berichte standardisiert auf den Prüfstand gestellt werden sollten. Dabei war es wichtig, die Kriterien so detailliert und gleichzeitig so allgemeingültig wie möglich aufzustellen, so dass jeder Report damit verprobt werden konnte.

Checkliste

1 Farbe und Karosserie

- 1.1 Berichtsstruktur
  - 1.1.1 Standardisierter Dateiname
  - 1.1.2 Standardisierter Tabs
- 1.2 Arbeitsblattstruktur
- 1.3 Farbcode
- 1.4 Formate

2 Sicherheit

- 2.1 Datensicherheit
- 2.2 Fehleranfälligkeit
- 2.3 Benutzerfreundlichkeit

3 Motor und Verbrauch

- 3.1 Leistungsfähigkeit
- 3.2 Effektivität
- 3.3 Ressourcenoptimierung

4 Fahrverhalten und Handling

- 4.1 Erscheinung
- 4.2 Verwendung

Abb. 9: Checkliste Tool-TÜV

Ein Einmalaufwand der sich in jedem Fall gelohnt hat, denn mit einheitlich definierten Spielregeln zum Aufsetzen eines Reports haben wir auch beim Empfänger für mehr Akzeptanz und Lesebereitschaft gesorgt. Berichte mit unterschiedlichen Inhalten sind ab sofort im Aufbau, Design und der Struktur sehr ähnlich. Somit findet sich ein Leser eines für ihn neuen Reports deutlich schneller zu Recht.

Um diese Tests durchführen zu können haben wir eine Checkliste (Abb. 9) und zusätzlich ein Handbuch aufgesetzt, dass es möglich macht die einzelnen Kriterien anhand von Beispielen besser zu verstehen und Handlungsvorschläge zu geben.

4.2.2 Inspektion

Im zweiten Teilschritt haben wir alle Berichte priorisiert und individuelle Inspektionstermine/-zeiträume vergeben. Potentielle Verbesserungen wurden gemäß der Checkliste aufgedeckt und dokumentiert. Wichtig dabei ist, dass ein unabhängiger Arbeitsbereich diese Verprobung vornimmt und sich der Ersteller nicht selbst kontrolliert. Ein unabhängiger Prüfer schafft wesentlichen Mehrwert, da er neutral auf den Bericht schaut und somit Prozesse und Strukturen, die teils auch historisch gewachsen sind, gegebenenfalls besser aufbrechen kann.

Im Anschluss an die Verprobung, im Rahmen der Inspektion, wurden die Berichte und die zugehörige Checkliste mit dem jeweiligen Ersteller besprochen. Innerhalb dieses Wartungstermins wurden die Verbesserungsvorschläge adressiert und eine mögliche Umsetzung diskutiert. Bei der nächsten fest definierten Vorlage des Reports sollten diese vermeintlichen Mängel dann beseitigt sein.

Mit dieser Vorgehensweise wird zum einen gewährleistet, dass unsere Berichte stets aktuell sind und auch den von uns definierten Spielregeln genügen. Ein weiterer positiver Nebeneffekt ist, dass der Ersteller durch die selbstständige Anpassung auch trainiert wird, neue Berichte nach dem definierten Muster aufzusetzen um letztendlich den Tool-TÜV ohne Nachbesserungen bzw. Mängel zu erhalten.

Ähnliche positive Veränderungen erkennen wir bei der Auswertung der standardisierten Checkliste und der Betrachtung der häufigsten Mängel. Die Anzahl und das Ausmaß der Mängel verändern sich dabei über den Zeitverlauf deutlich positiv, so dass wir innerhalb des eigentlichen TÜVs kaum noch Arbeit generieren. Jedoch soll an dieser Stelle betont werden, dass es sich hierbei nicht um eine Einmalaktion, sondern vielmehr um ein langfristiges Konzept handelt, um die Qualitätsstandards nachhaltig auf einem hohen Maß beibehalten zu können.

Harmonische Reportinglandschaft schaffen

Der Tool-TÜV ist ein überaus probates Mittel sich einer harmonischen Reportinglandschaft zu nähern. Wir erzielten klare Erfolge und erkennen, dass Berichte mehr und mehr nach den definierten Standards aufgesetzt werden, was letztendlich nicht nur die Zufriedenheit der Konsumenten steigert, sondern auch Ressourcen freisetzt.

4.3 KPI-Wiki

Einhergehend mit dem Tool-TÜV haben wir das KPI-Wiki aufgesetzt. Innerhalb der Verprobung aller Reports durch Cleansing Reporting und den Tool-TÜV haben wir festgestellt, dass diverse KPIs im Unternehmen genutzt werden, die zum Teil gleich bezeichnet, aber in ihrer Berechnung unterschiedlich waren. Des Weiteren haben wir festgestellt, dass sich KPIs sehr schnell entwickeln und Definitionen hinsichtlich ihrer Berechnung und Herkunft nur mühsam ermittelbar waren.

Webbasierte Plattform für eine harmonisierte KPI-Landschaft

Dieser Inkonsistenz wollten wir mit einer harmonisierten KPI-Landschaft begegnen. Die Überlegung führte uns schnell zu einer webbasierten und sehr dynamischen Plattform, auf die jeder von jedem Ort zugreifen kann. Analog bekannter Wikis[4] sollte unser KPI-Wiki einen umfassenden Überblick über im Unternehmen verwendete KPIs geben, ihre Berechnung aufzeigen und dazugehörige Reports identifizieren. So hat der Nutzer des Wikis verschiedene Möglichkeiten sich der gesuchten Information zu nähern.

Abb. 10 zeigt unsere Roadmap zum KPI-Wiki.

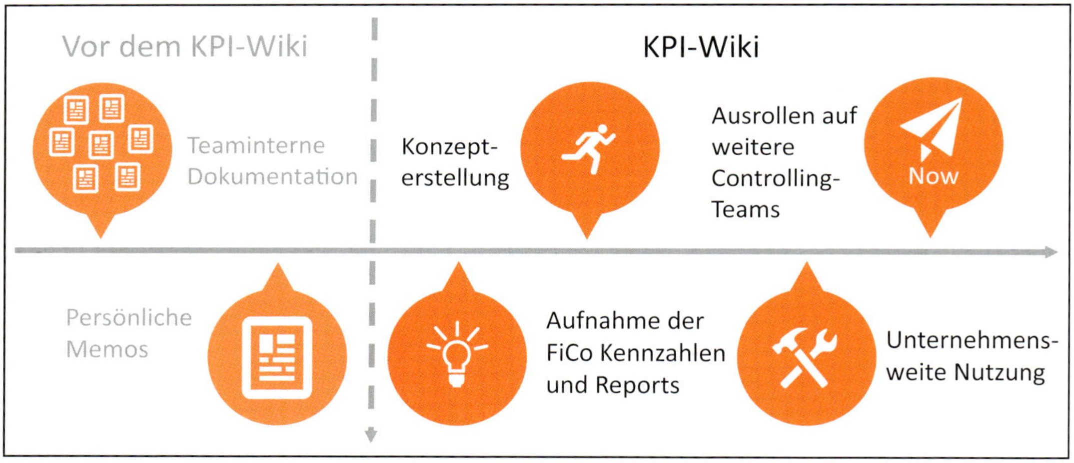

Abb. 10: Weg zum KPI-Wiki

Zusammengefasst half und hilft uns das KPI-Wiki nun bei einer Reihe von Zielen:

- Einheitliche Kennzahlendefinitionen
- Eindeutige Kennzahlenbezeichnungen
- Nachschlagewerk für Kennzahlen
- Überblick über Reports mit den enthaltenen Kennzahlen

[4] Bsp.: Wikipedia

- Verstärkte Zusammenarbeit von zentralen und dezentralen Controlling-Abteilungen
- Verlinkt mit KPIs und Reports, sehr dynamische Handhabung
- Möglichkeit KPIs zu folgen und eine automatische Push-Benachrichtigung bei Änderungen

Ziel des Ganzen war es, den Konsumenten in die Lage zu versetzen, sich schnell und zielgerichtet selbst helfen zu können und den administrativen Aufwand in Fachabteilungen via Mailanfragen etc. zu mindern.

Anhand der Roadmap wird ersichtlich, dass wir im Vorfeld losgelöst voneinander je Team eigene Dokumentationen und Memos angefertigt, diese aber nicht zentral zur Verfügung gestellt haben.

Abb. 11: Startseite KPI-Wiki Zalando

Wir haben als zentrales Finance Controlling ein Konzept zum Wiki erstellt und zusammen mit allen dezentralen Einheiten KPIs und deren Definitionen erarbeitet. Wir haben die Verlinkung zu den Reports vorgenommen und Verantwortliche der KPIs bzw. Reports benannt. Das hatte den Vorteil, dass der Verantwortliche für den jeweiligen Bereich Veränderungen bei der KPI oder in Berichten im Wiki selbstständig aktuell hält. Push Benachrichtigungen nach erfolgten Änderungen helfen dabei als Konsument immer auf dem aktuellsten Stand zu bleiben.

Wir haben durch diese Maßnahme die Effizienz erheblich verbessert, da Nachfragen per E-Mail/Telefon zu KPIs ausblieben und Konsumenten sich selbst via Wiki helfen konnten. Sofern weitere Unklarheiten bestanden, ist der Verantwortliche für die KPI oder den Report im Wiki benannt und mit einem Klick können Kontaktdaten zu diesem aufgerufen werden. Somit war auch hier ein massiver Prozessgewinn zu spüren, da die Suche nach dem Verantwortlichen auf ein Minimum reduziert werden konnte.

Reporting inhaltlich durch Schwarmintelligenz verbessern

Es gilt jedoch zu beachten, das Wiki nicht nur aufzusetzen, sondern es danach auch mit Leben zu füllen, aktuell zu halten sowie es tatsächlich auch zu leben. Eine solche Enzyklopädie lebt von dem Wissen vieler und muss stetig aktuell gehalten werden. Aus der bisherigen Erfahrung soll an dieser Stelle ergänzt werden, dass es enorm hilft, diese „Schwarmintelligenz" zu nutzen, um damit Effizienzen in vielerlei Hinsicht zu erzielen.

5 Fazit

Aufwand reduzieren, Ressourcen effizient einsetzen, Qualität steigern

In Summe hat uns das Projekt zu Daten- und Reportinglandschaft auf sehr vielen Ebenen geholfen, Strukturen und Berichte effizient und zielgerichtet aufzusetzen. Eine Investition, die sich sowohl zeitlich als auch monetär in jedem Fall bezahlt gemacht hat. Besonders wichtig bei diesem Vorhaben war die Unterstützung des Top Managements, um sich genügend Zeit für das inhaltliche Durchdenken dieses komplexen Themas, die Konzeption und schlussendlich auch die Umsetzung geben zu können.

Fokussiert angegangen, können die beschriebenen Maßnahmen sehr gut helfen eine überfrachtete und veraltete Reportinglandschaft aufzuräumen. Sowohl die neu aufgesetzte Datenbasis als auch die großteilige Verbannung von manuellen Prozessen hat das Reporting sowie dessen Inhalte auf ein neues Niveau gehoben. Ressourcen und Kapazitäten wurden freigesetzt und konnten verstärkt auf die inhaltliche Auseinandersetzung in den Reports gelegt werden. So ist auch die inhaltliche Qualität aller Berichte um ein Vielfaches gesteigert worden.

„A tidy house, a tidy mind" – Dieses Sprichwort zählt somit nicht nur im privaten Gebrauch. Eine saubere Datenbasis und ein darauf aufgebautes und ein auf das Wesentlichste reduziertes Reporting schafft moderne Strukturen, die helfen in der stetig wachsenden Datenumwelt die richtigen Schlüsse bedarfsgerecht zu ziehen.

SAP S/4HANA: Was ändert sich dadurch für Planung, Reporting und Konsolidierung?

- Mit S/4HANA kommt die nächste Generation der SAP Business Suite auf den Markt.
- Durch das neu verfügbare real-time Reporting direkt in S/4HANA liegt nahe, dass eine Einführung signifikante Auswirkungen auf bestehende Data Warehouse-Architekturen hat und sich die Art der Berichtserstattung grundlegend ändern wird.
- Des Weiteren sind Auswirkungen auf bestehende Lösungen im Bereich der Planung und der Konsolidierung möglich.
- Ziel dieses Artikels ist es, einen Überblick über die neuen Funktionen für Planung, Reporting und Konsolidierung zu geben, Auswirkungen auf bestehende Data Warehouse Architekturen aufzuzeigen und mögliche Einführungsszenarien anhand eines Kundenbeispiels darzustellen.

Inhalt | Seite

Die Autorin

Christina Eilers, Principal und Leiterin des Kompetenzfeldes Business Intelligence im Competence Center Controlling & Finance bei Horváth & Partners Management Consultants in Stuttgart.

1 S/4HANA – der Nachfolger der SAP Business Suite

Kein ganz neues Produkt mehr

SAP S/4HANA ist inzwischen bereits das dritte Jahr auf dem Markt. Zahlreiche Projekte wurden gestartet und einige Unternehmen nutzen das neue Produkt bereits im Produktivbetrieb. Die meisten haben sich jedoch zunächst für die Variante S/4HANA Finance (ehemals Simple Finance, d.h. Veränderungen im Bereich Accounting und Controlling) entschieden. Ihnen war der Schritt zu S/4HANA Enterprise Management (inklusive der Logistikmodule Material Management (MM), Production Planning (PP) und Sales & Distribution (SD)) zu aufwändig. In letzter Zeit haben jedoch vermehrt Projekte die Einführung der umfassenden Lösung S/4HANA Enterprise Management im Fokus. Dabei zeichnet sich ab, dass ein kompletter Neuaufbau eines Systems – der sog. Greenfield-Ansatz –sinnvoller ist, als bestehende Systeme auf S/4HANA zu konvertieren. Bei dieser Vorgehensweise können bestehende „Altlasten" (z.B. kundenindividuelle Entwicklungen, welche nicht mehr benötigt werden) eliminiert werden und der Weg zurück zum SAP-Standard ist einfacher. Dies hat auch einen Einfluss auf Anwendungen im Bereich Reporting, Planung und Konsolidierung.

Doch welche Vorteile bringt S/4HANA mit sich? SAP verspricht mit der neuen Lösung, dass Kunden ihre Geschäfte in Echtzeit, vernetzt und einfach abwickeln können. Zentrale Elemente sind hierbei die In-Memory-Datenbank HANA, ein optionales Betriebsmodell als gehostete Cloud-Lösung sowie moderne, mobilfähige Benutzeroberflächen.

Dieser Artikel gibt zunächst einen Überblick über die grundlegenden neuen Funktionalitäten mit Auswirkungen auf Reporting, Planung und Konsolidierung (Kapitel 2). Des Weiteren wird dargestellt, welche Änderungen sich für das operative und das Management Reporting (Kapitel 3) und die operative und strategische Planung (Kapitel 4) ergeben. Kapitel 5 betrachtet die kurz-, mittel und langfristigen Anpassungsbedarfe für die Konsolidierung. Außerdem werden in Kapitel 6 Anhaltspunkte geliefert, wie ein potentielles S/4HANA-Projekt in Zusammenhang mit Reporting und Planung in der Praxis angegangen werden kann. Kapitel 6 zeigt auch die Einflüsse von S/4HANA auf Data Warehousing Architekturen.

2 Grundlegende Funktionalitäten von SAP S/4HANA

In-Memory-Datenbank HANA

S/4HANA läuft auf der SAP HANA-Datenbank. SAP hat dabei das Datenmodell umfangreich angepasst, damit die Anwendungen die neue In-Memory-Technologie nutzen können. Rechenintensive Prozesse werden direkt auf der HANA-Datenbank ausgeführt und sind damit deutlich schneller als bisher. Summentabellen sind nicht mehr erforderlich, um Daten vorab zu aggregieren, damit diese performant verarbeitet werden können. Die Daten können jederzeit in Echtzeit in der vollen Granularität ausgewertet werden. Dies reduziert das Datenbankvolumen erheblich. Informationen, die bislang in vielen Einzeltabellen gespeichert wurden, befinden sich nun in einem integrierten Buchungsbeleg, dem sog. Universal Journal oder auch Tabelle ACDOCA (Accounting Documents Actuals) genannt.

Einkreissystem

Im Universal Journal werden Finanzinformationen mit Daten aus dem Controlling verknüpft, ein Abgleich zwischen internem und externem Rechnungswesen entfällt in der Zukunft (sog. Einkreissystem).

Bei jeder Buchung werden alle im Reporting erforderlichen Informationen sofort mitgeschrieben, so dass sich flexible und vielschichtige Analysemöglichkeiten ergeben. Aufwändige Ableitungen über Stammdatenattribute entfallen komplett und führen dazu, dass immer die tatsächlich gebuchte Wahrheit im Reporting zur Verfügung steht. Viele Unternehmen entscheiden sich bei der Einführung von S/4HANA für die Umstellung von der kalkulatorischen auf die buchhalterische Ergebnisrechnung. Dies übt weiteren Einfluss auf bestehende Berichte und Anwendungen aus.

Dadurch, dass es nur noch eine große Tabelle gibt, werden die darin enthaltenen Informationen transparenter und dies wirkt sich i.d.R. positiv auf die Datenqualität aus.

Echtzeit-Reporting

Ein Laden der Daten in ein Data Warehouse ist nicht mehr erforderlich: Die Daten können bereits in S/4HANA performant ausgewertet werden und müssen nicht mehr in ein für das Reporting optimiertes Datenmodell überführt werden. Die Daten stehen jederzeit in Echtzeit zur Verfügung. Damit muss sicherlich ein gewisses Umdenken erfolgen. Wurden Daten bislang umfangreich für das (Management) Reporting aufbereitet und teilweise auch noch angepasst bzw. bereinigt und im Anschluss ausgedruckt, so zeigt ein direkter Zugriff auf den Buchungsbeleg oftmals ein ganz anderes Bild.

Planung in S/4HANA

Mit S/4HANA wird auch die operative Planung im ERP modernisiert. Bspw. stehen für die Kostenstellenplanung nun direkt integriert in S/4HANA neue Oberflächen in Analysis for Office (Excel Add-On) und Fiori zur Verfügung. Die Planungsanwendungen laufen auf dem BPC Embedded (BPC steht für Business Planning and Consolidation), welches das Embedded BW für die Speicherung der Plandaten nutzen kann. Teilpläne können so wesentlich besser integriert werden.

Konsolidierung

Auch die Konsolidierung kann nun integriert in S/4HANA erfolgen. Hierfür wird ebenfalls das BPC Embedded genutzt. Mittelfristig soll sogar eine Konsolidierung in Echtzeit möglich sein.

3 Was ändert sich für das Reporting?

3.1 Operatives Reporting

Fiori als neue Benutzeroberfläche

Bereits mit der Vorgängerversion von S/4HANA – dem SAP ECC – ist Fiori als neue Benutzeroberfläche verfügbar. Manche der Apps benötigen die HANA-Datenbank, um lauffähig zu sein. Mit S/4HANA wird eine Vielzahl von neuen Fiori Apps von SAP ausgeliefert, die aktiviert und genutzt werden können. Aufgerufen werden die Apps über das Fiori Launch Pad, welches einen zentralen Einstiegspunkt für den Anwender darstellt. Da ab 2025 die klassische SAP Oberfläche (SAP Gui) nicht mehr unterstützt werden soll, wird Fiori den SAP Gui also perspektivisch ablösen. Es macht daher Sinn, sich frühzeitig mit dieser neuen Oberfläche zu beschäftigen.

Fiori bezeichnet die von SAP standardmäßig ausgelieferten Apps. Diese Apps basieren auf der Technologie SAPUI5. SAPUI5 ist die von SAP adaptierte Variante von HTML5 und damit sehr einfach auf Tablets und Smartphones publizierbar. Es gibt sowohl transaktionale Fiori Apps als auch analytische sowie Apps, welche die Suche unterstützen.

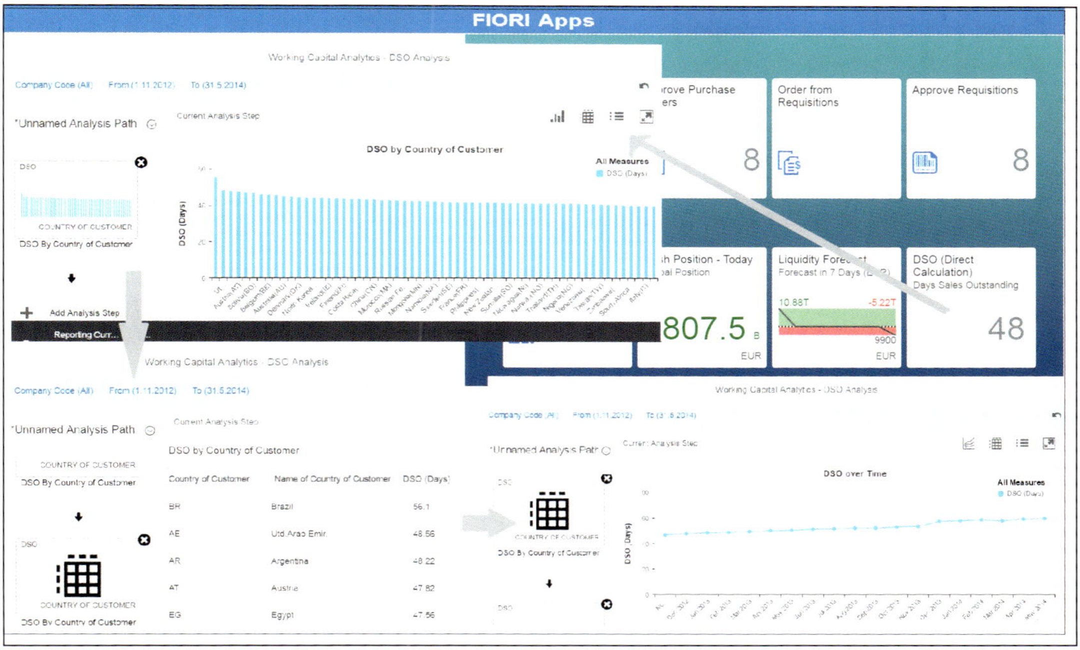

Abb. 1: Fiori Apps lösen den SAP Gui ab

Aktuell ist es allerdings noch nicht denkbar, komplett auf den SAP Gui zu verzichten. Zum einen sind die Apps noch nicht so ausgereift, zum anderen stehen nicht für alle Anwendungsfälle Fiori Apps zur Verfügung.

Im Analytics-Bereich werden jedoch bereits umfassende Apps ausgeliefert. Leider zeigt sich, dass die darunterliegende Technologie sehr heterogen ist. Beim Einsatz der analytischen Apps sollte man deshalb genau untersuchen, welche App auf welcher technologischen Basis beruht. Es wird erwartet, dass in den nächsten Releases von S/4HANA eine Konsolidierung der Technologie für analytische Apps stattfindet.

Analytische Fiori Apps

Während die ersten analytischen Fiori Apps noch auf HANA Live Views basieren (dies sind SQL-basierte Views, die direkt auf der HANA-Datenbank aufsetzen), sollte im Kontext von S/4HANA besser die neue Technologie der Core Data Services Views (CDS Views) genutzt werden. Es stehen zum aktuellen Zeitpunkt (Januar 2017) bereits zahlreiche CDS Views zur Verfügung und es kommen mit jedem Release weitere hinzu. Es gibt eine Fiori App „Query Browser", mit welcher alle vorhandenen CDS Views durchsucht werden können und eine direkte Ausführung von Abfragen aus der App heraus ermöglicht.

Mit den analytischen Fiori Apps ist also ein operatives Reporting direkt in Echtzeit möglich, ohne dass Daten aus S/4HANA in ein separates Data Warehouse geladen werden müssen. Mittelfristig wird auch ein Zusammenwachsen von Transaktion und Analytik in kombinierten Apps erwartet; bereits jetzt sind die Grenzen bei einigen Apps fließend.

3.2 Management Reporting

Analytische Tools

Es wird – abgesehen vom operativen Reporting – jedoch auch weiterhin Bedarf geben, Informationen managementtauglich aufzubereiten. Hierfür eignen sich Fiori Apps nur bedingt, da ein Management Reporting Informationen aus vielen unterschiedlichen Quellen verknüpfen muss (z. B. aus non-SAP-Systemen). Oft ist auch eine Harmonisierung von Daten in einem zentralen Datenmodell erforderlich. Entscheidet man sich für die Nutzung der SAP Business Objects Tools von SAP, so ist eine Integration von Business Objects-Berichten in SAP Fiori möglich, um einen zentralen Einstiegspunkt für den Anwender über das Fiori Launchpad zu ermöglichen.

Übergangsphase sichern

Eine Einführung von S/4HANA wird in den meisten Fällen nicht sofort alle Gesellschaften betreffen; i. d. R. erfolgt eine Überführung der Gesellschaften sukzessive und kann einige Jahre dauern. Trotzdem muss ein unternehmensweit einheitliches Reporting von konsolidierten Daten möglich sein. Sind die ersten Gesellschaften bereits in S/4HANA abgebildet und arbeiten die verbleibenden Gesellschaften noch in den alten SAP ERP-Systemen, so muss für das Berichtswesen ein Mapping der „alten Welt" in die „neue Welt" erfolgen. Je nachdem, wie groß die strukturellen Unterschiede zwischen den beiden Welten sind, stellt sich grundsätzlich immer die Frage nach der Auswertbarkeit. Abhängig von den Anpassungen auf fachlicher Ebene (Kontenplan, Kostenstellenhierarchien, Anpassungen an der Ergebnisrechnung, …) können Vorjahreswerte nicht mehr für Vergleiche herangezogen werden.

3.3 Zielbild für das Reporting mit S/4HANA

Ein mögliches Zielbild für das Reporting mit S/4HANA würde dann sowohl das operative als auch das Management Reporting unterstützen. Operatives Reporting erfolgt direkt in Echtzeit über Fiori Apps, welche mittels Core Data Services auf die Daten in S/4HANA zugreifen.

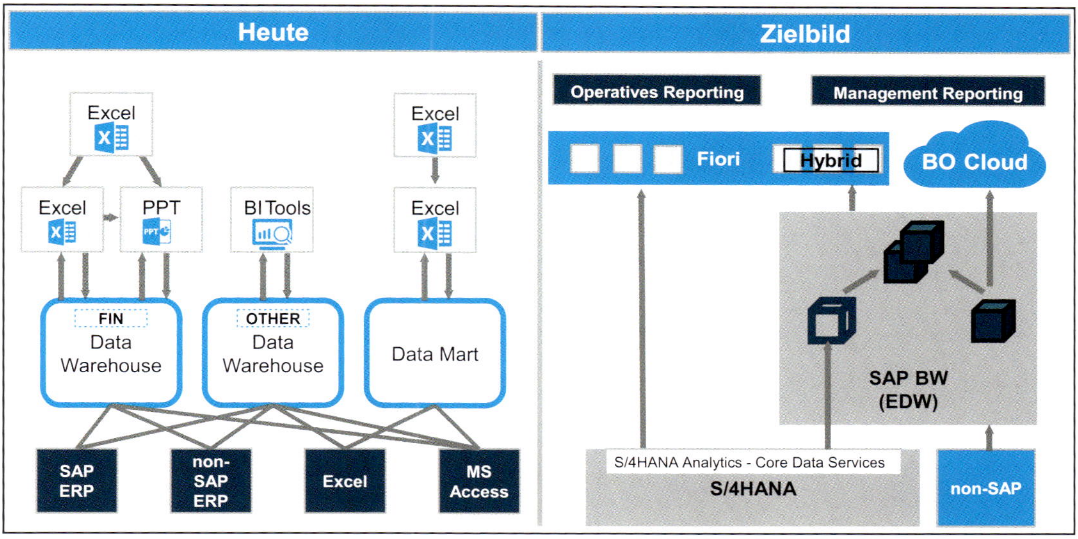

Abb. 2: Vergleich heutiger Reportinglandschaften und Zielbild mit S/4HANA

Für das Management Reporting können Daten aus sowohl non-SAP-Quellen als auch in Echtzeit aus S/4HANA in einem Enterprise Data Warehouse (EDW) zusammengeführt und mittels in Fiori Apps integrierter Berichte zur Verfügung gestellt werden. Zusätzlich kann auch die Business Objects Cloud integriert werden, mit der umfassende Analysewerkzeuge wie bspw. Treiberbäume zur Verfügung stehen.

4 Was ändert sich für die Planung?

4.1 Operative Planung

Neue Kostenstellenplanung

Mit S/4HANA wurden die Kostenstellen- als auch die Profit-Center-Planung neu aufgebaut im Embedded BW mittels BPC 10.1 Embedded (BPC 10.1 Embedded optimized for S/4HANA). Die bestehende Kostenstellenplanung im SAP ERP soll dadurch abgelöst werden. Momentan (mit dem Stand von S/4HANA 1610 – Oktober 2016) sind jedoch noch nicht alle Funktionalitäten vollumfänglich in BPC 10.1 abgebildet; es fehlen komplexe Umlagen und eine Tarifermittlung wird ebenfalls nicht unterstützt.

Die Vorteile der neuen Kostenstellenplanung in BPC 10.1 Embedded sind:

- Es ist keine Replikation der Istdaten erforderlich.
- Stammdaten stehen nach dem Anlegen in S/4HANA direkt zur Verfügung (z. B. Kostenstellen).
- Neue Benutzeroberflächen (Analysis for Office für Excel Integration, Fiori) stehen zur Verfügung.
- Workflow.
- Vordefinierte Datenmodelle und Eingabelayouts.

Arbeit mit alten Tabellen noch möglich

Möchte man bereits die Vorteile der neuen Planung nutzen, benötigt jedoch weiterhin einen Teil der klassischen Kostenstellenplanung, so ist eine Integration der neuen Planung mit den alten Tabellen möglich. SAP bietet hierfür einen Mechanismus, welcher die Primärkosten in die noch verfügbaren „alten" Controlling-Tabellen schreibt. Die bewährte Funktionalität, welche bei vielen Kunden im Einsatz ist, wird also weiterhin lauffähig sein. Es ist jedoch ungewiss, wie lange dies noch der Fall sein wird.

Es zeichnet sich außerdem ab, dass alle Planungsfunktionen, welche SAP ausliefert, perspektivisch mit BPC 10.1 Embedded aufgebaut werden und die alten Lösungen aus SAP ERP ersetzt werden. Der Einsatz von BPC 10.1 Embedded ist damit die zukunftssichere Variante.

Ab dem Release S/4HANA 1610 ist die neue Tabelle ACDOCP (Accounting Documents Plan) verfügbar. Plandaten können dann sowohl im Embedded BW als auch in der neuen Tabelle gespeichert werden.

4.2 Strategische Planung

An bisherigen Anwendungen für die strategische Planung ändert sich zunächst einmal durch die Einführung von S/4HANA nichts. Je nachdem, welche technologische Basis bei einem Unternehmen in diesem Bereich im Einsatz ist, ergeben sich jedoch Potenziale für bessere Integration und Automatisierung.

4.3 Zielbild für die Planung mit S/4HANA

In Abb. 3 sieht man, wie sich die Landschaften für Planungstools durch den Einsatz von S/4HANA verändern können. Werden heute vereinzelte Tools für bestimmte Planungsanlässe eingesetzt, so kann durch die Nutzung von BPC 10.1 Embedded optimized for S/4HANA eine Architektur aufgebaut werden, die eine nahtlose Integration und damit Automatisierungspotenziale bietet.

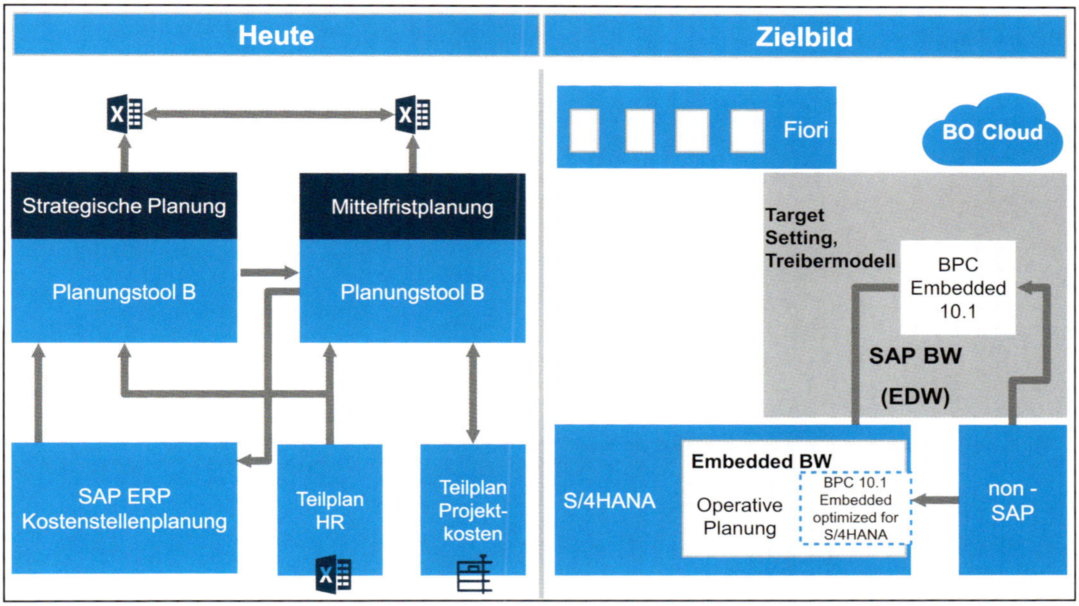

Abb. 3: Vergleich heutiger Planungstools und Zielbild mit S/4HANA

Dabei ist es unerheblich, ob bereits Planungsanwendungen auf einem bestehenden Enterprise Data Warehouse aufgebaut wurden. Sowohl das BPC Embedded in S/4HANA als auch das BPC 10.1 Embedded basieren auf der gleichen Technologie und sind damit sehr einfach zu verknüpfen.

Damit ist bspw. eine Festlegung strategischer Ziele über eine treiberbasierte Planung möglich. Im Anschluss kann dann ein (teil-)automatisiertes Herunterbrechen der Planwerte auf die Kostenstellen erfolgen.

5 Was ändert sich für die Konsolidierung?

5.1 Was ändert sich kurzfristig

Grundsätzlich steht ab dem Release SAP S/4HANA 1610 mit BPC 10.1 Embedded auch eine Konsolidierungsfunktionalität zur Verfügung. Diese umfasst Standardregeln für die Automatisierung der Konsolidierung, wie bspw. eine Währungsumrechnung, Gegenbuchungslogik, interne Leistungsverrechnung sowie Journalbuchungen. Die Korrekturbuchungen werden in der Tabelle ACDOCC (Accounting Documents Consolidation) gespeichert.

5.2 Was ändert sich mittel- bis langfristig

Viele Unternehmen haben heute SAP SEM-BCS im Einsatz – ein sehr mächtiges Werkzeug, mit dem auch komplexe Konsolidierungssachverhalte abgebildet werden können. SAP plant, mit dem nächsten Release S/4HANA 1710 (Oktober 2017) das BPC 10.1 Embedded um relevante Elemente zu erweitern, so dass eine Ablösung bestehender SEM-BCS Anwendungen möglich sein soll.

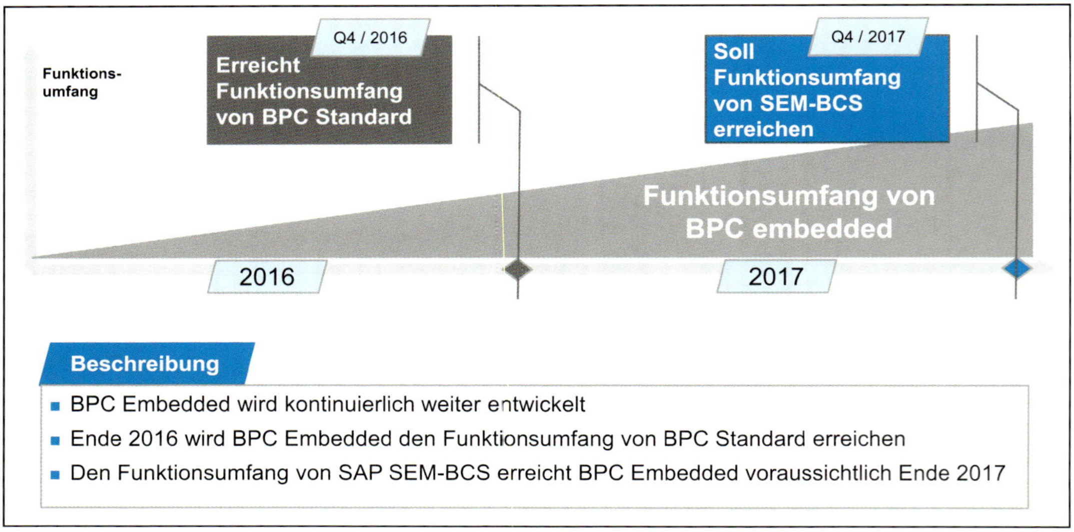

Abb. 4: Roadmap für die Konsolidierung mit S/4HANA

Die Vorteile einer Nutzung der Konsolidierungsfunktionalitäten von BPC 10.1 optimized for S/4HANA sind

- die Integration in das Gesamtszenario,
- ein durchgehender Datenfluss und
- die Nutzung einheitlicher Stamm- und Bewegungsdaten.

Perspektivisch ist damit sogar eine real-time Konsolidierung möglich.

6 Was ändert sich für die Architektur des Data Warehouse?

6.1 Optionen für die BI-Architektur in Kombination mit S/4HANA

Grundsätzlich kann man zwischen drei Architekturvarianten unterscheiden, welche sich für BI-Architekturen im Kontext von S/4HANA ergeben (s. Abb. 5).

Option 1: S/4HANA Analytics

Bei dieser Option wird mittels den von SAP ausgelieferten virtuellen Datenmodellen, den sog. Core Data Services (CDS) Views direkt auf die Daten in S/4HANA zugegriffen. Die Daten werden in analytischen Fiori Apps angezeigt, welche ebenfalls im Standard verfügbar sind. Eine Anpassung der CDS Views, um z.B. kundeneigene Felder hinzuzufügen, oder der Aufbau eigener CDS Views ist ebenfalls möglich. Das Enterprise Data Warehouse (EDW) wird bei dieser Option nicht genutzt.

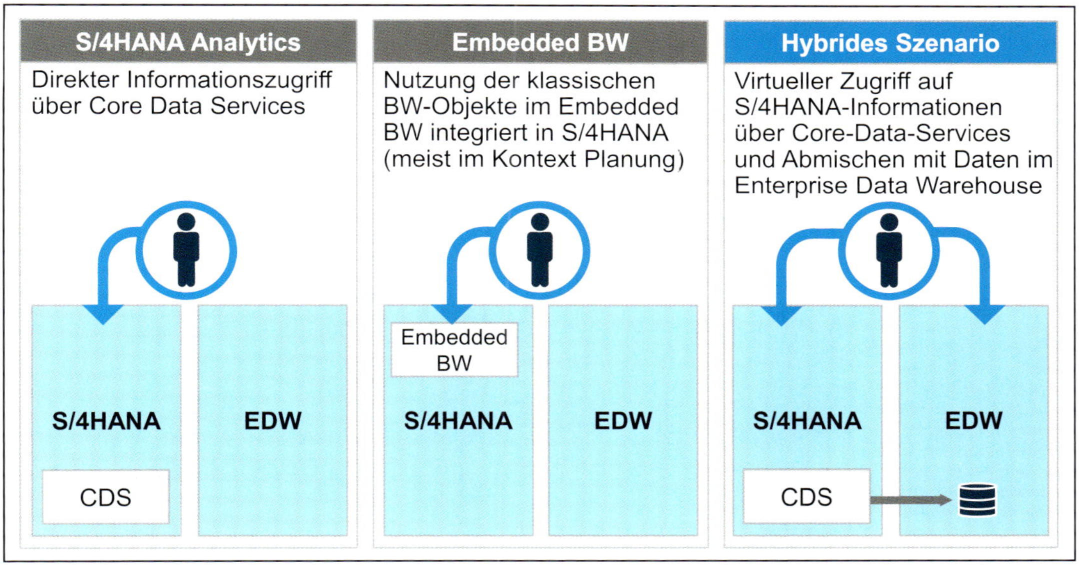

Abb. 5: Optionen für BI Architekturen in Kombination mit S/4HANA

Option 2: Embedded BW

Innerhalb eines S/4HANA-Systems ist immer auch ein SAP BW enthalten, das sog. Embedded BW. BW-Objekte können dadurch auch innerhalb von S/4HANA aufgebaut und genutzt werden. Das Embedded BW bietet zwar den vollen Funktionsumfang eines SAP BWs, sollte jedoch nur sehr eingeschränkt genutzt werden und ersetzt auf keinen Fall ein Enterprise Data Warehouse. Zum Einsatz kommt diese Option bspw. für die neuen Planungsanwendungen, welche mit S/4HANA ausgeliefert werden (Kostenstellenplanung, Bilanzplanung etc.). Das EDW kommt bei dieser Option nicht zum Einsatz.

Option 3: Hybrides Szenario

Die operativen Daten werden in Echtzeit aus der Business Suite zur Verfügung gestellt und mit weiteren Informationen im EDW verknüpft. Außerdem ist ein Zugriff auf Informationen in S/4HANA direkt mittels Fiori Apps und CDS Views möglich. Diese Option adressiert sowohl das strategische als auch das operative Reporting. Sinnvoll ist diese Option, wenn ein bestehendes SAP BW-System auch weiterhin genutzt werden soll und die Vorteile des Reportings in Echtzeit integriert werden sollen.

Man kann davon ausgehen, dass bei den meisten Kunden das hybride Szenario ggf. noch in Kombination mit dem Embedded BW für die Planung in S/4HANA zum Einsatz kommen wird.

6.2 Praxisbeispiel: Einführungsszenarien für BI-Architekturen

Ausgangslage

Bei einem Unternehmen soll SAP S/4HANA eingeführt werden. Es handelt sich um einen Konsumgüterhersteller mit einem Umsatz im zweistelligen Milliardenbereich. Das Unternehmen hat aktuell neun SAP ERP-Systeme, welche nach Funktionen (Finanzen und Logistik inkl. Produktion) und Regionen aufgeteilt sind (Amerika, Asien und Europa). Es gibt zwei SAP BW-Systeme – eines, in welchem eher Applikationen aus dem Finanzbereich aufgebaut wurden und eines für Vertriebs- und weitere Informationen. Die Konsolidierung basiert auf SEM-BCS und läuft ebenfalls auf dem Finanz BW (s. Abb. 6, linke Seite).

Es wurden zunächst alle Applikationen, welche aktuell auf den beiden BW-Systemen betrieben werden, hinsichtlich der folgenden Kriterien analysiert:

- Handelt es sich um eine reine Berichtsanwendung, d.h. werden nur Daten angezeigt, oder müssen auch Daten eingegeben und verarbeitet werden?
- Gibt es Spezialfunktionen, z.B. für die Visualisierung, welche die Applikation nutzt?
- Was ist der genaue Inhalt, d.h. welche Daten und Informationen werden berichtet/geplant?
- Welche Funktionsbereiche nutzen diese Applikation, z.B. Sales, Marketing, Accounting, Controlling etc.?
- Welche Berechnungslogiken bzw. Arten der Datenmanipulation sind enthalten?

Abb. 6: Ausgangslage und Zielbild für Reporting und Planungsapplikationen

- Welche weiteren Funktionen (Snapshots, Hierarchien, Versionierung, Tracking, Verteilung, Zusammenführen mehrerer Datenquellen, Harmonisierung von Stammdaten, Konsolidierung etc.) werden genutzt?
- Wird die Applikation auf Gruppenebene genutzt oder eher lokal?

Definition des Zielbildes

Aus dieser Bewertung ergaben sich dann Potenziale, die Applikation mit der Einführung von S/4HANA ganz oder teilweise abzulösen. Auf der rechten Seite von Abb. 6 sieht man, dass eine Vielzahl der Anwendungen für Reporting und Planung in Zukunft direkt in S/4HANA abgebildet werden bzw. zumindest teilweise in S/4HANA laufen werden. Dadurch kann ein komplettes SAP BW-System in Zukunft eingespart werden. In diesem Fall handelt es sich um das System für Finanzen. Verbleibende Anwendungen, wie z. B. die Konsolidierung, können auf das andere BW-System übertragen werden. Dies fungiert in Zukunft als Enterprise Data Warehouse und wird im hybriden Szenario mit Daten aus S/4HANA versorgt.

6.3 Ausblick: BW/4HANA als neue Lösung der SAP für Enterprise Data Warehouse

Im September 2016 wurde das neue Produkt SAP BW/4HANA angekündigt. BW/4HANA ist nicht ein neues Release von SAP BW, sondern ein eigenständiges neues Produkt. Es basiert zwar technisch auf dem Release SAP BW 7.5; kurzfristig werden sich die Produkte SAP BW und BW/4HANA jedoch auseinanderentwickeln. Signifikante Neuerungen sind damit im klassischen SAP BW wohl nicht mehr zu erwarten.

Die folgenden Änderungen ergeben sich durch den Einsatz von BW/4HANA:

- Es können nur noch neue Datenmodellobjekte genutzt werden (Composite Provider, Advanced DSO), d. h. dies führt auch zu einem stark vereinfachten Schichtenmodell.
- Der Fokus liegt auf der Data Warehouse Funktionalität und nicht im Frontend Bereich.
- BW/4HANA ist sehr offen für die Anbindung externer Quellen (z. B. Hadoop).
- Es werden keine BEx Analyzer Berichte mehr unterstützt.
- Eine Planungsfunktionalität ist in der ersten Version noch nicht verfügbar, jedoch auf der Roadmap geplant für Ende 2017.
- Eine Migration bestehender SAP BW-Systeme ist momentan nicht möglich.

Je nachdem, wie lange ein Unternehmen bereits bestehende SAP BW-Systeme im Einsatz hat, werden die Datenstrukturen und Objekte noch nicht den Anforderungen an moderne Data Warehouse-Konzepte genügen. Es kann deshalb Sinn machen, einen kompletten Neuaufbau (Greenfield-Ansatz) basierend auf BW/4HANA zu machen.

Der klassische BW-Entwickler, der bislang nur Modellierung von InfoCubes und Datenflüssen durchgeführt hat, muss in der Zukunft sein Skillset erweitern. War die Datenmodellierung bislang per drag and drop möglich, so müssen die neuen Objekte mit dem SAP HANA Studio angelegt und bearbeitet werden.

6.4 Fazit

Durch die Einführung von SAP S/4HANA ergeben sich weitreichende Änderungen im Bereich von Planung, Reporting und Konsolidierung. Um Investitionen in bestehende Landschaften zu sichern, ist eine sorgfältige Analyse der Anwendungen in diesem Bereich erforderlich. Basierend auf dieser Analyse muss dann festgestellt werden, in welchen Bereichen Potentiale für eine Optimierung möglich sind. Optimierungen sind vor allem im Bereich verbesserte Integration, Echtzeit, Automatisierung und Benutzerfreundlichkeit möglich. Die Anpassungen, die sich daraus ergeben, gilt es auf einer Roadmap darzustellen, welche im Rahmen des S/4HANA-Implementierungsprojekts berücksichtigt werden muss.

SAP Digital Boardroom: Echtzeit-Analyse und Visualisierung unterstützen Entscheidungen der Unternehmensführung

- SAP Digital Boardroom unterstützt Führungskräfte aus Vorstand, Aufsichtsrat und anderen Gremien bei der Entscheidungsfindung. Im digitalen Konferenzraum können Analysen in Echtzeit aus dem System erstellt werden und ermöglichen umgehend datengestützte Beschlüsse und Handlungen.
- SAP Digital Boardroom ist ein neues, vordefiniertes Anwendungsszenario auf Basis der Lösung SAP BusinessObjects Cloud, die Funktionen wie Reporting, Analyse, Planung, Simulation und Prognose zusammenfasst.
- Controller können mit SAP BusinessObjects Cloud schnell und unkompliziert beliebig granulare Analysen auf allen Unternehmensdaten, kombiniert mit externen Datenquellen, zusammenstellen. Mit SAP Digital Boardroom werden anschließend die analytischen Fragestellungen auf drei Bildschirmen nebeneinander ausgerichtet.
- Dieser Beitrag erläutert das wichtigste Grundlagenwissen zum Aufbau des digitalen Konferenzraums aus der Sicht der Fachabteilung, basierend auf den Erkenntnissen aus bisherigen Umsetzungsprojekten.

Inhalt | Seite

Der Autor

Dr. Karol Bliznak, Vice President Product Management Analytics bei der SAP SE in Walldorf.

1 Herausforderungen der Datendarstellung und -analyse in Entscheidungsgremien

Bisher gelebtes Berichtswesen im Vorstandsraum

Die Realität in den höchsten Führungsetagen ist oft fern von digitaler Agilität. Hier scheint der Einzug der klassischen Reporting- und Dashboarding-Werkzeuge und Prozesse, die sich mittlerweile großer Anwendungsintensität auf allen anderen Organisationsebenen erfreuen, mit Ehrfurcht vor der Vorstandstür stehen zu bleiben. Das Gebot der immer perfekt vormoderierten und präsentierten Datensätze, die in einer Vorstands- oder Aufsichtsratssitzung erwartet werden, erwirkt in der Regel paradoxerweise das Gegenteil: die Daten müssen zuerst zeitintensiv aus verschiedenen Insellösungen und Datensilos der einzelnen Fachbereiche extrahiert, zusammengestellt, harmonisiert, manuell aufbereitet und nachbearbeitet werden. Ausgedruckt und gebunden können die so im Vorstandsraum präsentierten Daten durch ihre Statik, zeitliche Verzögerung und den schieren Umfang an Papierseiten den Blick auf die tatsächliche Firmenrealität sogar erschweren.

Instrumententafel für Führungskräfte als Konzept

Die Anstrengung der Controller und IT-Experten, dagegen zu steuern und den Führungskräften – in Anlehnung an die Idee einer Instrumententafel aus der Raum- oder Luftfahrt – visuelle Echtzeitsteuerungswerkzeuge anzubieten ist nicht neu. Das Anfang der Nullerjahre intensiv diskutierte „Management Cockpit“ bspw. stellte betriebswirtschaftlich ein valides Steuerungskonzept mit ergonomisch auf mehreren Bildschirmen dargestellten Kenngrößen und visuellen Indikatoren, basierend auf aggregierten Unternehmensdaten, dar. Aufgrund der technischen Einschränkungen der damals verfügbaren Datenanalysetechnologien, wie u.a.:

- die langen Antwortzeiten der analytischen Abfragen,
- fehlende Drill-Down Möglichkeit,
- mangelhafte Benutzerfreundlichkeit,

blieb das Management Cockpit jedoch nur in der Vorreiterrolle.

Erst die Ankunft der SAP HANA-In-Memory-Technologie und des modernen, intuitiven User-Interface haben den Schritt in den digitalen Konferenzraum, wo leitende Angestellte ihre Aufmerksamkeit einer gewaltigen Bandbreite an Themen schenken müssen, ermöglicht.

Dieser Beitrag erläutert das wichtigste Grundlagewissen zur Einführung von SAP Digital Boardroom aus der Sicht der Fachabteilung, basierend auf den Erkenntnissen aus den bisherigen Umsetzungsprojekten. Gleichzeitig werden auch technische Voraussetzungen kurz beschrieben, um den Mitarbeitern der Fachabteilungen zu ermöglichen, gut informiert in Kontakt mit dem technischen Implementierungsteam zu treten.

2 Vorteile eines digitalen Konferenzraums – Erfahrungen aus der Einführung

SAP Digital Boardroom

Der digitale Konferenzraum SAP Digital Boardroom wird als eigenes, vordefiniertes Anwendungsszenario auf der Standardlösung SAP BusinessObjects Cloud betrieben. Diese nutzt als Software-as-a-Service (SaaS)-Angebot die Vorteile der SAP HANA Cloud Platform und ist mit anderen SAP-eigenen sowie externen Datenquellen integriert. Seine intuitive und explorative Benutzeroberfläche entspricht der hohen Erwartungshaltung, in Vorstands-, Aufsichtsrats- und anderen Entscheidungsgremien Daten in Echtzeit aufbereiten und visualisieren zu können.

Abb. 1: SAP Digital Boardroom im Mehrbildschirmmodus

Unternehmensweiter Blick

Die moderne Technologie unterstützt dabei im Wesentlichen die zwischenmenschliche Kommunikation: die Führungskräfte sitzen in einem Raum und reden miteinander, so einfach wie es klingen mag. Sie besprechen Fakten, fragen nach, bekommen Antworten in Echtzeit ohne das Controlling mit einer zeitaufwändigen Analyse beauftragen zu müssen. Sie bringen so neue Ideen in Bewegung. Alle wichtigen Funktionen der Firma können (und sollen) beteiligt sein: Produktion, Vertrieb, Personalwesen, Logistik, Finanzen, Marketing usw., vertreten durch das jeweilige Vorstandsmitglied bzw. weitere Fachexperten. Die Fakten entlang der gesamten analytischen Wertschöpfungskette liegen vor. In beliebiger Tiefe und unternehmensweit setzen sich die Fakten aus den aktuellsten Daten zusammen. Umsatz, Unternehmensergebnis, Kundenstatistiken, Produktions- und Personalkennzahlen sind, wie in Abb. 1 dargestellt, verfügbar und ihre Zusammenhänge werden sichtbar. Die Vergangenheits-, Ist- und Plan-Werte bzw. Prognosen der Unternehmenskennzahlen lassen sich für datengestützte Entscheidungen mit externen Datenquellen kombinieren, wie bspw. Marktvolumen, Aktienkurse, Wettbewerbsinformationen oder Sentiment-Analysen.

Zusätzlich zu diesen offensichtlichen Vorteilen existieren weitere **positive Auswirkungen**, die sich durch die konkrete, praktische Erfahrung der SAP Digital Boardroom-Kunden verdeutlichen:

- **Diskussionen über Gültigkeit und Interpretation der Daten entfallen:** Einheitliche Kennzahlen und Kennzahldefinitionen fördern die Diskussion. Missverständnisse und Fehlentscheidungen lassen sich bei nicht-harmonisierten Kennzahlen im bisher gelebten Berichtswesen nicht vermeiden und erhöhen den Steuerungsaufwand. Ein paar Negativbeispiele aus der gängigen Praxis:
  - Warum sehen wir in den Papierunterlagen zwei verschiedene Umsatzzahlen? Kommen die Daten aus zwei verschiedenen Systemen?
  - Was bedeutet Headcount: Sind es „Full-Time-Equivalents" oder die Gesamtzahl an Mitarbeitern? Die Differenzen können gravierend sein.
  - Wie kommt die Gesamtkundenzahl zusammen – auf welcher Ebene zählen wir unsere Konzernkunden bzw. ihre Tochtergesellschaften?

  Die als wichtigste Voraussetzung für den digitalen Konferenzraum umgesetzte Datenstandardisierung und Stammdatenharmonisierung reduziert solche „Reibungsverluste". Nur wenn ein einheitliches Verständnis vom Inhalt der Metriken sichergestellt ist, kann die Diskussion effizient verlaufen. Die Führungskräfte können dadurch mehr Zeit mit steuerungsrelevanten Aufgaben verbringen: sie führen die Firma, reagieren auf Situationen und Risiken, simulieren Szenarien und treffen Entscheidungen anstatt die dargestellten Kennzahlen zu hinterfragen.
- **Visuelle Sprache vereinigt:** In jedem Führungsgremium sind verschiedene Persönlichkeitstypen zu finden, die schließlich an einem Strang ziehen müssen: Strategen, Zahlenmenschen, Marketer, Vertriebsprofis. Alle brauchen Reize, die es für sie interessant macht mit Zahlen zu arbeiten, deren Inhalt pro Funktionsbereich jedoch sehr unterschiedlich sein kann:
  - Der Finanzvorstand steuert über die Gewinn- und Verlustrechnung, deren Detailansicht aber z. B. beim Aufsichtsratsvorsitzenden berechtigte inhaltliche Fragen aufwerfen kann.
  - Die Produktion und den Vertrieb zahlentechnisch für beide Seiten verständlich in Diskussion zu bringen, stellt ebenfalls eine Herausforderung für die Controller dar, die die Sitzungen vorbereiten.

  Durch den „Storytelling"-Charakter der SAP Digital Boardroom wird das Lagebild als „Geschichte" für alle Beteiligten optisch wahrnehmbar und über die Touch-Funktion der Bildschirme sogar interaktiv greifbar. Mithilfe analytischer Werttreiberbäume, die funktionsübergreifend die Wertschöpfungskette des Unternehmens visuell darstellen, erhalten die Führungskräfte den Blick „über den Tellerrand" des eigenen Ressorts hinweg. Die Perspektiven vermischen sich und der Dialog wird aufrecht gehalten.

- **Transformation des Controlling:** Der Trend zum Wandel der Rolle des Controllers vom „Oberdatensammler" zum „Business-Lotsen" zeichnet sich ab. Die Effizienz des SAP Digital Boardroom und der darunterliegenden Daten- und Prozessstandardisierung verringert wesentlich die nicht-mehrwertstiftenden, teilweise manuellen Aufgaben im Controlling, wie Datensammeln, Harmonisieren und Nacharbeiten. Somit werden Kapazitäten frei: das Controlling nutzt seine Business-Nähe um verlässlich die Wertschöpfungskette in Form eines Treiber-Modells darzustellen und die Funktionsbereiche mit Planungsaufgaben, Vorhersagen, Budgeting, und Simulationen zu unterstützen. Die Finanzsicht als zentrale Version der Wahrheit hilft den Führungskräften aus dem Vorstand und anderen Entscheidungsgremien die Firma in einem komplexen Geschäftsumfeld vorausschauend durch den Wandel zu navigieren. Kosten- und Umsatzplanung bietet die zentrale Projektionsfläche um über zielgerichtete Maßnahmen gesundes Wachstum und gleichzeitig wettbewerbsfähige und innovative Produkte bzw. Serviceleistungen aufrecht zu halten. Eine fundamentale Änderung der Wahrnehmung der Controlling-Rolle findet statt: man spricht in diesem Zusammenhang vom „Trusted Advisor", „Steward", bzw. „Transformation Agent".

SAP als Pilotanwender

Die erfolgreiche Einführung des SAP Digital Boardroom bei SAP in Walldorf selbst hat gezeigt, dass digitale Unternehmenssteuerung Wirklichkeit geworden ist. Den Führungskräften im Vorstand, Aufsichtsrat, und anderen Entscheidungsgremien wurde ein Echtzeitsteuerungswerkzeug zur Verfügung gestellt, das beliebig feingranulare Analysen auf den Unternehmensdaten in ihrer Gesamtheit, kombiniert mit externen Daten, ermöglicht.

3 SAP Digital Boardroom als Bestandteil digitaler Unternehmenstransformation

Voraussetzungen für Echtzeitsteuerung

Die Implementierung des SAP Digital Boardrooms sollte – falls möglich – Teil der eigenen digitalen Unternehmenstransformation sein. SAP Digital Boardroom ist ein „aktives Board", verglichen mit einem statischen Dashboard. Als Echtzeitsteuerungsinstrument ist der digitale Konferenzraum üblicherweise nicht autark. Seine Einführung erfolgt im Kontext existierender Geschäftsprozesse, IT-Systeme und Daten. Diese müssen für den Boardroom-Einsatz oft standardisiert und harmonisiert werden, um Diskrepanzen, Unschärfe und zeitliche Verzögerungen (Latenz) zu eliminieren.

Die Aufwände für die Einführung des digitalen Konferenzraums sind dank der darunterliegenden Cloud-Lösung vergleichsweise gering. Eine integrierte Systemlandschaft, optimierte Geschäftsprozesse bzw. Organisationen, harmonisierte Stammdaten zwischen Systemen und das Vorhandensein von einheitlichen Kennzahlen- bzw. Werttreiberdefinitionen sind die wichtigsten zusätzlichen Erfolgsfaktoren bei der Einführung:

3.1 Erfolgsfaktor 1: Unternehmensweite Business-Analytics-Funktion

Harmonisierte Berichte, Kennzahlen und Definitionen

Es hat sich bewährt organisatorisch ein **unternehmensweites Business-Analytics-Programm** einzuführen, dass durch den Vorstand unterstützt wird. Dieses Team ist als unterstützende Funktion für die Erstellung von abgestimmten Berichtsvorlagen und standardisierten Kennzahlen zuständig. Diese werden in Zusammenarbeit mit den jeweiligen Funktionsbereichen entwickelt und über eine zentrale Plattform (als „Selbstbedienungstheke") den Konsumenten rollenabhängig zur Verfügung gestellt. Somit entsteht die gewünschte zentrale Version der Wahrheit und das Risiko vermindert sich, dass dezentrale Dashboards bzw. nicht-abgestimmte Indikatoren im Berichtswesensprozess auftauchen.

3.2 Erfolgsfaktor 2: Einheitliche Abdeckung des Berichtwesens mit analytischem Werkzeug

Analysen über Funktionsbereiche und Hierarchieebenen

Es ist zu empfehlen, den gesamten Berichtwesensprozess über unterschiedliche Funktionsbereiche und Hierarchieebenen hinweg einheitlich abzubilden. Dies beseitigt Insellösungen und Datensilos und führt Reporting-, Planungs- und Prognose-Prozessschritte zusammen. Controller und Mitarbeiter in den Fachabteilungen auf allen Hierarchieebenen profitieren von der harmonisierten Rechenlogik und einheitlichen Benutzerführung. SAP BusinessObjects Cloud, die für den SAP Digital Boardroom verwendete Basis, ermöglicht wie in Abb. 2 beschrieben die ganzheitliche Abdeckung der analytischen Wertschöpfungskette und integriert sich mit bestehenden analytischen SAP-Lösungen und in Geschäftsprozessen eingebetteten Analytics-Werkzeugen:

- SAP Digital Boardroom wird als zentrales Medium für den Vorstand, Aufsichtsrat und andere Entscheidungsgremien eingesetzt:

   - Für die Sitzungen wird der Konferenzraum-Aufbau mit drei Touch-Bildschirmen benutzt. Der Einzelbildschirmmodus im Web-Browser (z.B. am Laptop) kann gleichzeitig von möglichen Remote-Teilnehmern, aber auch für regelmäßige Updates außerhalb der Sitzungen genutzt werden.
   - Um Überraschungen im Vorstandsraum zu vermeiden, informieren sich die Führungskräfte in derselben Lösung über personalisierte Dashboards über die Kennzahlen in ihrem Verantwortungsbereich: z.B. der Vertriebsvorstand untersucht täglich die Auftragslage.
   - In der Praxis sind jedoch auch Dreibildschirm-Boardrooms unterhalb der Konzernebene zu finden (z.B. ein Personal-, Vertriebs-, Lieferketten- bzw. Einkaufs-Boardroom).
- Die mittlere Führungsebene nutzt die taktischen Dashboards, Berichte und Simulationen. Diese kaskadieren die strategischen Vorgaben herunter und fassen die angefallenen Ist-Werte und das operative Wissen aus den Geschäftsprozessen zusammen.
- Für operatives Berichtswesen arbeiten auf der Betriebsebene die Endanwender in den Fachbereichen gemeinsam an Berichten, Auswertungen, Simulationen und Planungen. Auch hier – die notwendige Hardware und Lizenz vorausgesetzt – stellt der Multibildschirm-Modus des SAP Digital Boardroom eine valide Option dar (z.B. für Filialensteuerung im Einzelhandel, in der Produktion oder für Vertriebsoptimierung).

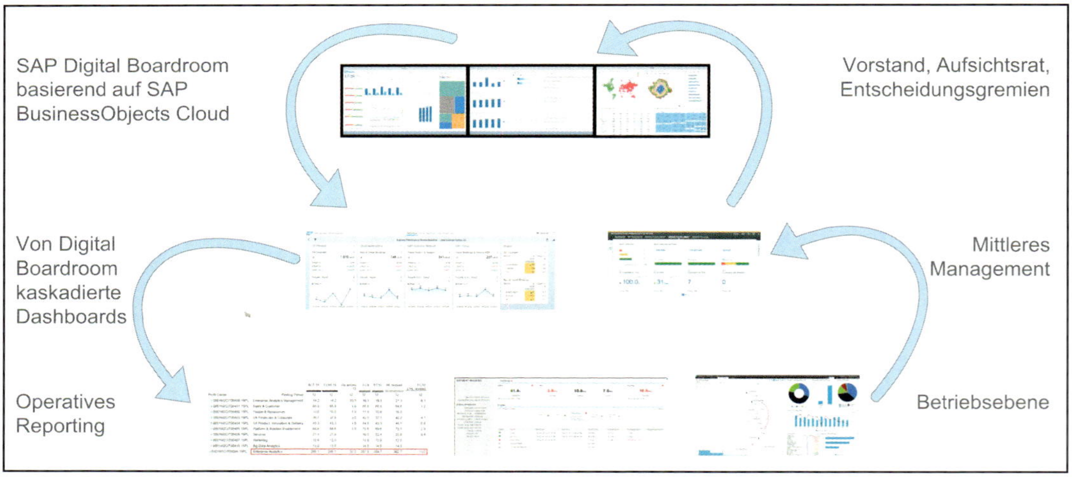

Abb. 2: Unternehmensinformation als bidirektionales Steuerungsinstrument[1]

---

[1] Abb. 2, 3 und 4: Copyright © 2015 SAP SE or an SAP affiliate company. All rights reserved.

3.3 Erfolgsfaktor 3: Harmonisierte und performante Datengrundlage

Integration mit firmeneigenen und externen Daten

Um SAP Digital Boardroom optimal einzusetzen, bedarf es einer harmonisierten Datengrundlage, auf der die starken Visualisierungsmöglichkeiten wirksam eingesetzt werden können:

- Das Erstellen visueller Inhalte beansprucht erfahrungsgemäß nur etwa 20 % des gesamten Projektaufwandes.
- Die übrigen 80 % konzentrieren sich auf die Datengrundlage: **Integration, Modellierung und Harmonisierung** der Daten, um eine hohe Datenqualität und gleichzeitig schnelle Antwortzeiten der Abfragen zu gewährleisten.

Wo befinden sich die zugrunde liegenden Daten? SAP BusinessObjects Cloud wird in den Rechenzentren der SAP betrieben und verbindet sich über vorgefertigte Konnektoren sowohl mit On-premise- als auch mit cloudbasierten Datenquellen:

- Beim sog. Hybrid-Szenario bleiben Ihre Daten in Ihrer SAP HANA On-premise-Umgebung und werden im Web-Browser mit den entsprechenden Visualisierungsinformationen aus der SAP BusinessObjects Cloud kombiniert, ohne die Daten in die Cloud replizieren zu müssen.
- Gleichzeitig wird auch die Replizierung aus einer beliebigen Systemlandschaft (On-premise oder in der Cloud) in die SAP BusinessObjects Cloud unterstützt.

Die Wahl der Datenquelle(n) für den digitalen Konferenzraum stellt ein komplexes Thema dar und wird individuell behandelt. In der Praxis sind es jedoch die SAP HANA-basierten Anwendungen, die den Vorteil einer hohen technischen und semantischen Datenqualität und schneller Abfragen mit sich bringen, wie z.B. SAP BW/4HANA bzw. SAP Business Warehouse powered by SAP HANA und SAP Business Suite 4HANA (SAP S/4HANA).

4 Der Weg zum SAP Digital Boardroom

Und wie stellt man die Inhalte für den digitalen Konferenzraum zusammen? Folgende Schritte sind für erfolgreiches Design und einen effizienten, zeitsparenden Aufbau des digitalen Konferenzraums essenziell.

4.1 Schritt 1: Funktionsweise von SAP Digital Boardroom kennenlernen

Die Multi-Touch-Bildschirm-Technologie von SAP Digital Boardroom hilft den Controllern, im Konferenzraum auf eine natürliche, interaktive

Funktionen des digitalen Konferenzraums

Art und Weise zu präsentieren und zu analysieren. Darüber hinaus gibt es den Einzelbildschirm-Modus, der z. B. Beamer-Präsentationen unterstützt oder die Anzeige am Laptop ermöglicht.

Eine interaktive Agenda stellt den Kern der Sitzung dar. Im Mehrbildschirmmodus werden drei Bildschirme genutzt, um die Informationen zu den jeweiligen Agenda-Punkten übersichtlich und umfassend darzustellen. Die visuellen Inhalte können z. B. folgendermaßen ausgerichtet werden:

- **Übersichtsseite** (links) – zeigt hochaggregierte Schlüsselgrößen und Kennzahlen des Unternehmens an. Dieser Bildschirm kann als Startseite genutzt werden, um zu weiteren Details auf den übrigen Bildschirmen zu navigieren.
- **Haupt-/Erkundungsseite** (mittig) – zeigt sowohl die Agenda der Sitzung als auch Detailinformationen zu den auf der Übersichtsseite ausgewählten Bereichen an. Zusätzlich können hier weitere Erkenntnisse und Antworten auf ad-hoc Fragen explorativ ermittelt werden.
- **Kontext-Seite** (rechts) – zeigt ausführliche Kontextinformationen (z. B. den geografischen Kontext auf einer digitalen Karte) und ermöglicht dadurch zusätzliche Einblicke. Diese Seite reichert die Informationen des Hauptbildschirms an.

Mit SAP BusinessObjects Cloud werden die SAP Digital Boardroom-Inhalte zusammengestellt und die Agenda mit den nötigen Informationen gefüllt. Es hat sich bewährt die Funktionalität der Lösung bei der Planung der Boardroom-Inhalte zu berücksichtigen. Dabei können z. B. folgende Funktionen verwendet werden:

- Mithilfe von Business Intelligence können Daten geladen, analysiert und visualisiert werden (Kennzahlen, Grafiken mit Drill-Down, Tabellen, explorative Recherchen, geographische Diagramme usw.).
- Darauf aufbauend können Simulationen, Planungsszenarien, Werttreiberbäume, Prognosen und Kollaborations-Funktionen zu Ihrem digitalen Konferenzraum hinzugefügt werden.

4.2 Schritt 2: Design Thinking nutzen

Mehr Raum für betriebswirtschaftliche Argumentation

Um die Boardroom-Inhalte für die jeweilige Sitzung zu gestalten wird die moderne, intuitive Benutzeroberfläche in der Design-Umgebung der SAP-BusinessObjects-Cloud-Lösung benutzt. Die Controller, die normalerweise für den inhaltlichen Aufbau zuständig sind, können alle benötigten Modelle, Berichte und Funktionen ganz ohne Programmierkenntnisse per Drag-and-Drop, wie in Abb. 3 dargestellt, zusammenstellen. Es bleibt ihnen wiederum mehr Zeit für die Entwicklung der betriebswirtschaftlichen Argumentation, die die anstehende Sitzung unterstützen soll:

- Welche **„Geschichte“** möchte unsere Analyse erzählen und mit welchem **Ziel**?
- Welche **Rollen/Personen** sind beteiligt?
- Welche analytischen **Fragestellungen** („Steering Questions“) sind relevant, und in welchem **Kontext** (z.B. Finanzen, Vertrieb, Kunden, Personal, Logistik)?
- Welche **Kennzahlen/Informationen** sind essenziell, um die Fragestellungen zu beantworten, in welcher visuellen **Darstellung** (Diagramme, Indikatoren, Tabellen, Karten) und in welchem **Aufriss**?
- Welche **internen bzw. externen Daten** werden dafür benötigt (z.B. Aktienkurse, Analystenerwartungen, externe Benchmarks, Marktdaten, Wettbewerbsanalysen usw.)
- Welche **Indikatoren** bzw. **Entwicklungen** müssen zusätzlich verbal kommentiert bzw. mit weiteren Daten erläutert werden?
- Welche **Zusatzfunktionen** werden wo benötigt: explorative Erkundung, Ranking, Drill-Down, Simulation, Planung, Prognose, Werttreiberbäume usw.
- Wie sehen die **Agenda** und die **Bildschirmseiten** konkret aus?

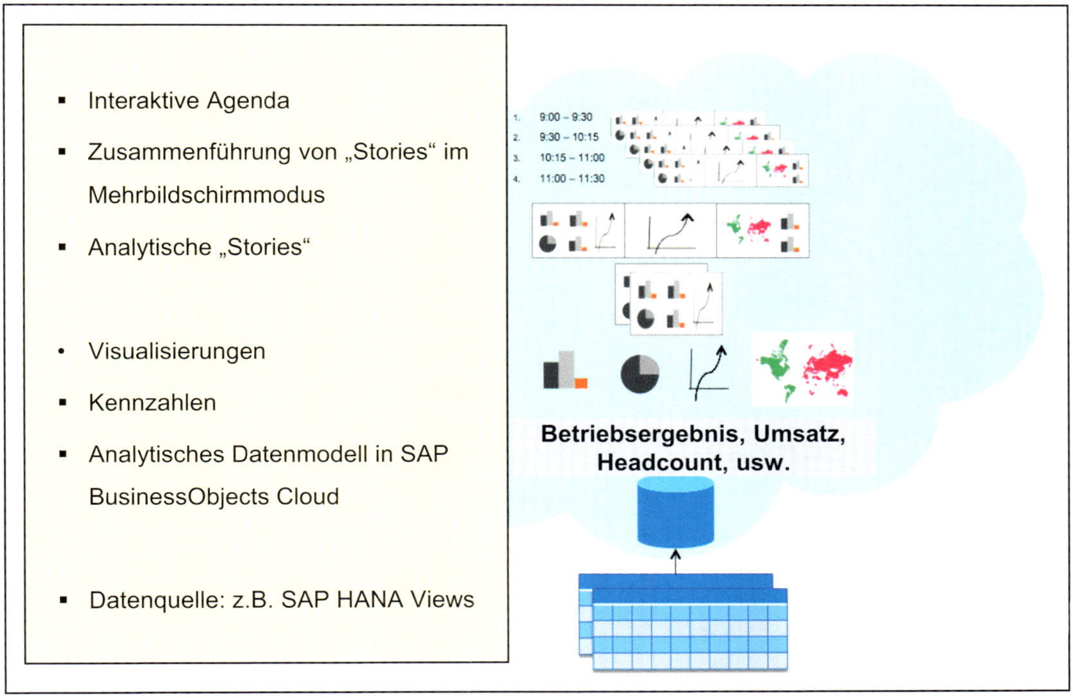

Abb. 3: Baukastenprinzip: Aufbau von Inhalten des digitalen Konferenzraums auf Unternehmensdaten

Die analytischen Inhalte, die vom Controlling in dieser Weise zusammengestellt werden, sind wiederum für die Führungskräfte leichter verständlich, ganz nach dem Motto „von Business für Business“. Design Thinking, wie in Abb. 4 beschrieben, wird dabei als die geeignetste Methode empfohlen, um iterativ und im Kontakt mit den involvierten Führungskräften den digitalen Konferenzraums zu konzipieren.

Es hat sich bewährt, entlang folgender Phasen regelmäßig Treffen und Workshops mit den Führungskräften zu veranstalten, unter ständiger Präsentation der jeweils aktuellen Ergebnisse.

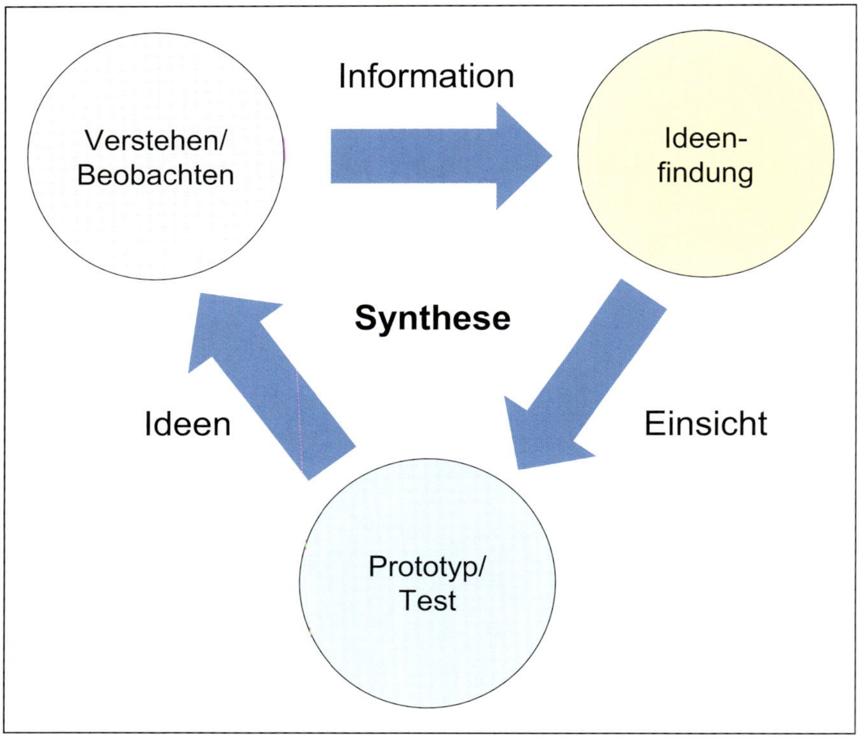

Abb. 4: Der iterative Design-Thinking-Prozess

Tipp: Wireframes einsetzen

Es empfiehlt sich häufig, insbesondere in den frühen Phasen sog. „Wireframes“ einzusetzen, um die visuelle Darstellung zu unterstützen (z.B. um Diagramme bzw. Seiten als Skizzen zu gestalten). Dabei spielt es keine Rolle, ob professionelle Design-Werkzeuge verwendet oder die Entwürfe mit Papier und Stift angefertigt werden. Dieses Vorgehen beschleunigt dabei die Weiterentwicklung der Anforderungen, bevor mit der tatsächlichen Umsetzung in der IT-Lösung begonnen wird.

Die Verwendung der Design-Thinking-Methodologie für ein effizientes SAP Digital Boardroom Design kann anhand von **Tab. 1.** illustriert werden. Das Beispiel zeigt den Ablauf und die Ergebnisse eines dedizierten Design-Thinking-Workshops bei einem großen mittelständischen Unternehmen, das den Einsatz des digitalen Konferenzraums strukturiert vorbereiten wollte. Ca. 10 Workshop-Teilnehmer aus verschiedenen Unternehmensbereichen, die über sehr gute Kenntnisse der Abläufe in Führungssitzungen und der dafür benötigten Daten (teilweise inkl. der tatsächlichen Führungskräfte) verfügen, wurden von zwei Design Thinking Coaches begleitet. In ca. 1,5 Stunden gelang es den Teilnehmern in intensiver Gruppenarbeit (und unter Verwendung von vielen farbigen Post-Its und Whiteboard-Skizzen), das gewünschte Szenario zu beschreiben – und somit solide Grundlagen für den personalisierten Entwurf des digitalen Konferenzraums festzulegen.

	Workshop-Schritt	**Zeit**	**Was wurde im Design Thinking Workshop diskutiert/beschrieben/beschlossen?**
1.	**Einführung**: Was möchten wir mit diesem Design-Thinking-Workshop erreichen?	5 min.	Wir möchten eine neue integrierte (Mehr)Jahresplanung abgestimmt festlegen, die mithilfe von SAP Digital Boardroom ermöglicht wird.
2.	**„Kontext-Karte“**: Wo stehen wir als Unternehmen? Welche Einflussfaktoren sind wichtig?	15 min.	• Branchen-Trends: Fusionen und Akquisitionen, Internet of Things • Neue Kundenanforderungen und Verhalten: Social Media, Präsenz auf unterschiedlichen Verkaufskanälen • Wirtschaft und demografische Entwicklung: alternde Population, Ausbildungsentwicklung, Globalisierung • Unternehmensstrategie und -leistung: Welche Strategie verfolgen wir, wie messen wir unsere Leistung? • IT-Landschaft: Outsourcing, Kostendruck, IT als Unterstützung für Business • Technologische Faktoren: Cloud, künstliche Intelligenz, Cyber-Security • Wettbewerbsentwicklung: Intensivierung, Innovationsdruck

	Workshop-Schritt	Zeit	Was wurde im Design Thinking Workshop diskutiert/beschrieben/beschlossen?
3.	**Das EINE Ziel:** Ein Satz als Definition des Hauptziels der Sitzung, die wir künftig mit dem digitalen Konferenzraum unterstützen wollen.	5 min.	„Schnelles Budget mit SAP Digital Boardroom“: Wie kommen wir schneller durch Planungs- und Simulationsprozesse: integriert, abgestimmt, online, basierend auf Echtzeitdaten?
4.	**Personenbeschreibung:** Wer sind die Teilnehmer/Rollen der Sitzung, die wir mit dem digitalen Konferenzraum künftig unterstützen wollen?	5 min.	• Vorstandsvorsitzender • Finanzvorstand • Vertriebsleiter • Produktionsleiter • Personalleiter • Einkaufseiter
5.	**Datenbereiche:** Die 3–4 wichtigsten „Datentöpfe“ (ggf. auch pro Sitzungsteilnehmer), um das Ziel der Sitzung zu erreichen.	20 min.	1) Finanzvorstand: Finanzen und Controlling 2) Vertriebsleiter: Vertrieb und Auftragseingang, Marktlage 3) Produktionsleiter: Produktion- und Serviceplanung 4) Personalleiter: Personalplanung
6.	**Daten-Rangliste:** Welche sind die 10–12 wichtigsten/relevantesten Datenbereiche für die Darstellung im digitalen Konferenzraum?	5 min.	• Bilanz und GuV (Gesamtumsatz, Kosten, Betriebsergebnis, Marge) • Finanzplan • Auftragseingang • Liquiditätsplan • Umsatz pro Produkt/Region/Segment • Personalbestand (Headcount, Qualifikation, Altersstruktur, Ausbildungsstand) • Marktanalysen, Preisentwicklung usw.

	Workshop-Schritt	Zeit	Was wurde im Design Thinking Workshop diskutiert/beschrieben/beschlossen?

7.	**Datendesign:** Wie können die Daten visualisiert werden, um die analytischen Fragestellungen zu beantworten? Was wird zusätzlich an Erläuterungen und analytischen Funktionalitäten benötigt?
	(Im ersten Design-Thinking-Workshop schafft man normalerweise – über eine Aufteilung in mehrere Arbeitsgruppen – eine Detailbeschreibung der 2–3 wichtigsten Szenarien, die später als Vorlage für weitere Designentwicklung in den anderen Bereichen dienen.)
		20 min.	a) Beispielszenario einer analytischen Fragestellung: Der Vorstandsvorsitzende stellt in der Sitzung die Frage: „Wir wollen kurz- bis mittelfristig ein Umsatzwachstum von +5 % in der Region XY erreichen. Wie ist die Auswirkung auf unsere Produktion, Einkauf, Kapazitätsplanung, Vertrieb, Headcount?"
			b) Skizzierung der Visualisierungen, die kategorienübergreifend als Überblick bzw. Kontext dargestellt werden:
			• 5-Jahresfinanzplan (kombinierte Balken- und Liniengrafik: Umsatz, Betriebsergebnis, Ergebnismarge)
			• Entwicklung des Auftragseingangs (Liniendiagramm, rollierend, die letzten 4–8 Quartale)
			• Entwicklung Marktanteil Region XY nach Produkten (Liniendiagramm für historische Daten, Kuchengrafik für den aktuellen Stand)
			• Entwicklung Marktanteil zu den wichtigsten Wettbewerbern (Balkendiagramm)
			• Entwicklung der Preise und Nachlässe im Vergleich zum Umsatz bzw. Marktanteil (Preiskorrelationskoeffizient als Liniendiagramm)
			c) Folgende analytische Zusatzfunktionen werden als Erkundung benötigt:
			• Auftragseingang: explorative Erkundung durch Filtersetzen, Prognose
			• Marktanteil: Drill-Down nach Produkt/Region,
			• Verbale Kommentierungen von Entwicklungen bzw. „Ausrutschern". Annahmen, die getroffen wurden (konstanter Wechselkurs, Wirtschaftsdaten)
			• Simulativer Werttreiberbaum:
			  • 5 % mehr Auftragseingang bedeutet so und so viel Auswirkung auf die Kosten (Logistik, Einkauf, Material)
			  • Kriegen wir es in die aktuelle Auslastung rein oder müssen wir neue Kapazitäten aufbauen (bzw. Überstunden)?
			  • Gibt es der Markt her? Auswirkung auf unsere Preispolitik: Können wir die 5 % mehr Produkte für den gleichen Preis auf dem Markt platzieren oder müssen wir Preisanpassungen vornehmen?

	Workshop-Schritt	Zeit	Was wurde im Design Thinking Workshop diskutiert/beschrieben/beschlossen?
			• Eingabemasken: um die Ergebnisse der simulativen (Mehr)Jahresplanung auf der obersten Ebene festzuhalten – als Grundlage für die kaskadierende Detailplanung.
8.	**Agenda- und Bildschirmaufbau:** Wie sieht schließlich die Agenda der Sitzung aus, bzw. die Aufteilung der Bildschirme zu dem jeweiligen Agendapunkt?	5 min.	Gewünschte Agenda-Gliederung der Sitzung: 1. Quartals- bzw. Jahresergebnis, (Mehr)Jahresfinanzplanung, Auftragseingang 2. Produktionsplanung 3. Personalaspekte Bildschirmaufteilung: • Übersicht (links) • analytische Erkundung (mittig) • Kontext (rechts)
9.	Besprechung, Validierung und Dokumentierung (Fotos) des Prototyps. Rückmeldung der Teilnehmer.	10 min.	Die Design-Thinking-Workshop-Teilnehmer beschreiben: • Was hat mir gefallen? • Was hat mir nicht gefallen? • Was wünsche ich mir in diesem Zusammenhang (z.B. nächste Schritte, wie man das Design präzisieren kann)?

Tab. 1: Aufbau eines SAP Digital Boardroom Szenarios im Rahmen eines Design-Thinking-Workshops

Tipp: Experten einbinden und vordefinierte Pakete nutzen

Es empfiehlt sich, Experten für SAP BusinessObjects Cloud und SAP Digital Boardroom in die Design-Diskussion einzubinden. Nur so kann gewährleistet werden, dass die Anforderungen und Wünsche anschließend realisierbar sind. Das Zusammenspiel des Boardroom-Designs und den Möglichkeiten der Analytics-Lösung ist ein wichtiger Erfolgsfaktor bei der Umsetzung.

Die vordefinierten, branchen- bzw. funktionsspezifischen Berichtspakete für SAP Digital Boardroom eignen sich als Projektbeschleuniger. Sie bieten Beispielvisualisierungen und -analysen sowie die darunterliegenden Datenmodelle, die mit Standard-Datenquellen (z.B. SAP BW/4HANA, SAP S/4HANA) verbunden sind. Die Content-Pakete werden von SAP und ihren Partnern entwickelt und sollen für eine breite Branchen- (Einzelhandel, Konsumgüter, Chemie, öffentlicher Dienst, Bau- und Ingenieurswissenschaften usw.) bzw. Funktionsabdeckung (Finanzen, Personalwesen, Marketing usw.) sorgen.

4.3 Schritt 3: Designrichtlinien für effizientes Boardroom-Design verwenden

Reduzierung visueller Komplexität

Um hohe Benutzerfreundlichkeit und Informationsinhalt der konzipierten Analysen zu gewährleisten, bieten sich die in Tab. 2 aufgeführten Hinweise zu Designrichtlinien und – methoden an.

Empfehlung	Wie kann man visuelle Komplexität vermindern?
Nutzen Sie die Bildschirmfläche sinnvoll	Vermeiden Sie Leerräume, verdichten Sie Informationen, benutzen Sie Zusammenfassungen. Heben Sie nur wichtige Informationen hervor.
Richten Sie die Inhalte in Zusammenhängen aus	Ordnen Sie die visuellen Objekte im Layout so an, dass zusammengehörige Inhalte stets gruppiert sind (z. B. Umsatz und Auftragslage) und dadurch Ursache-und-Wirkungsbeziehungen deutlich erkennbar sind.
Standardisieren Sie visuelle Elemente	Benutzen Sie konsequent standardisierte Diagramme und deren Elemente, Tabellen, Farben, Datenreihen, Achsen, Begriffe, Abkürzungen usw., um es den Benutzern zu erleichtern, die Aussagen zu verstehen und die Aufnahme der Information zu beschleunigen.
Beschriften Sie Ihre Diagramme sinnvoll	Achsen, Einheiten, Skalierungen, Kennzahlen und weitere Elemente benötigen Beschriftungen, damit der Nutzer genau weiß, was gemeint ist.
Wählen Sie eine passende Darstellungsform für den jeweiligen Anwendungsfall	Nicht immer ist jede Diagrammform gleich gut geeignet, um einen Sachverhalt darzustellen (Beispiel: Deviation-Chart: falls Abweichungen zu einem Zielwert betrachtet werden sollen, Trend-Chart: falls eine zeitliche Entwicklung aufgezeigt werden soll). Außerdem sollte eine konstante Skalierung verwendet werden, um schnelle Vergleichbarkeit von Diagrammen zu ermöglichen
Vermeiden Sie visuelle Störungen/ Ablenkungen	Folgende „Faustregel“ gilt: die Hauptbotschaft des Bildschirms sollte innerhalb von drei Sekunden deutlich werden. Entfernen Sie 3D-Effekte, Schlagschatten, unnötige oder missverständliche Farben, verschiedene Schriftarten und Rahmen. Vermeiden Sie außerdem doppelte Texte und vereinfachen Sie Zahlendarstellungen (z. B. „6.000.000“ als „6 Millionen“). Farben sollten stets eine Bedeutung haben und nicht willkürlich eingesetzt werden.

Empfehlung	Wie kann man visuelle Komplexität vermindern?
Berücksichtigen Sie Ihre firmeneigenen Corporate-Identity-Richtlinien	Falls Ihr Unternehmen bestimmte Vorschriften für die Darstellung von Diagrammen und Grafiken hat (bspw. die Breite von Balken, Farbschema oder der Abstand zwischen Objekten), prüfen Sie inwiefern diese Anforderungen durch SAP BusinessObjects Cloud abgedeckt und unterstützt werden.

Tab. 2: Hinweise für effizientes, sauberes Boardroom-Design

Die HICHERT®SUCCESS Formel für die International Business Communication Standards (IBCS) sind ein empfohlener Ausgangspunkt für die Gestaltung ansprechender und überzeugender digitaler Konferenzräume.

5 Fazit

Mit dem Einsatz von SAP Digital Boardroom nutzt das Controlling seine Business-Nähe, um verlässlich die Wertschöpfungskette in Form eines Treiber-Modells darzustellen und die Planungsaufgaben, Vorhersagen, Budgeting und Simulationen zu unterstützen. Dies hilft wiederum Führungskräften aus dem Vorstand und anderen Entscheidungsgremien, das Unternehmen in einem komplexen Geschäftsumfeld vorausschauend durch den Wandel zu navigieren.

Die schnellen Antwortzeiten, hohe Benutzerfreundlichkeit und intuitiven Visualisierungen des digitalen Konferenzraums tragen entscheidend zu der Akzeptanz unter den Führungskräften bei und ermöglichen dabei datengestützte Beschlüsse und Handlungen. Dadurch werden der statische Charakter und die zeitliche Verzögerung des bisherigen Berichtswesens für Führungsgremien wirksam adressiert, die in der Zeit des digitalen Wandels nicht mehr standgemäß sind.

Der Prozess der Einführung des digitalen Konferenzraums muss Bestandteil der unternehmenseigenen digitalen Transformation sein. Dabei sind wichtige Erfolgsfaktoren zu betrachten, wie z. B. eine integrierte Reporting-Lösung, optimierte Geschäftsprozesse bzw. Organisationen, das Vorhandensein von einheitlichen Kennzahlen- bzw. Werttreiberdefinitionen, technische und syntaktische Datenqualität und Performance der analytischen Abfragen.

6 Literaturhinweise

Bliznak/Kandagatla, SAP Digital Boardroom Implementation Checklist, in SAP Community Conversations, Stand: 10.6.2016, https://blogs.sap.com/2015/12/14/sap-digital-boardroom-implementation-checklist/, Abrufdatum 5.12.2016.

Hagedorn, SAP Cloud for Analytics – Reporting, Analyse, Planung und Vorhersage aus einer Hand, in Computerwoche, Stand: 22.4.2016, http://www.computerwoche.de/a/reporting-analyse-planung-und-vorhersage-aus-einer-hand,3227031, Abrufdatum 5.12.2016.

SAP, SAP Cloud for Analytics: In der Cloud entscheiden, direkt handeln. Reporting, Analyse, Planung und Simulation in einer zentralen Lösung, in SAP.com Deutschland, Stand: 5.12.2016, http://go.sap.com/germany/documents/2016/03/c0b4f8ce-647c-0010-82c7-eda71af511fa.html, Abrufdatum 5.12.2016.

Dashboard-Design und Storytelling-Frameworks erleichtern effektives Reporting

- Dashboards sind ein gutes Mittel, um Entscheider zu informieren. Oftmals fehlt in Unternehmen jedoch ein funktionierendes Konzept, wie diese gestaltet werden sollen.
- Durch einfache Usability-Regeln und gutes Information Design lässt sich die Aussagekraft deutlich erhöhen.
- Für die einzelnen Anwendungsbereiche von Dashboards gibt es individuelle Frameworks für eine ideale Empfängerunterstützung.
- In diesem Beitrag werden Empfehlungen gegeben, worauf man als Ersteller von Dashboards achten sollte. Werden diese Regeln befolgt, steigt die Akzeptanz bei den Empfängern, und Entscheidern wird es ermöglicht, bessere Entscheidungen für das Unternehmen zu treffen.

Inhalt | Seite

Die Autoren

Tim Mehlfeld, Management Consultant bei der reportingimpulse GmbH und Spezialist für die Umsetzung von Information Design in Business-Intelligence-Systemen. Er bringt langjährige Erfahrung in der Konzeption und Durchführung von Projekten mit und hält regelmäßig Vorträge auf Messen und Konferenzen. Zudem ist er zertifizierter Projektmanager (gpm/ipma Level D) und Profi für das Anforderungsmanagement (CPRE).

Andreas Wiener, Geschäftsführer bei der reportingimpulse GmbH und Autor des Buches "Visual Business Analytics: Effektiver Zugang zu Daten und Informationen" und zahlreicher Fachartikel zu den Themen Reporting, Information Design und Datenvisualisierung. Er hält regelmäßig Vorträge bei Kongressen, Messen und an Hochschulen. Zudem ist er Verfasser der Visual Business Analytics Studie 2013, die in Kooperation mit dem Fraunhofer-Institut für Graphische Datenverarbeitung veröffentlicht wurde.

1 Definition eines Dashboards

Individuelle und autarke Analyse gewünscht

Dashboards oder auch Management Cockpits sind aus modernen Unternehmen nicht mehr wegzudenken. Entscheider auf allen Ebenen wünschen sich, ihre Zahlen und KPIs (Key Performance Indicators) jederzeit und überall verfügbar zu haben. Sowohl am Arbeitsplatz auf dem großen Bildschirm als auch in Meetings auf dem Tablet oder auf dem Weg ins Büro auf dem Handy. Die Zeiten, in denen die Zahlen und Daten auf endlosen Power Points vorgestellt wurden, sind vorbei. Moderne Entscheider möchten relevante Datensätze individuell und autark sehen und analysieren können. So können sie, sobald ihnen etwas auf- oder einfällt, gezielt die Verantwortlichen ansprechen und Dinge vorantreiben und verbessern.

Dashboards vordenken und abstimmen

Self-Service ist dabei ein Begriff, der immer wieder fällt. Den Entscheidern soll es möglich sein, sich eigenständig und unabhängig Daten zusammenzusuchen und daraus Entscheidungen abzuleiten. In der Praxis schlägt das in vielen Unternehmen fehl. Oftmals sind die Entscheider nicht in der Lage, sich selbstständig aus den komplexen Business-Intelligence-Systemen (BI-Systeme) Relevantes zu erschließen. Zum einen liegt das daran, dass schlicht die Toolkenntnis fehlt und die gewählten Darstellungen die Sachverhalte nicht geeignet widerspiegeln. Um dem entgegenzuwirken, sollten Dashboards für Entscheider vorgedacht und mit ihnen abgestimmt werden. Nur so bekommen sie die Daten in einer für sie sinnvollen und weiterverwertbaren Form.

Unternehmen brauchen ein Dashboard- und Storytelling-Konzept, welches es ihnen ermöglicht, sowohl standardisierte als auch flexible Dashboards nach verbindlichen Regeln zu erstellen. Welche BI-Tools im Unternehmen dafür zur Verfügung stehen, spielt dabei eine untergeordnete Rolle, da die meisten Design- und Storytelling-Regeln generisch sind. Im Folgenden werden einige Empfehlungen gegeben, worauf Ersteller von Dashboards achten sollten. Werden diese Regeln befolgt, steigt die Akzeptanz bei den Empfängern, und Entscheidern wird es ermöglicht, bessere Entscheidungen für das Unternehmen zu treffen.

2 Dashboard-Design und Usability

2.1 Titelkonzept und Nutzerführung durch Icons

Wie auch Comics werden Dashboards von links oben nach rechts unten gelesen (vgl. Abb. 1). Links oben sollten demnach immer die Kerninformationen stehen. Also das, was nötig ist, um den Inhalt des Dashboards auf einen Blick zu erfassen. Besonders gut eignet sich daher ein sog. Titelkonzept, über das jedes Dashboard und jede einzelne Dashboardseite verfügen sollte.

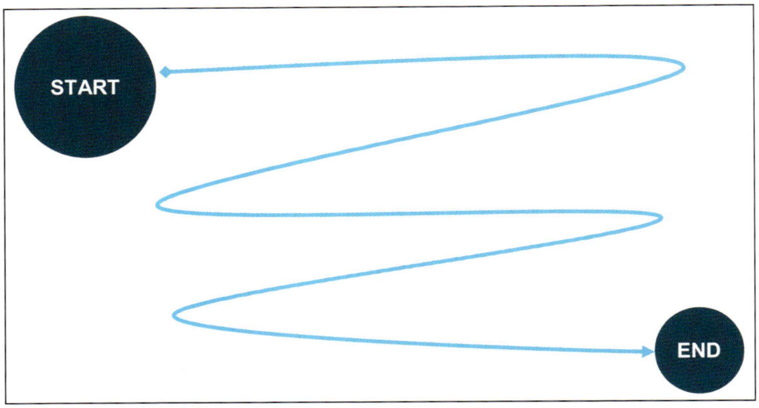

Abb. 1: Leserichtung

Es ist mindestens dreiteilig und besteht aus der Beschreibung des Inhalts (1. Zeile), aus der Nennung der Einheit, in der die Zahlen gezeigt werden (2. Zeile) und dem gezeigten Zeitraum (3. Zeile). Darüber hinaus können noch weitere Zeilen sinnvoll sein, wie z. B. wann das Dashboard ausgeführt wurde oder auch unternehmensspezifische Sonderangaben. Die oben genannten drei Zeilen stellen aber das Minimum dar. Ein Titelkonzept könnte demnach folgendermaßen aussehen:

1. Umsatz pro Standort
2. TEUR, %
3. Januar 2017

Visueller Anker für Entscheider

Der große Vorteil eines Titelkonzepts liegt darin, dass der Empfänger sofort eine Orientierung bekommt und weiß, wie die Diagramme und Tabellen im Dashboard zu lesen sind. Entscheider gewöhnen sich schnell an diese Art der Aufbereitung. Sie bekommen einen visuellen Anker, in dem ihnen schnell aufgezeigt wird, worum es eigentlich geht.

Einheitliche Icons erleichtern Navigation

Um die Usability für Entscheider zu vereinfachen, sollte man sich einmalig auf Icons festlegen, die in allen Dashboards gleich bleiben und immer dieselbe Bedeutung haben. Dadurch wird das Navigieren in Dashboards für den Empfänger deutlich vereinfacht, da er weiß, was passiert, wenn er ein Icon drückt. Gängige Icons, die auf jeden Fall Eingang in ein Dashboard finden sollten, sind in Abb. 2 exemplarisch aufgeführt.

Vor allem die aufgeführten Plus- und Minus-Lupen erfahren große Akzeptanz bei den Empfängern, weil sie wissen, dass diese ihnen Zusatzinformationen zum dargestellten Sachverhalt geben. Sie sind aber nicht zu verwechseln mit Drill-Downs. Drill-Downs sollten ausgelöst werden, indem man auf ein Diagramm bzw. eine Kachel klickt. Der User sollte stets Feedback erhalten, wenn er eine Aktion auslöst (Abb. 3).

ICON	MIT TEXT	NAME	BESCHREIBUNG
	Nein	Home	Direkter Link zurück auf den „Access Point“
	Ja	Bookmark	Das Anlegen eines Favoriten führt zu der Anlage einer Berichtsvariante mit den ausgewählten Filterkriterien und Einstellungen
	Nein	Print	Ermöglicht das Drucken des vorliegenden Berichts
	Nein	Filter anzeigen	Zeigt alle ausgewählten Filter
	Nein	Export	Es wird ein Export nach Excel angestoßen
	Ja	Settings	Über diesen Button werden generelle Optionen gesteuert
	Nein	Help	Hinter dem Button kann sich ein Link zu weiterführenden Informationen befinden oder bspw. direkt die Softwareversion angezeigt werden
	Nein	Return	Der letzte Schritt wird zurück genommen
	Nein	Save	Der Bericht wird im persönlichen Repository abgelegt
	Nein	Pop-up öffnen	Zeigt Zusatzinformationen zu dem jeweiligen Chart
	Nein	Pop-up schließen	Schließt das Pop-Up

Abb. 2: Gängige Menü-Icons

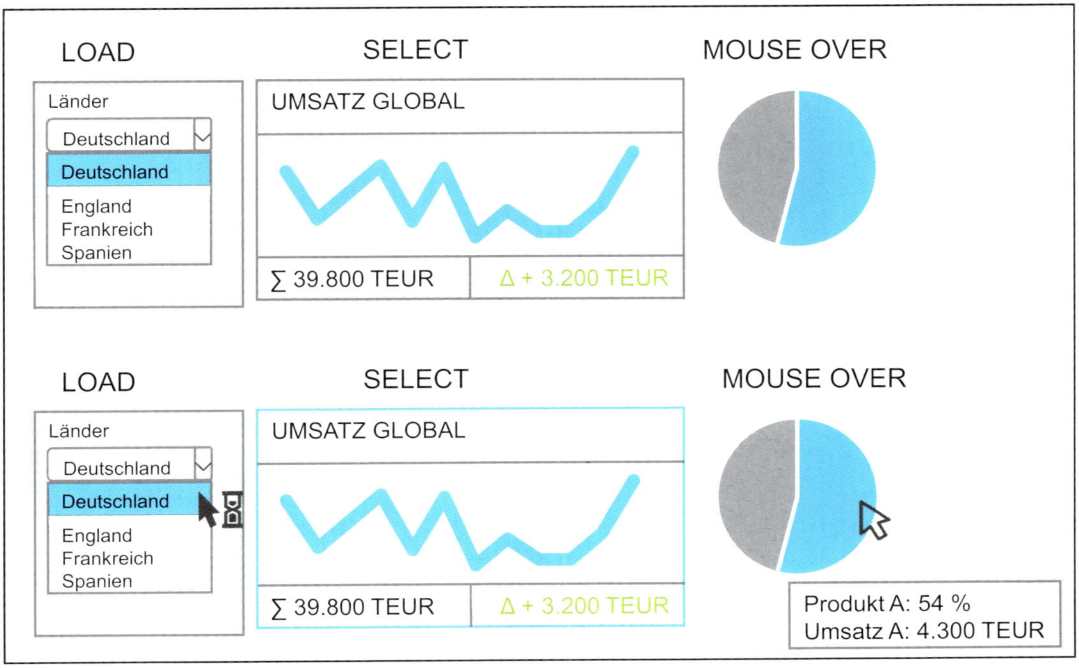

Abb. 3: Feedback durch Mouse-over-Anzeige

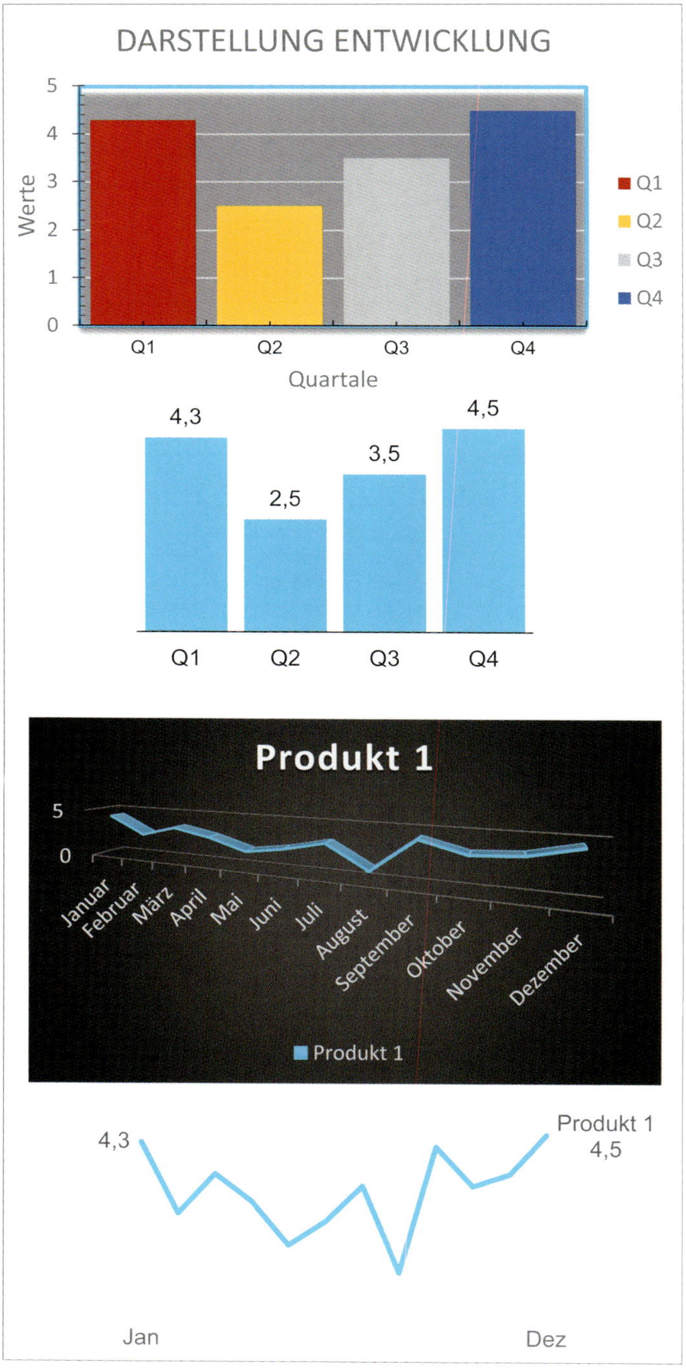

Abb. 4: Information statt Dekoration

Auf Dekoration verzichten

Sind diese Schritte gemeistert, kann der Ersteller sich der Aufbereitung der Daten widmen. Besonders geeignet sind dafür Diagramme und Tabellen, die den Regeln des Information Design folgen. Das bedeutet, dass man in Diagrammen auf 3D, uneinheitliche Farbwahl, Y-Achsen, Hintergründe sowie Legenden verzichtet. Die Leitsprüche von Information Design sind „Weniger ist mehr!“ und „Informieren statt dekorieren!“ (s. Abb. 4).

2.2 Visualisierte Tabellen

Zudem eignen sich sog. visuelle Tabellen sehr gut, um größere Datenmengen zu analysieren. Das Visuelle sind die Abweichungsdiagramme und Microcharts wie in Abb. 5.

Der Vorteil der visuellen Tabelle gegenüber einer herkömmlichen Tabelle besteht darin, dass sofort ersichtlich ist, welche Standorte im Vergleich zum Vorjahr zugelegt haben und welche gesunken sind. Diese werden sowohl in absoluten als auch prozentualen Zahlen gezeigt. Um diese unkompliziert unterscheiden zu können, wurde eine Diagrammnotation als Lesehilfe eingeführt, welche besagt, dass absolute Werte dick dargestellt werden und prozentuale dünn. Darüber hinaus erkennt man auf einen Blick, welcher Standort im Vergleich zum Vorjahr am meisten verloren hat. Die Längen der Balken sind also eine realistische Abbildung der tatsächlichen Verhältnisse.

Die zweite genutzte Visualisierung sind Microcharts. Hier kleine Säulendiagramme, die den Verlauf der letzten zwölf Monate zeigen. So bekommt der Empfänger ein Gefühl dafür, ob es sich beim gezeigten Wert um einen Ausreißer handelt oder sich dieser monatlich konstant verhält. In Dashboards sollten Microcharts stets klickbar sein. Wenn der Empfänger das Diagramm auswählt, wird das Microchart vergrößert dargestellt, um eine genaue Analyse der Daten zu ermöglichen.

Abb. 5: Visuelle Tabellen mit Notation, Kommentierung und Balken-Microcharts

2.3 Mantra der Visualisierung

Ben Shneiderman beschäftigte sich schon in den frühen 1990ern mit der Visualisierung von Daten und fasste die formale Gestaltung einer Visualisierung oder eines Dashboards zu bestimmten Aufgaben zusammen. Dieses Modell ist im Englischen als „Information Seeking Mantra" bekannt geworden. Es beinhaltet die einfachen, kurzen und leicht verständlichen Regeln. (s. Abb. 6).

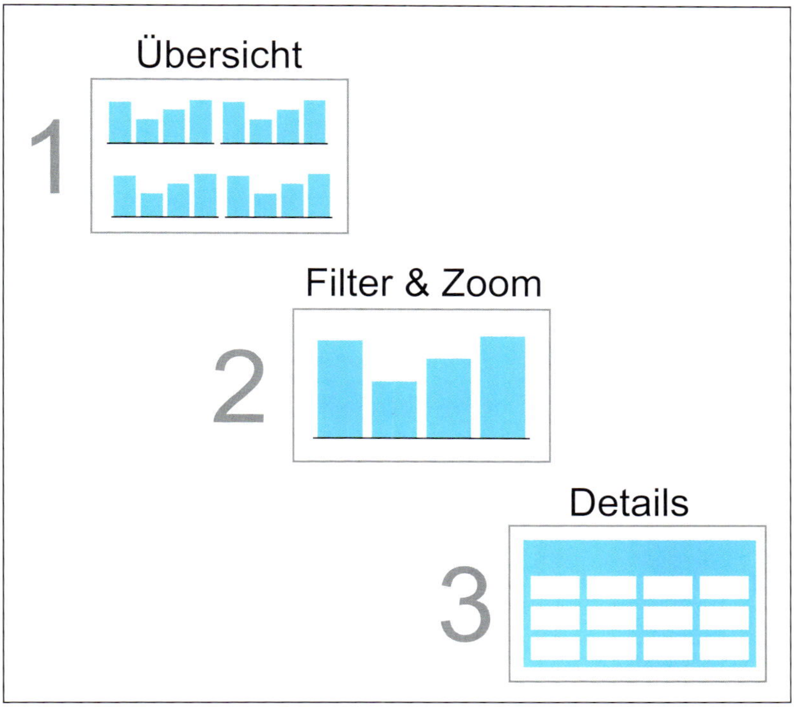

Abb. 6: Mantra der Informationsvisualisierung

Vorteile:

- Schnell verständliches und akzeptiertes Mantra zur Erstellung von Dashboards.
- Prinzipiell versucht sich jeder Ersteller an diesem Konzept zu orientieren.

Nachteile:

- Mantra ist auf hoher Flugebene, ohne Hinweise für operative Empfehlungen zu geben.
- Umsetzung wird meist nicht konsequent durchgehalten.
- Schafft noch keinen Standard fürs Dashboarding.

Wird in der Analyse schon auf einem sehr feingranularen Level gestartet, können die vorhandenen Informationen zum Teil nicht mehr zweifelsfrei in den Gesamtkontext eingeordnet werden. Gewisse Analysen auf strategischer Ebene könnten so verfälscht werden.

Visuelle Vergleichbarkeit gewährleisten

Außerdem sollte in diesem Zusammenhang der Begriff Überblick als „auf einen Blick" interpretiert werden. Scrollbalken sind auf der Überblicksseite eines Dashboards nicht sinnvoll und irreführend. Bei der Analyse eines Dashboards müssen das Auge und das Gehirn in der Lage sein, visuelle Vergleiche zwischen einzelnen Werten bzw. Visualisierungen zu ziehen. Diese visuelle Vergleichbarkeit ist nicht mehr gegeben, wenn sich die Sicht durch einen Scrollbalken verschiebt.

Der zweite Punkt „Biete Zoom- und Filterunktionen an", ist eng mit der Navigation im Dashboard verbunden. Filter im Dashboard sind üblich, um sich verschiedene Datenschichten selbst zuschneiden zu können. Grundsätzlich sind diese Funktionen sinnvoll, sollten jedoch im Dashboard nur sparsam eingesetzt werden. Zum einen dürfen Filterfunktionen nicht viel Raum einnehmen, zum anderen sollte ein Dashboard die interessanten Inhalte einleitend zeigen. Üblich und sinnvoll sind jedoch Zeitfilter, um unterschiedliche Zeiträume prüfen zu können.

Zoom- und Filterfunktionen beschreiben jedoch nicht nur Elemente, die in der Navigation zu finden sind, sondern auch interaktive Elemente im Dashboard. Elemente wie der Drill-Down innerhalb eines Dashboards oder das Highlighten von Werten gehören ebenso zu den angesprochenen Zoom- und Filterfunktionen.

Parameter übernehmen

Das Bereitstellen von Details auf Anfrage kann innerhalb der Dashboardseite geschehen, bspw. durch das Aufklappen eines Detailbereichs in einer Visualisierung, aber auch durch das parametrisierte Abspringen auf eine zweite Seite oder einen zweiten Bericht. Gerade bei letzterem ist es wichtig, dass die Parameter (bspw. Filtereinstellungen) von der ersten Seite übernommen werden, um eine durchgehende visuelle Analyse zu gewährleisten.

3 Storytelling Framework

Um ein sinnvolles und durchgängiges Standardreporting aufsetzen zu können, muss man sich damit beschäftigen, inwieweit eine Kategorisierung bzw. Clusterung von verschiedenen Berichten sinnvoll ist. Im Standardreporting ist dies durch ein sog. Storytelling Framework gegeben.

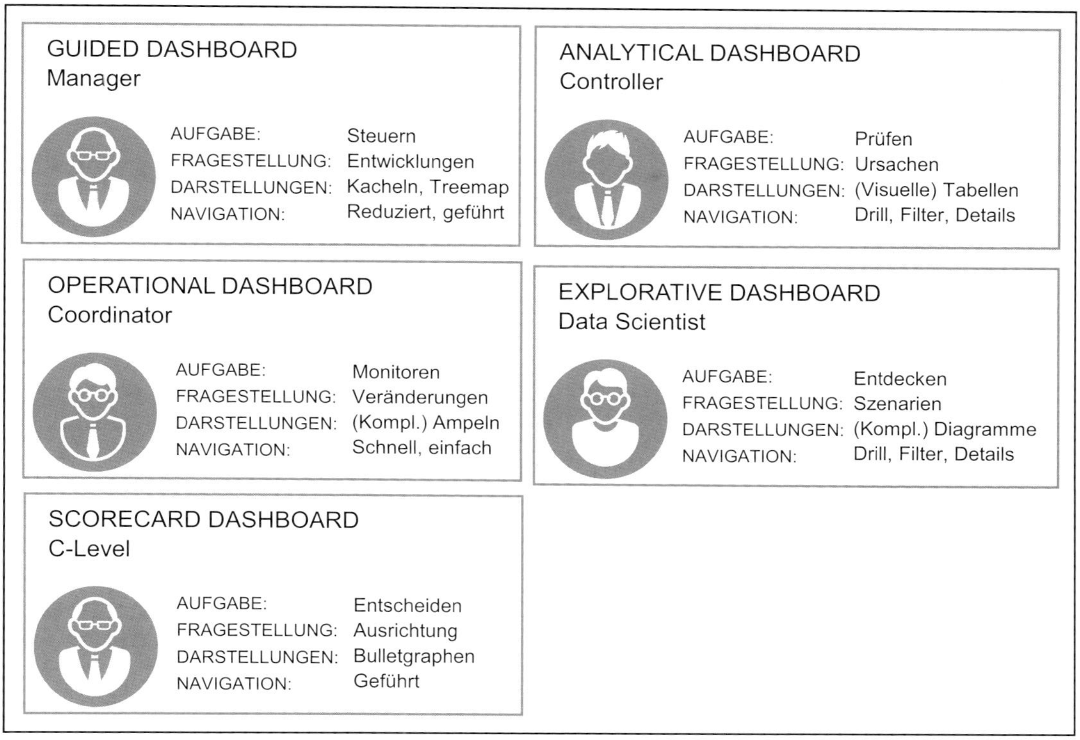

Abb. 7: Storytelling Framework

Das Storytelling Framework bedient sich der Annahme, dass Mitarbeiter in einem Unternehmen verschiedene Rollen einnehmen können bzw. das Bedürfnis haben, verschiedene Sichtweisen auf die Daten zu bekommen. Diese beschreiben den unterschiedlichen Aufbau der Dashboards:

3.1 Guided Dashboard

Ein Guided Dashboard (s. Abb. 8, S. 170) ist, wie der Name schon sagt, stark geführt und lässt dem Nutzer wenig individuellen Analysespielraum. Es gibt keine (bzw. sehr wenige) Filter und der Anteil von Visualisierungen ist hoch. Die Daten werden auf einer grobgranularen Ebene betrachtet und die Analyse fokussiert sich meist auf Entwicklungen. Betrachtet ein Nutzer dieses Dashboard, nimmt er vornehmlich die Manager-Sicht ein und möchte sich einen Überblick in einem fest vorgegebenen Rahmen verschaffen. Für eine tiefgehende Detailanalyse ist dieses Dashboard weniger geeignet.

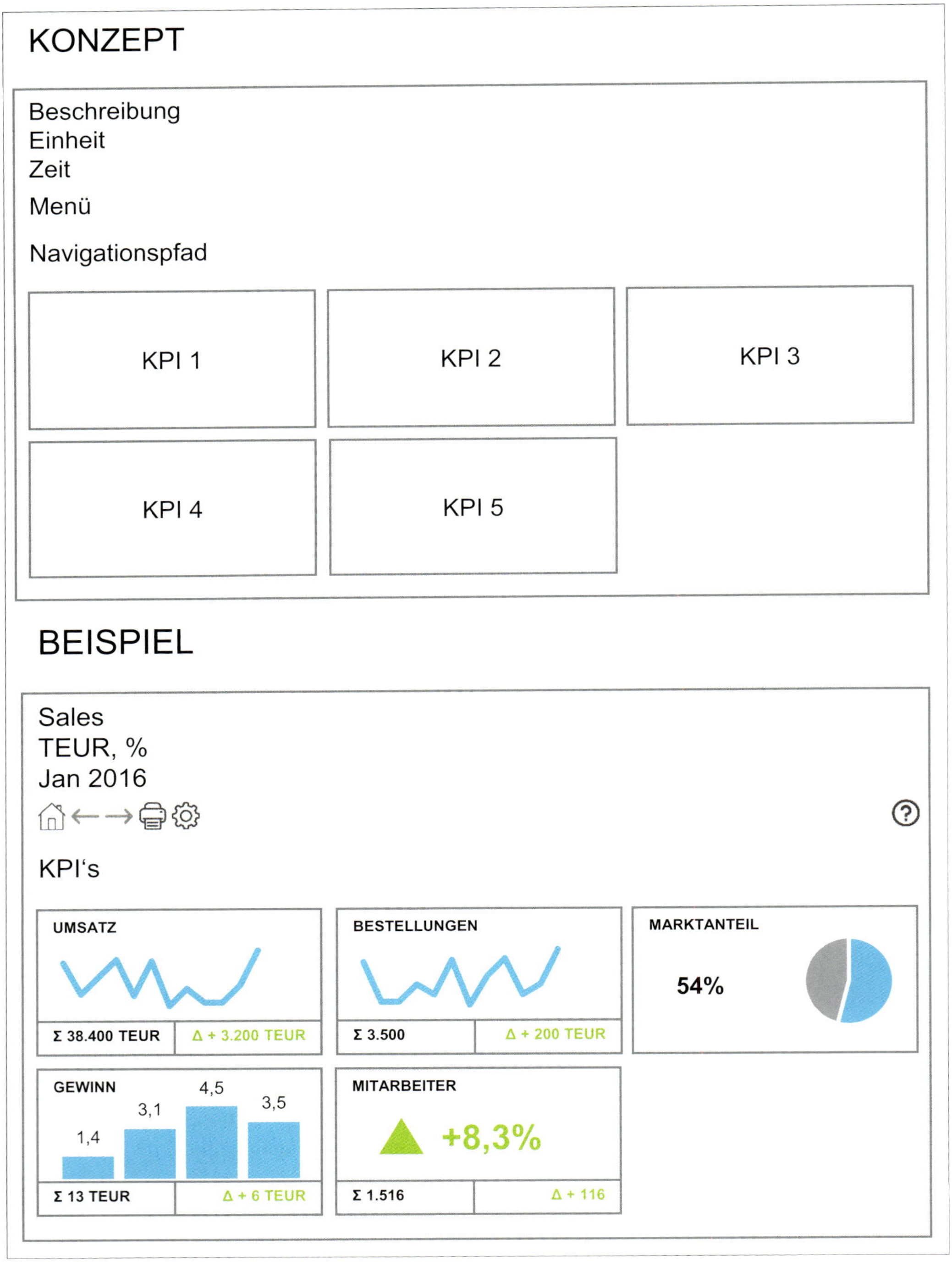

Abb. 8: Aufbau des Guided Dashboard

3.2 Analytical Dashboard

Das Analytical Dashboard (s. Abb. 9, S. 172) sieht den Schwerpunkt in der tiefen Analyse von Daten. Das bedeutet, der Anteil von Visualisierungen ist geringer, Tabellen (mit und ohne visuelle Elemente) werden häufig eingesetzt und es gibt Filter- und Einstellungsmöglichkeiten. Ein typischer Nutzer, bzw. die typische Sicht auf die Daten, ist hier die Controller-Sicht. Der Nutzer sucht nach Ursachen bzw. Gründen für eine bestimmte Entwicklung. Um bspw. Trends genauer analysieren zu können, benötigt er einen höheren Freiheitsgrad in der Analyse.

3.3 Operational Dashboard

Das Operational Dashboard (s. Abb. 10, S. 173) fokussiert klar auf (zeitnahe) Veränderungen. Hiermit werden aktuelle Entwicklungen und Veränderungen verfolgt und kenntlich gemacht. Der Nutzer muss kurzfristig eingreifen, um eine Zustandsveränderung zu beheben. Ein gutes Beispiel hierfür kommt aus dem Produktionscontrolling. Wenn die Leistung einer Maschine stark einbricht, dann sollte dies dem Produktionsleiter oder Maschinenführer schnell und zweifelsfrei kenntlich gemacht werden, um sofortige Gegenmaßnahmen ergreifen zu können. Kennzeichnend für diese Art des Dashboards sind Diagrammtypen wie Ampeln oder eingefärbte Kacheln.

3.4 Explorative Dashboard

Das Explorative Dashboard ist stark verknüpft mit der Berufsbezeichnung des Data Scientists. Möchte man ein paar Millionen (Milliarden) Datensätze gleichzeitig visualisieren und sinnvoll mit ihnen arbeiten, sind andere Visualisierungen und Darstellungsmöglichkeiten gefragt. Das klassische Reporting kann diese nur unzureichend liefern. Entsprechend werden hier sehr komplexe Diagramme verwendet, welche darauf abzielen, in Daten noch unbekannte Verbindungen, Korrelationen oder Anwendungsszenarien zu entdecken. Die Darstellung dieser Daten obliegt an der Stelle weniger dem User, sondern ist anderen Restriktionen unterworfen.

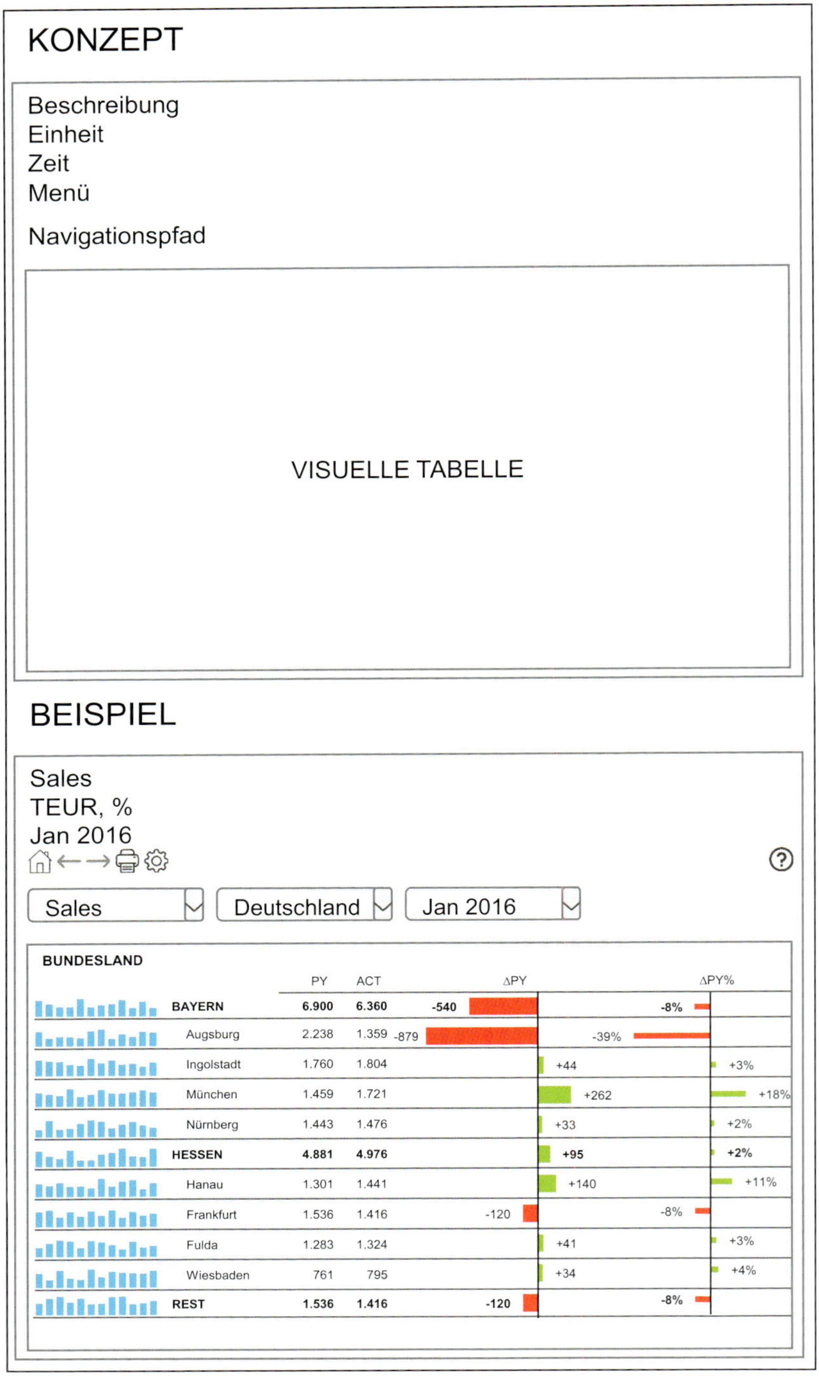

Abb. 9: Aufbau des Analytical Dashboard

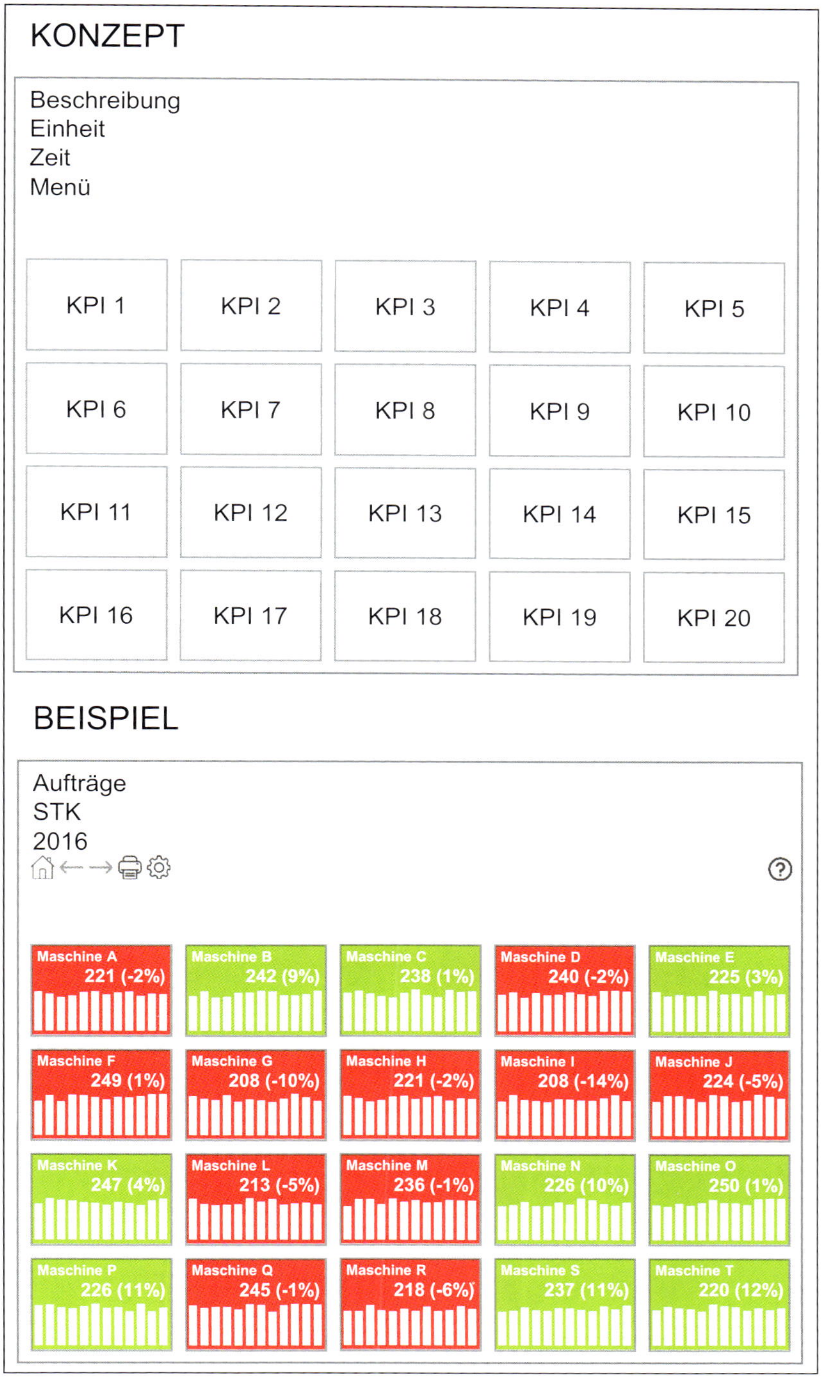

Abb. 10: Aufbau des Operational Dashboard

3.5 Scorecard Dashboard

Dieses Dashboard orientiert sich lose an dem Aufbau einer Balanced Scorecard, um auf einen Blick den Überblick über das Unternehmen zu bekommen. Kennzeichnend für dieses Dashboard ist die Darstellung mit Hilfe von bullet graphs, welche auf die Zielerreichung ausgerichtet sind. Die inhaltliche Quadrantenausgestaltung ist dabei individuell auf den jeweiligen Führungskreis ausgerichtet. Aus diesem Dashboard sollen direkt Maßnahmen für die Ausrichtung des Unternehmens abgeleitet werden können.

Aber neben einfachen Säulen-, Balken- und Liniendiagrammen gibt es auch andere gute Mittel, betriebswirtschaftliche Fragestellungen zu beantworten. So zum Beispiel die leider in Unternehmen noch immer viel zu wenig genutzte Tree Map, die Ben Shneiderman in den 1990ern erfand. Abb. 11 zeigt die Anwendung einer Tree Map am Beispiel einer Baumarktkette.

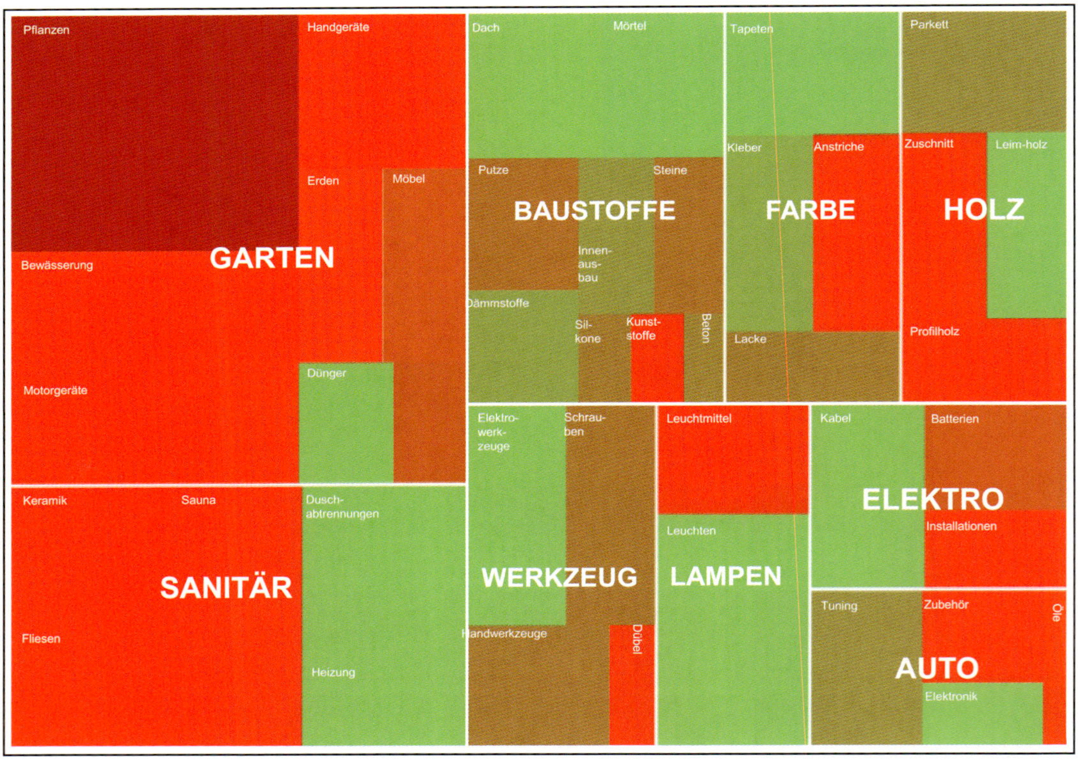

Abb. 11: Beispiel für eine Tree Map

Dargestellt werden die Umsätze pro Segment und Produktsegment mit Abweichung zum Vorjahr. Die Größe der weiß umrandeten Rechtecke zeigt dabei die Größe des Umsatzes am gesamten Umsatz. So sieht man, dass das Segment Garten den größten Anteil am Gesamtumsatz der Baumarktkette hat, während das Segment Auto den kleinsten Anteil darstellt. Die Segmente sind nochmals in Produktgruppen unterteilt. Das Segment Garten hat somit die Produktgruppen Pflanzen, Handgeräte, Bewässerung etc. Auch die Größe dieser Rechtecke zeigt den Anteil am Gesamtumsatz pro Produktgruppe. So wird deutlich, dass „Pflanzen" (links oben in Abb. 11) gemessen am Umsatz die größte Produktgruppe ist. Die Einfärbung zeigt auf, wie der Umsatz im Vergleich zum Vorjahr ist: je „röter" der Wert, umso schlechter – je „grüner", umso besser. Man erkennt demnach, dass das Segment Garten in Gesamtheit deutlich schlechtere Umsätze erzielt als im Vorjahr.

Die Tree Map bietet eine gute Möglichkeit, ohne Zahlen Zusammenhänge in einem Geschäft darzustellen. Dabei muss es sich nicht immer um Umsätze im Vergleich zum Vorjahr handeln. Die Rechtecke könnten auch Kosten abbilden und die Farbigkeiten die Abweichung zum Plan darstellen. Die Tree Map ist ein gutes Instrument, um sich einen Überblick zu verschaffen. Vor allem im Top-Management erfreut sich – nach meist anfänglicher Skepsis – die Tree Map großer Beliebtheit. Aber nochmals zurück zum Beispiel. Dass es ein Problem mit den Umsätzen im Segment Garten gibt, ist schnell zu sehen, ebenso dass die Produktgruppe Pflanzen daran schuld ist. Jetzt kann man in die weitere Analyse einsteigen und sich die Produktgruppe Pflanzen genauer anschauen. Man klickt (Drill-Down) auf den Bereich Pflanzen und bekommt eine andere Ansicht, die Details und nunmehr auch Zahlen beinhaltet.

4 Tipps für die Entwicklung von Dashboards und Reports

Gerade heute, wo in vielen Unternehmen agiles Projektvorgehen zum Standard geworden ist, erfolgt in vielen Fällen ein Bruch mit der Vorgehensweise, wenn es um die Entwicklung geht. Die Erfahrung zeigt, dass sich viele Kunden und auch Beratungen in ein starres Konzept zwingen lassen, was die Entwicklung von effektiven Dashboards erschwert oder sogar unmöglich macht.

Das sog. „Rapid Prototyping", was man eher aus der industriellen Entwicklung kennt, kann man sehr gut adaptieren, um einen am End User ausgerichteten Entwicklungsprozess zu etablieren. Die Projekterfahrung zeigt, dass ein wasserfallartiges Vorgehen nicht zu empfehlen ist. Natürlich sollten im Vorfeld Anforderungsdokumente erstellt werden, jedoch kann bspw. auf eine komplette Mock-up-Erstellung in PowerPoint verzichtet werden. Die modernen BI-Tools eignen sich alle, um schnell Prototypen zu erstellen. So können die vorher erstellten Konzepte bestätigt und die nachgelagerten Projektphasen vorbereitet werden. Durch die erste, schnelle Umsetzung kann die Akzeptanz im Fachbereich entsprechend schnell erhöht werden. Ein Dashboard sollte somit möglichst in einer frühen Version bereits dem Fachbereich präsentiert oder gemeinsam mit ihnen entwickelt werden. Anmerkungen oder Änderungen fließen damit schnell zurück in die Entwicklung und anschließend kann die optimierte Version wieder geprüft werden. Wichtig ist bei dieser „rapiden" Vorgehensweise, dass auch der Fachbereich entsprechend vorbereitet wird. Natürlich erfordert diese Art der Entwicklung ein größeres Engagement der handelnden Personen und mehrere kurze Abstimmungsrunden bis schlussendlich eine Abnahme erfolgt. Interessant ist, dass diese schnelle Prototypenerstellung auch auf das Datenmodell bzw. auf das Zusammenspiel zwischen Datenmodell und Reporterstellung ausgeweitet werden kann. Um schnell in die Entwicklung der Berichte einsteigen zu können, müssen die entsprechenden Dimensionen und Kennzahlen bereitgestellt werden. Auch hier sollte man darauf achten, eine kleinteilige Arbeit grundsätzlich zu ermöglichen. Die Releasezyklen müssen entsprechend angepasst werden. Rapide Entwicklung im Bereich Reporting bedingt also auch eine rapide Entwicklung bei der Entwicklung des Datenmodells. Andernfalls bremsen diese sich gegenseitig aus.

5 Fazit

Dashboards sind ein gutes Mittel, um Entscheider zu informieren. Oftmals fehlt in Unternehmen jedoch ein funktionierendes Konzept, wie diese gestaltet werden sollen. Durch einfache Usability-Regeln und gutes Information Design lässt sich die Aussagekraft deutlich erhöhen. Unternehmen sollten sich daran orientieren, was sie für gute Entscheidungen brauchen und nicht daran, was ihnen ein Business Intelligence Werkzeug bietet oder nicht. Zudem müssen Rollen definiert und ein Storytelling Framework aufgesetzt werden. Dies erleichtert die Anforderungsaufnahme und das anschließende Erstellen. Entscheidern und Erstellern von Dashboards wird das Arbeiten dadurch deutlich erleichtert.

6 Literaturverzeichnis

Boehm, Software Engineering Economics, 1981.

Cairo, The Functional Art, 2013.

Few, The Surest Path to Visual Discovery, http://www.b-eye-network.com/view/2674, 11.4.2006, Abrufdatum 19.1.2016.

Few, The Chartjunk Debate – A close Examination of Recent Findings, https://www.perceptualedge.com/articles/visual_business_intelligence/the_chartjunk_debate.pdf, Abrufdatum 19.1.2016.

Few, Information Dashboard Design – Displaying data for at-a-glance monitoring, 2013.

Kohlhammer/Proff/Wiener, Visual Business Analytics – Effektiver Zugang zu Daten und Informationen, 2013.

Nussbaumer Knaflic, Storytelling with Data – a data visualization guide for business professionals, 2015.

Shneiderman, The Eyes Have It: A Task by Data Type Taxonomy for Information Visualizations, in Proceedings of the 1996 IEEE Symposium of Visual Languages, 1996, S. 336–343.

Tufte, The Visual Display of Quantitative Information, 1983.

Reporting: Neue Anforderungen im Gesundheitswesen durch die Digitalisierung

- Reha-Kliniken sind moderne Gesundheitsdienstleister, die Patienten und Gäste rund um die Uhr auf hohem qualitativen Niveau betreuen – medizinisch, therapeutisch und nicht zuletzt auch als großer „Hotelbetrieb". Die hohen Anforderungen der Kunden und Kostenträger an die Qualität der Behandlungen sind heute ohne ein modernes Reporting undenkbar.
- Am Beispiel der Fachklinik Bad Bentheim wird aufgezeigt, wie zunächst eine Self-Service-Analytics-Lösung eingeführt und diese kontinuierlich an neue Controlling-Anforderungen der Klinik angepasst wird.
- Neben dem klassischen Controlling mit retrospektiven Ansatz sind heute für eine operative Steuerung einer Klinik aktuelle und mobile Reports unverzichtbar. Management und Team werden nach Rechten und Rolle gezielte Informationen zur Entscheidungsunterstützung bereitgestellt.
- Das Zusammenspiel von „klassischem" Controlling mit hochaktuellen Dashboards ist ein Beispiel für die gelungene digitale Transformation auf dem Weg zu Reha 4.0.

Inhalt Seite

Die Autoren

Bernhard Bergmann, Verwaltungsdirektor der Fachklinik Bad Bentheim (Thermalsole- und Schwefelbad Bentheim GmbH), zuständig für das operative Geschäft, das Controlling und die Unternehmensentwicklung.

Werner Keen, Zuständig für die IT-Systeme der Fachklinik Bad Bentheim sowie Koordinator des Klinik-Informations-Systems (KIS).

Dr. Matthias Nagel, Managing Director der Simba n^3 GmbH. Als Data Scientist verfügt er über jahrzehntelange Erfahrung in der Analyse von Massendaten.

1 Digitalisierung und Reporting im Gesundheitswesen

Digitalisierung prägt rund um den Globus nachhaltig auch das Gesundheitswesen. Trotz des zu erwartenden hohen Nutzens für die Patienten besteht in Deutschland dagegen ein erheblicher Nachholbedarf. Warum das so ist, versteht man, wenn man sich die Strukturen im deutschen Gesundheitswesen betrachtet. Selbstverwaltung und Korporatismus, das Monopol der Kassenärztlichen Vereinigungen und die zersplitterten Strukturen in der gesundheitlichen Versorgung sind noch ein Erbe Bismarcks und lassen sich bis zur Sozialpolitik im deutschen Kaiserreich zurückverfolgen. Der Ex-CTO von IBM, Gunter Dueck, spricht in einem Vortrag den Innovationsstau an.[1]

Digitalisierung im Reha-Bereich

Wie trotz der regulatorischen Bedingungen im Gesundheitswesen schrittweise wichtige operative Reha-Prozesse digitalisiert werden können, soll an konkreten Anwendungsbeispielen aus der Fachklinik Bad Bentheim gezeigt werden. Neben dem digitalen Reporting hat die Klinik mittelfristig „Reha 4.0" als Ziel.

1.1 Praxisbeispiel Fachklinik Bad Bentheim

Im Thermalsole- und Schwefelbad Bentheim arbeiten Mediziner und Fachpersonal fachübergreifend mit medizinischen und therapeutischen Behandlungen und moderner Technik für das Wohlbefinden der Patienten. Die Fachklinik Bad Bentheim verfügt über 450 Betten für stationäre Reha-Maßnahmen in den Fachbereichen Dermatologie, Orthopädie, Rheumatologie und Kardiologie, für die auch AHB[2]-Anerkennungen vorliegen.

Die Fachklinik Bad Bentheim arbeitet mit fast allen Rentenversicherungsträgern, Krankenkassen und Berufsgenossenschaften in Deutschland als Kostenträger zusammen. 68 Akutbetten stehen für die Durchführung von akut-stationären dermatologischen Behandlungen zur Verfügung, weitere 80 Plätze für die Durchführung von teilstationären Reha-Maßnahmen.

Die Klinik betreut so jährlich ca. 8.000 stationäre und 4.000 ambulante Patienten. Die Fachklinik Bad Bentheim betreibt außerdem die Bentheimer Mineraltherme mit zwei Sole-Schwimm- bzw. Therapie-Bädern sowie einem großen Außenbad mit Saunalandschaft mit täglich ca. 1.000 Besuchern.

Eine Reha-Klinik dieser Größenordnung agiert, bedingt durch ihre Leistungsvielfalt und ganz unterschiedliche Vergütungsmodelle, in einem stark

---

1 Hauptstadtkongress 2015, Eröffnungsvortrag Prof. Dr. Gunter Dueck am 10.06.2015, https://www.youtube.com/watch?v=iHy9WdY48TU, Abrufdatum 23.1.2017.

2 Anschlussheilbehandlung.

regulierten Gesundheitsmarkt. Das stellt die wirtschaftliche Führung und das operative Management vor vielfältigste Herausforderungen an die strategische Aufstellung des Unternehmens im Gesundheitsmarkt.

1.2 Unterschiedlichste Herausforderungen im Controlling

Die – nicht ganz ernst gemeinte – Abb. 1 soll zeigen, dass für das operative Management einer Klinik täglich eine Vielzahl von mehr oder weniger wichtigen Entscheidungen zu treffen sind. Dafür bedarf es einer soliden Entscheidungsgrundlage, für die das Controlling Zahlen und Fakten liefern muss, und das nicht erst in einer Woche oder einigen Tagen, sondern sofort.

Eine Herausforderung ist das Vergütungs- und Qualitätssicherungssystem, auf das kurz eingegangen werden soll.

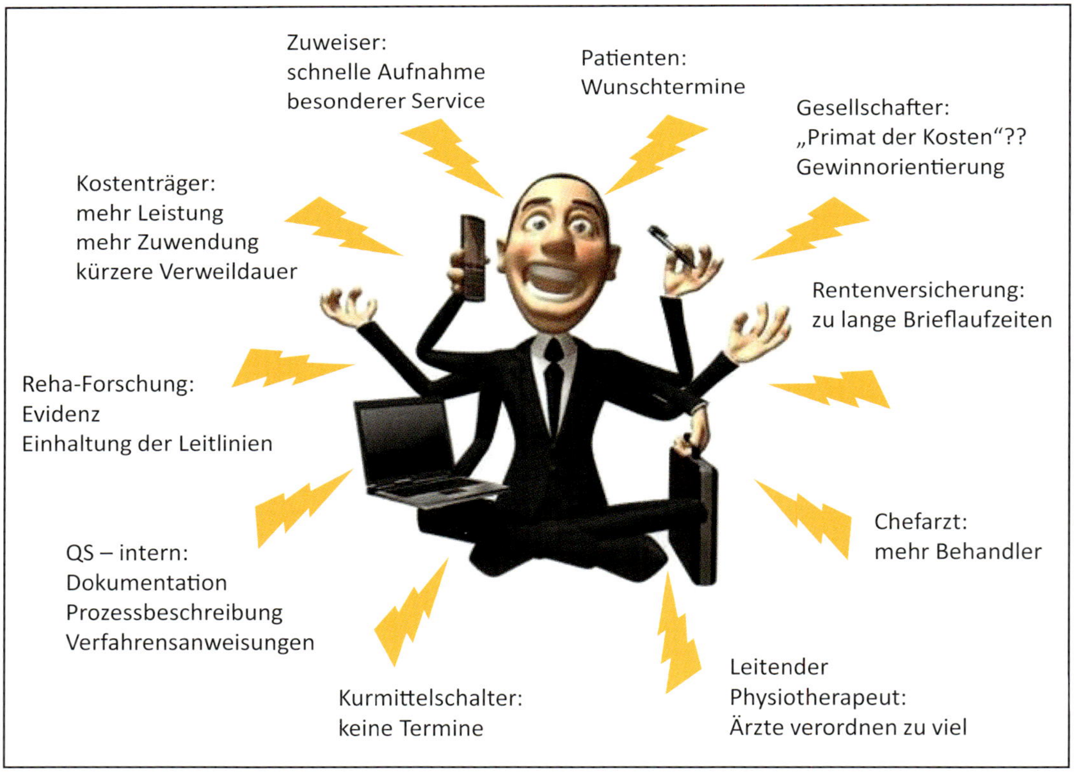

Abb. 1: Herausforderungen für das Management von Reha-Kliniken

1.3 Reha-Vergütungssystem bestimmt die Erlöse

Fallpauschalen vs. tagesgleiche Pflegesätze

Zwischen stationärer Akutversorgung und medizinischer Rehabilitation gibt es in den Vergütungssystemen gravierende Unterschiede, was erhebliche Auswirkungen auf die Unternehmenssteuerung hat. Bei Akutkliniken erfolgt die Vergütung über Fallpauschalen. Reha-Kliniken werden über einrichtungsspezifische, vollpauschalisierte tagesgleiche Pflegesätze vergütet, die unabhängig von der Fallschwere sind. Dabei handelt es sich um Verhandlungspreise. Mit den tagesgleichen Pflegesätzen sind Unterbringung, Verpflegung, ärztliche Betreuung, Pflegedienst/Therapien und die Fall-Organisation (z. B. Aufwände des Schreibsekretariats) vollständig abzudecken. Die einzelnen Leistungen der Reha-Klinik werden durch KTL-Klassifikation therapeutischer Leistungen im Entlassbericht dokumentiert.

Qualitätssicherungsprogramm für den Reha-Bereich

Da sich Reha-Kliniken bei identischer Indikation teilweise deutlich in den verabreichten Leistungen unterscheiden, hat die Deutsche Rentenversicherung Bund ein Qualitätssicherungsprogramm mit Therapiestandards als Instrument der Transparenz installiert. Diese Leitlinien für den Reha-Prozess ermöglichen die Erfassung der Prozessqualität und die empirische Überprüfung der Versorgungspraxis.

Evidenzbasierte Therapiemodule

Kernstücke sind evidenzbasierte Therapiemodule (ETM), die Mindestanforderungen an die Durchführung der Rehabilitation durch Vorgabe therapeutischer Inhalte und formaler Ausgestaltung (Mindestdauer und Mindesthäufigkeit von KTL-Leistungseinheiten) definieren. Das spezifische Zuweisungsverfahren der Kostenträger verhindert eine unkontrollierte Fallzahlsteigerung. Zusätzlich verhindern Reha-Budgets der Rentenversicherungsträger einen ungeplanten Kostenanstieg.

2 Aufbau eines digitalen Reha-Reportings

Das führende IT-System jeder Reha-Klinik ist das Krankenhausinformationssystem. Im Reha-KIS werden u. a. die für den Patienten erbrachten Leistungen erfasst, Fälle dokumentiert (elektronische Fallakte) und die Vergabe der Leistungen organisiert. Neben dem Reha-KIS gibt es noch eine Vielzahl weiterer IT-Systeme, von denen Informationen für eine Kliniksteuerung benötigt werden.

Für deren Integration und ein umfassendes, bedarfsgerechtes Reporting ist das Reha-KIS nicht ausgelegt. Das Reporting erfolgt wie in vielen anderen Unternehmen auch über Export von Daten aus den Systemen und anschließende manuelle Verarbeitung über Excel. Ein Großteil der Arbeit des Controllers ist reine Datenaufbereitung und händische Verarbeitung. Damit ist auch die Auswahl der Daten subjektiv.

2.1 Automatisierung, Data Warehouse, Datenqualität

Für objektive tagesaktuelle Aussagen und Ad hoc-Fragen ist daher eine Automatisierung unerlässlich. In enger Abstimmung zwischen Management und IT der Fachklinik Bad Bentheim mit Data Scientist von n^3 wurde 2009 ein Data Warehouse für die Klinik konzipiert, das auch künftigen Anforderungen gerecht werden und flexibel erweiterbar sein muss.

Anforderungen an Daten und Datenqualität

Um deutlich mehr Daten als bisher nutzbringend für die Unternehmensentscheidungen heranzuziehen, muss eine einheitliche, konsistente Datenarchitektur aufgebaut werden. Der Aufbau eines solchen „Single Point of Truth (SPOT)“ als „einziger Quell der Wahrheit“ im Unternehmen war von Anfang an eine strategische Aufgabe, gilt es doch zu verhindern, dass unterschiedliche Abteilungen auf verschiedene Datenbestände zugreifen. Die Folge davon wäre die Konfrontation des Managements mit inkonsistenten und suboptimalen Entscheidungsvorschlägen.

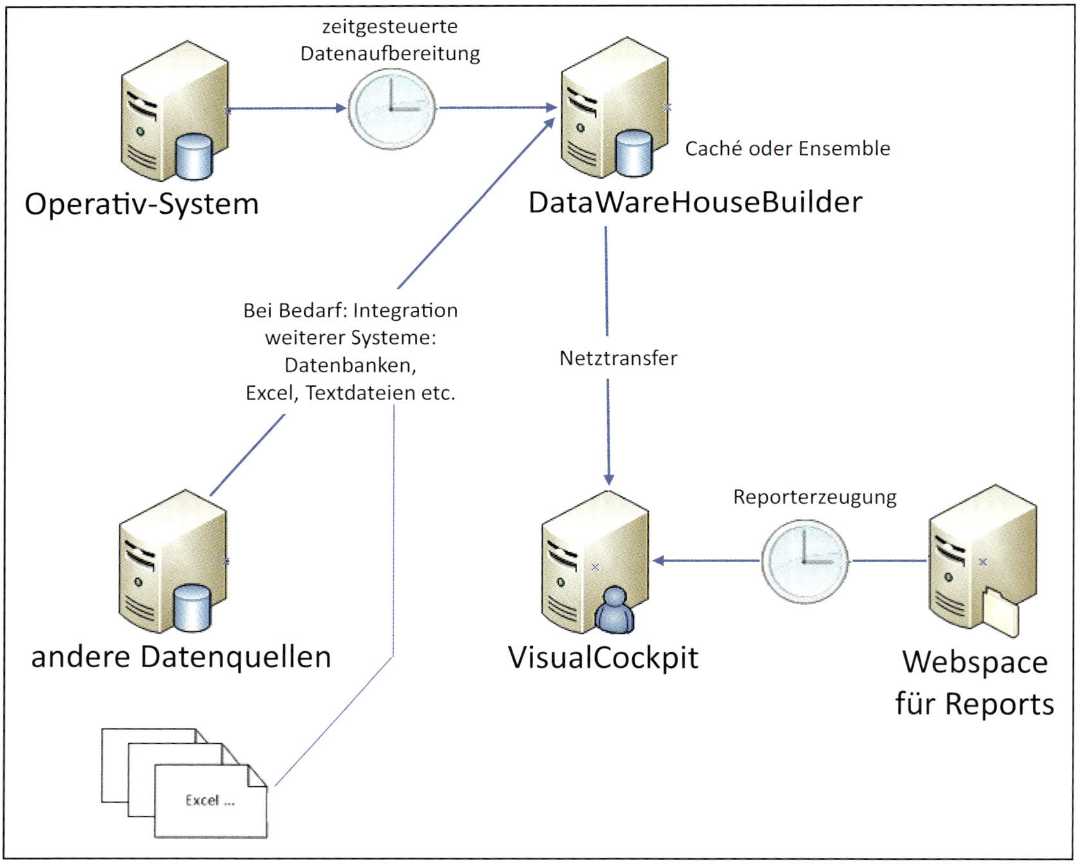

Abb. 2: Schema des Data Warehouse für die Fachklinik Bad Bentheim

Stammdaten-Management

Verlässliche Stamm- und Basisdaten sind eine wichtige Voraussetzung für die angestrebte datengetriebene Unternehmenssteuerung. Sind bspw. Daten für Planungen oder rückwirkende Auswertungen im Unternehmen zu nutzen, müssen Auswertungen – ganz gleich welcher Art – Daten aus identischen Quellen beziehen, damit eine Bewertung überhaupt möglich ist.

All das wurde schrittweise nach Bedarf priorisiert und mit der n^3-eigenen Business-Intelligence-(BI)-Software VisualCockpit und dem DataWarehouseBuilder zu einer für die Fachklinik Bad Bentheim maßgeschneiderten Reha-Lösung umgesetzt (vgl. Abb. 2). Dafür wurden Daten aus operativen Systemen integriert, konsolidiert und die Ergebnisse mit VisualCockpit analysiert und visualisiert.

Einbindung weiterer Datenquellen

Die Controlling-Lösung ist konsequent „Self Service BI“: Anwender können Ad hoc und selbständig Analysen und Reports ohne Programmierung auf Grundlage ihrer Daten erstellen. Die offene Struktur des Data Warehouse erlaubt jederzeit eine Erweiterung des Datenraums durch Einbeziehung weiterer Datenquellen (wie bspw. FiBu, Personalverwaltung, Materialwirtschaft, Hauswirtschaft etc.).

Neben einem klassischen Finanzcontrolling benötigt das Management u.a. auch ein Belegungsmanagement und Wirtschaftlichkeitscontrolling. Damit soll die notwendige Transparenz geschaffen werden, um ständig aktuelle Informationen für die Leitung und die Steuerung der Klinik zur Verfügung zu haben. Dazu werden Controlling und Reporting ständig weiterentwickelt und an aktuelle Bedarfe angepasst.

2.2 Belegungsmanagement und Wirtschaftlichkeitscontrolling

Operative Steuerung einer Reha-Klinik

Das Management benötigt zur Steuerung der Klinik Analysen zur Belegung, da eine möglichst volle Belegung der Reha-Klinik eine wichtige Voraussetzung für ein positives Betriebsergebnis darstellt. Mit dem Belegungsmanagement soll die Einhaltung der mit den Kostenträgern und zuweisenden Krankenhäusern vereinbarten Kontingente überwacht werden. Für Management und Fachabteilungen ist es außerdem wichtig zu wissen, wie sich das Zuweisungsverhalten einzelner Kostenträger und Krankenhäuser im AHB-Bereich entwickelt, wie dies im Vergleich zu den Vorjahren aussieht usw., um daraus bei Bedarf geeignete Maßnahmen abzuleiten – dynamisch nach Abteilung und Indikation. Über den reinen Vorjahresvergleich hinaus sind Hochrechnungen zur Belegung für das laufende Jahr gewünscht.

Eine gute Belegung ist keine hinreichende Erfolgsgarantie. Dafür muss man Kostentreiber und „Cash Cows“ kennen, wofür man die Herstellungskosten der Leistungen für die Reha-Patienten benötigt. Im Reha-KIS werden

Leistungen am Patienten unverzüglich erfasst. Damit kann der Patient als Kostenträger angesehen werden: „Welcher Deckungsbeitrag wird in den einzelnen Fachbereichen nach Indikationsgruppen und Patiententypen erzielt?"

Nach erfolgreicher Umsetzung des Belegungsmanagements wurde deshalb das Wirtschaftlichkeitscontrolling priorisiert und im Data Warehouse mit den zugehörigen Analysen umgesetzt. Auf Grundlage des Data Warehouse mit Zugriff auf FiBu, Personalsystem, Zeiterfassung, Warenwirtschaft und das KIS lassen sich über Umlagen die internen Herstellungskosten schätzen, um diese Werte dann in den einzelnen Analysen zu verwenden. Diese Schätzungen werden dynamisch und regelmäßig neu verprobt und aktualisiert.

Alle dynamischen und interaktiven Analysen und Reports können über ein Portal nach Rechten und Rollen aufgerufen werden.

2.3 Weitere Eigenschaften der Controlling-Lösung

Self Service BI

In Ergänzung zu den vorgegebenen Analysen aus dem Portal können Anwender selbständig, einfach durch „Zusammenklicken", klinik- oder abteilungsspezifische Analysen erstellen, mit Anwendern teilen und dem Portal hinzufügen. Ein Beispiel sind vom Anwender erstellte Analysen zur klinikinternen Qualitätskontrolle. Vor Abreise können Patienten Fragebögen ausfüllen, um alle Bereiche der Rehabilitation mit Schulnoten zu bewerten.

Obwohl in Abb. 3 alle Aufenthalte im gewählten Zeitraum mit der Gesamtnote 1,6 bewertet wurden und sich diese zwischen aufeinanderfolgenden Quartalen sogar noch verbesserte (A, B), geben einige wenige Patienten schlechtere Noten (C). Die Ursachen dafür kann man durch grafisches Zoomen in die schlechten Noten aufdecken. Es handelt sich um ältere Patienten, die u.a. Belastungen beim Fahrradergometer- oder Einzeltraining bemängeln. Durch Analyse kann man Ergebnisse verbessern, wenn man bei den Details ansetzt.

Lösung für ein umfassendes Reha-Reporting

Aus der Zusammenarbeit der Fachklinik mit Data Scientists ist eine maßgeschneiderte Lösung entstanden, die ein Reha-Controlling umfassend abdeckt. Der Finanzbereich ist „klassisch" (Kostenarten-, Kostenstellen-, Kostenträger- und Profit-Centerrechnung), wobei finanzielle Kennzahlen von der Fachklinik Bad Bentheim vorwiegend zur Ergebniskontrolle verwendet werden. Automatisiert stehen Reports zu beliebigen Zeitpunkten für alle Strukturen der Klinik zur Verfügung. Die bislang aufwändige manuelle Erstellung entfällt.

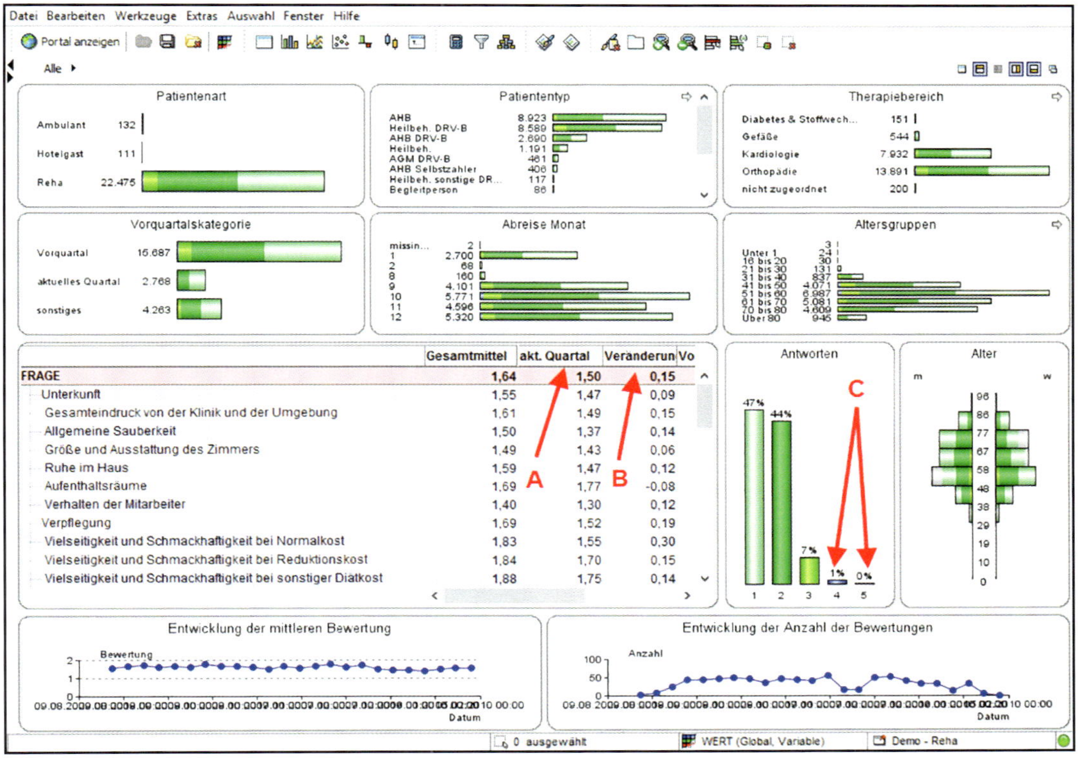

Abb. 3: Self-Service-Analyse zur Auswertung von Patienten-Fragebögen zur Qualität der Kur

3 Ausbau des digitalen Reha-Reporting

Fokus auf operative Unternehmenssteuerung

Nachdem sich die BI-Lösung mit automatisierter Datenaufbereitung und ihrem retrospektiven Ansatz in der Reha-Praxis vielfach bewährt hat,[3] steht für die Fachklinik Bad Bentheim nunmehr die operative Unternehmenssteuerung und Prozessoptimierung im Vordergrund.

3.1 Optimierung von Serviceprozessen

Die Optimierung medizinischer Prozesse ist ein sensibles Thema. So kann z. B. die Verkürzung der Verweildauer bei Akutkliniken ökonomisch zwar interessant sein, aber gleichzeitig durch Fallpauschalen zu Fehlanreizen und einem „Drehtüreffekt“ führen, d. h., Patienten müssen erneut aufgenommen werden. Im Reha-Bereich stellt sich die Frage nach Verweildauerreduzierung als Mittel der internen Kostenreduzierung nicht, weil die Richtwerte der Kostenträger einzuhalten sind.

[3] durch Kooperation mit dem Reha-KIS-Hersteller.

Verbessern lassen sich in Reha-Kliniken aber viele organisatorischen Prozesse, z.B. die Abläufe am Anreisetag (Check-In mit Erfassung aller wichtigen Informationen im Aufnahmebüro, die Aufnahmeuntersuchung und die Verordnung des Behandlungsprogramms), die Disposition der Leistungen sowie die Prozesse rund um die Belegung der Zimmer (Reinigung, Gepäck ins Zimmer bringen).

Hier ist Optimierung gleichbedeutend mit Verbesserung der Betreuung der Reha-Patienten (die z.B. früher mit Anwendungen beginnen können), sie erleichtert dem Personal die Arbeit und spart der Klinik Ressourcen.

Mobile Hauswirtschaftslösung

Der Einstieg in mobile Lösungen erfolgte für die Hauswirtschaft. Bei An- und Abreisen müssen Zimmer für neue Gäste vorbereitet werden. Der Status ist von der Hauswirtschaftsleitung zu kontrollieren, ggf. sind Zimmer zu sperren und Aufträge an Handwerker auszulösen. Vom Reha-KIS ist bekannt, wann Patienten an- und abreisen, eine aktuelle Informationsbereitstellung für Personal und Rezeption ist damit nicht möglich. Anreisende mussten deshalb eine geraume Zeit auf ihr Zimmer warten. Heute erleichtert die mobile Hauswirtschaftslösung die Arbeit von Reinigungs- und Servicekräften und verkürzt deren Wege (bei 16 ha Klinikfläche sind diese nicht zu vernachlässigen). Befindet sich das Personal vor einem Gästehaus, wird auf mobilen Endgeräten angezeigt, in welcher Etage Zimmer aufzubereiten sind. Ist dies erfolgt, wird das Ergebnis mobil an die Hauswirtschaftsleitung übermittelt, die nach Kontrolle die Zimmer für die Rezeption frei gibt, die wiederum die Zimmer sofort an Anreisende vergeben kann, die nicht mehr warten müssen.

Analog lassen sich auch Abreiseprozesse straffen. Für Kostenträger ist ein wichtiges Qualitätskriterium, zeitnah nach Reha-Ende den Arztbrief zur Verfügung zu haben, um Patienten möglichst schnell wieder in den Arbeitsprozess eingliedern zu können. Eine Kennzahl für Dauer von Entlassung bis zum Arztbriefversand wird heute als Report jeder Abteilung und deren Ärzten zur Verfügung gestellt.

Das nächste Optimierungspaket betrifft den Ressourcenbedarf. Dazu werden tagesaktuell die eingesetzten Netto-Personalstunden ins Verhältnis gesetzt zu den in dieser Zeit erbrachten therapeutischen Leistungen. Das tatsächliche Verordnungsverhalten wird aktuell mit den externen und internen Leitlinien abgeglichen. Das soll tagesaktuell als Soll-Ist-Abgleich dargestellt werden.

3.2 Auf dem Weg zu Reporting 4.0 – digital, mobil, agil

Die Controller der Klinik müssen heute nur die richtigen Fragen an die Daten stellen. Organisation und Bereitstellung der Daten erfolgt automatisiert über das Data Warehouse, durch das auch Datenverfügbarkeit und zentrale Data Governance (z.B. „Single Point of truth") geregelt sind.

Mobile KPIs und Dashboards

Nach guten Erfahrungen mit der mobilen Hauswirtschaftslösung werden Reporting-Prozesse so angepasst, dass Fachabteilungen und Ärzten mobil aktuelle Informationen für wichtige operative Prozesse nach Rechten und Rollen bereitgestellt werden. In Ergänzung zu Finanzkennzahlen der BI-Lösung sollen in der Fachklinik Bad Bentheim zukünftig auch tagesaktuelle operative Kennzahlen zur Steuerung eingesetzt werden.

3.2.1 Der Nutzen mobiler Reports

Unterschiede von klassischem und mobilem Reporting

Mobiles Reporting verfolgt andere Ziele als z.B. das Unternehmenscontrolling mit Visual Statistics. Mit Letzterem kann man am Arbeitsplatz regelmäßig Unternehmensdaten in beliebiger Detaillierung analysieren. Mobile Kennzahlen sind überwiegend operativer Natur und betreffen Dinge, die man bei der täglichen Arbeit kennen muss und operativ beeinflussen kann. Ein Beispiel dafür ist die Laufzeit der Arztbriefe als Qualitätskriterium der Kostenträger. Nach Abreisen, bei denen noch kein Arztbrief erstellt wurde, werden die zuständigen Mitarbeiter mobil zunächst erinnert, dann gemahnt.

Oder die aktuelle Auslastung der Abteilungen, erwartete Anreisen in der aktuellen Woche und Folgewochen usw.: Dies zu kennen ist wichtig für die aktuelle Ablaufsteuerung. Nach Einbindung von Personaldaten wird angezeigt, ob z.B. Therapeuten erkrankt sind und zur Absicherung von deren Leistungen in Abteilungen umdisponiert werden muss. Das Management hat bereits beim Betreten des Klinikgeländes einen Überblick, ob das operative Geschäft der Klinik heute wie geplant läuft oder ob ein schnelles Handeln erforderlich wird – bei ständig wachsender Verantwortung eine nicht zu unterschätzende Hilfe.

Reports abholen oder proaktiv Informationen erhalten?

Im Umgang mit mobilen KPIs gibt es unterschiedliche Herangehensweisen. Eine entspricht dem gewohnten Vorgehen des Controllers, der die App startet und sich gezielt Sachverhalte nach Zeit und Abteilung(en) anschaut. Eine andere besteht darin, den Anwender proaktiv zu informieren, wenn bestimmte Ereignisse (oder Werte) vorkommen, auf die er reagieren muss. Auch Geo-Informationen des Aufenthaltsortes des Anwenders (wie bei der mobilen Hauswirtschafslösung) lassen sich für die Filterung nutzen. Alles lässt sich kombinieren. Vorstellbar ist z.B. ein Vor-Ort Termin des Managements in einer Abteilung, bei dem erst automatische die kritischen KPIs angezeigt werden (die die Kollegen der Abteilung auch kennen), um diese zuerst zu diskutieren, um dann auf andere KPIs zu wechseln.

Ein wichtiger Nutzaspekt ist die bequeme Verfügbarkeit von Informationen – überall und immer aktuell. Das ist auch bei Verhandlungen mit

Mobil sind Informationen immer und überall verfügbar

Kostenträgern hilfreich, die bisher einen Informationsvorsprung hatten. Das ist nun vorbei, denn mit mobilen Apps kann man zusätzlich zur Vorbereitung auf Verhandlungen ad hoc Aussagen zu Fallzahlen, Verweildauer, Einhaltung von Therapiestandards usw. bis auf die einzelne Indikation treffen und beliebige Fragen beantworten. Die Verhandlungsposition hat sich damit erheblich verbessert.

Die operative Steuerung über mobile KPIs funktioniert für Fachbereiche und fachbereichsübergreifend in Echtzeit. Die Ergebnisse haben so eine ganz andere Verbreitung als das Controlling in den Diensträumen des Managements. Dadurch wird es möglich, Mitarbeiter in ihrem Verantwortungsbereich durch für sie relevante Echtzeitinformationen in die operative Steuerung einzubeziehen. Das erfordert allerdings, Reports und Analysen als Basis für Mitarbeit und Interaktion für einzelne Empfängergruppen spezifisch anzupassen („Rechte und Rollen").

Erhalten Anwender bereits heute „ihre" KPIs mobil, sollen sie zukünftig bei Abweichungen von „ihren" Vorgaben proaktiv und individuell benachrichtigt werden. Dafür müssen Inhalte unternehmens- und nutzerspezifisch definiert werden – was die größte Herausforderung beim Aufbau des digitalen Controllings darstellt. Denn Steuerung kann nur auf Grundlage fachlich quantifizierter, bedarfsgesteuerter Businessmodelle erfolgen.

Jetzt geht es darum, mit operativen Daten über tagesspezifische Maßnahmen zu entscheiden. Die Unternehmenssteuerung der Klinik wird dadurch zunehmend von Daten getrieben und agil. Heute sind für die Steuerung aus dem Data Warehouse mehr Daten und in viel größerer Detailtiefe erforderlich, als das Reha-KIS bieten kann. Aktuell werden vorrangig Daten aus den unternehmens- und wertschöpfungskettenübergreifenden Prozessen genutzt. Begonnen wurde mit einer Menge von operativen Basis-Kennzahlen, die größtenteils bereits umgesetzt ist. Darüber hinaus sind Erweiterungen der KPIs um andere externe Daten vorgesehen.

3.2.2 Teilautomatisierung der analytischen Wertschöpfungskette

Große Teile der analytischen Wertschöpfungskette, wie Datengewinnung und Datenverwaltung, sind in der Fachklinik Bad Bentheim automatisiert (vgl. den hellrot hinterlegten Bereich in Abb. 4):

Anwender können sich voll auf BI- und Self-Service-Analysen konzentrieren. Es hat sich bewährt, dass durch die mehrjährige Arbeit der Fachklinik Bad Bentheim mit dem dynamischen BI-Werkzeug analytische Fähigkeiten aufgebaut wurden, durch die auch neue fachlichen Fragestellungen vom Team der Klinik korrekt abgebildet werden können.

In dem Schema von Abb. 4 sind bereits die zukünftig immer wichtiger werdenden KI-Algorithmen zum maschinellen Lernen berücksichtigt, die Entscheidungen unterstützen können. Die Architektur des Data Warehouse stellt bereits jetzt Daten dafür bereit – unabhängig davon, dass sich Anwendungen dafür noch in den Köpfen „verstecken".

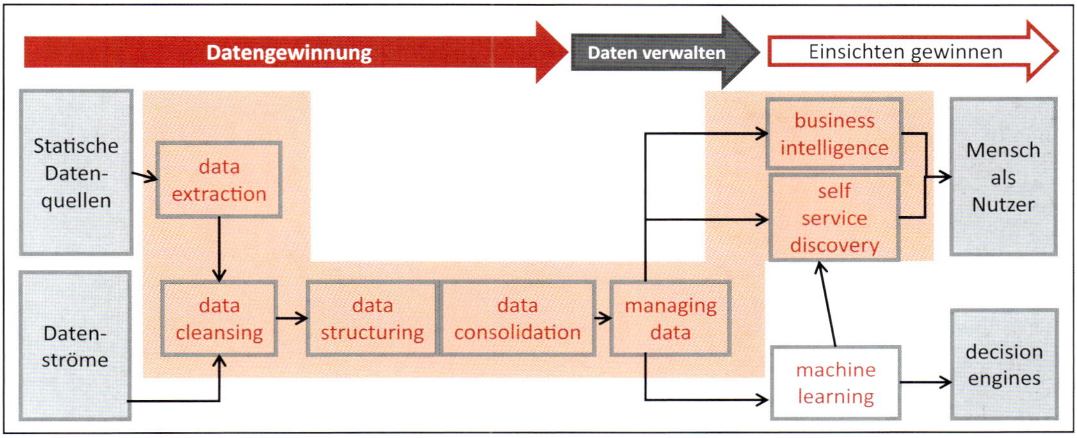

Abb. 4: Mit dem Controlling-Projekt wurden große Teile der analytischen Wertschöpfungskette (rot hinterlegt) automatisiert.[4]

3.3 Informationsdesign

Nutzererlebnis für Anwender

Bei mobilen KPIs ist das Informationsdesign für die Nutzbarkeit der Dashboards und das Nutzererlebnis wichtig. Auf mobilen Geräten hat man nur begrenzt Platz für Informationen, die dazu auf Smartphones und Tablets noch unterschiedlich dargestellt werden (s. Abb. 5). Will man bspw. Werte des aktuellen Jahres zur Belegung mit der des Vorjahres durch zwei Balken vergleichen, kann diese Entwicklung mit dem Smartphone nur noch für die Hälfte der Kennzahlen auf einen Blick erfassen.

Wir haben uns deshalb beim Informationsdesign entschieden, statt zwei nur einen Balken je Kostenträger zu verwenden, dafür aber die Differenz zum Vorjahr farbig darzustellen, vgl. Abb. 5. Die Farbe der Differenz zeigt an, ob unabhängig vom betrachteten Zeitraum das Jahresziel der Belegung noch zu schaffen ist. Für diesen Forecast werden Wahrscheinlichkeitsmodelle verwendet, die uns wichtiger erscheinen als reine vergangenheitsbezogene Abweichungsanalysen.

Wichtig beim Informationsdesign ist, dass Darstellungen, Handling, Farben und Symbole über alle KPIs konsistent bleiben. Und die Verwendung der mobilen Lösungen für Reports darf und soll dem Anwender ruhig auch Spaß machen!

[4] Das Schema ist dem Buch von Dinsmore, „Disruptive Analytics: Charting Your Strategy for Next-Generation Business Analytics", 2016 nachempfunden.

Abb. 5: Informationsdesign für das Belegungsmanagement

4 Ausblick auf Reha 4.0

Durch die Digitalisierung zeichnen sich mehrere Trends ab, die auch für Reha-Kliniken interessant sind. Hier eine Auswahl:

- Beim Berichtswesen vollzieht sich ein Paradigmenwechsel hin zu mobilen Reports und Dashboards.
- Smartphones werden heute auch bei Senioren immer beliebter, so dass bei den 50- bis 64-Jährigen heute bereits 83 % ein Smartphone verwenden.[5]
- Kundenzentrierung und Kundenorientierung spielen in der gesamten Wirtschaft eine immer gewichtigere Rolle, so dass
- der Reha-Patient und dessen Zufriedenheit mit der Behandlung immer stärker ins Zentrum der Betrachtung rückt.

Diese Entwicklungen können und müssen Reha-Kliniken zukünftig verstärkt nutzen und gezielt für ihre Reha-Patienten einsetzen.

- So können dem Patienten bereits vor Anreise Informationen zur Klinik, dem Aufenthalt und dem Ort zur Verfügung gestellt werden.
- Analog können vom Reha-Patient bereits vorab bestimmte, auch medizinische, Informationen an die Klinik übermittelt werden.

[5] https://www.bitkom.org/Presse/Presseinformation/Smartphones-sind-fuer-viele-Senioren-unverzichtbar.html, Abrufdatum 23.1.2017.

- Die Patientenaufnahme lässt sich durch Einsatz von Tablets viel kürzer und kurzweiliger für den Reha-Patienten gestalten.
- Hat der Patient seinen Therapieplan, kann er mobil rechtzeitig an die nächsten Behandlungen erinnert und zu den Behandlungsorten geführt werden, was bei einem größeren Gelände und älteren Gästen durchaus Sinn macht.
- Der Reha-Patient erhält relevante Informationen zu Veranstaltungen etc.
- Consumer-Geräte, bspw. Wearables, und professionelle Medizingeräte werden immer häufiger in Kombination zum Einsatz kommen. Dadurch ist nicht nur eine therapeutische oder diagnostische Momentaufnahme möglich, sondern eine Begleitung des Patienten mit fundierten Informationen über längere Zeiträume.

Dies sind nur einige Beispiele dafür, wie sich eine Reha-Kur zukünftig verändern muss. Das hat ursächlich mit Digitalisierung zu tun und in Analogie zu Industrie 4.0 sind das erste Schritte auf dem Weg zu „Reha 4.0", den die Fachklinik Bad Bentheim durch ihr digitales Controlling bereits begonnen hat.

Kapitel 4: Organisation & IT

BI-Einführung im Mittelstand: Vom statischen Reporting zur aktiven Unternehmenssteuerung

- Auch immer mehr mittelständische Unternehmen ersetzen ihre Excel-basierten Berichte durch komfortablere Business-Intelligence-Lösungen. Dieser Artikel stellt dazu ein Beispiel für eine erfolgreiche BI-Einführung vor.
- Das Unternehmen Klöckner DESMA Elastomertechnik hat sein manuelles Monatsreporting auf ein automatisiertes und sehr flexibles Tagesreporting mit grafischen Dashboards umgestellt.
- Dabei wurde aus dem einfachen Reporting des Produktionsunternehmens schrittweise ein effizientes Instrumentarium zur besseren Steuerung der einzelnen Fachbereiche und des Gesamtunternehmens entwickelt.
- Der Beitrag beschreibt zunächst die Ausgangsituation im Unternehmen sowie die Anforderungen für die Zukunft. Die Beschreibung der neuen Lösung umfasst die Datenextraktion aus ERP, die Erstellung der neuen Berichte und Dashboards sowie deren Nutzung zur besseren Unternehmenssteuerung. Erfahrungen aus dem Projekt und die Vorteile der neuen Lösung runden den Praxisbericht ab.

Inhalt | Seite

Die Autoren

Martin Schürmann, Geschäftsführer der Klöckner DESMA Elastomertechnik GmbH in Fridingen an der Donau.

Mathias Fischer, Geschäftsführer der iXLOG Unternehmensberatung GmbH mit den Schwerpunkten Prozessoptimierung im SAP-Umfeld sowie Entwicklung neuer Produkte und Lösungen mit Jedox Self-Service BI, gekoppelt mit SAP.

Dr. Rolf Gegenmantel, Chief Marketing & Product Officer (CMO) bei dem deutschen Software-Hersteller Jedox AG und verantwortlich für die Bereiche Produktmanagement, Marketing sowie Business Consulting.

1 Das alte Reporting ist nicht mehr zeitgemäß

1.1 Das Unternehmen

Das Unternehmen Klöckner DESMA Elastomertechnik GmbH ist der weltweit führende Technologielieferant von Spritzgussmaschinen und Spezialitäten-Formenbauer für die Kautschuk und Silikon verarbeitende Industrie. Der Maschinenbauer bietet Forschung und Entwicklung, Beratung und Projektierung, Konstruktion und Produktion für Spritzgießtechnik und Werkzeugbau aus einer Hand. Das Unternehmen mit mehr als 500 Mitarbeitern und Mitarbeiterinnen hat seinen Sitz in Fridingen an der Donau und weitere Auslandsstandorte in China, Indien, den USA und der Slowakei.

1.2 Volatilität und Zeitdruck treffen auf Excel

Neue dynamische Anforderungen

Produktionsunternehmen wie DESMA stehen vor immer größeren Herausforderungen, weil die Märkte weltweit instabiler werden. Volatilität ist das zeitgemäße Stichwort. Die Produktlebenszyklen werden kürzer, die Nachfrageschwankungen nehmen zu, die Produktionsänderungen häufen sich und die Unsicherheiten steigen. Unsichere Umsatzerwartungen und sehr kurzfristige Bestellungen und Lieferzeiten sind in vielen Unternehmen zur Normalität geworden. Dem werden die herkömmlichen Reporting- und Steuerungsinstrumente immer weniger gerecht. Es fehlt vor allem an ausreichenden Informationen, an Schnelligkeit und Flexibilität. Um den Umsatz zu sichern und die Qualität sowie Liefertreue weiterhin auf einem hohen Niveau zu halten, müssen Produktionsunternehmen die Vielzahl der Veränderungen frühzeitiger erkennen und kurzfristiger reagieren. Als Voraussetzung für diese größere Flexibilität hat DESMA sein Reporting aktueller und informativer gemacht und zu einem operativen Steuerungsinstrument ausgebaut.

Excel ist noch allgegenwärtig

Das betriebliche Berichtswesen wurde bei DESMA, wie in den meisten Unternehmen, noch mit Tabellenkalkulationsprogrammen durchgeführt. Excel ist in vielen Unternehmen allgegenwärtig, obwohl damit erhebliche Nachteile in Kauf genommen werden müssen. Die größten Mängel bestehen in der Fehleranfälligkeit und dem immensen manuellen Aufwand, der für das Reporting anfällt. Zudem sind Planungsfunktionen stark eingeschränkt, extrem intransparent und Simulationsmöglichkeiten basieren nur auf manuell übertragenen Ist-Zahlen.

Die umständliche und zeitaufwendige Bedienung von Excel sowie eine inkonsistente Datenbasis führen dazu, dass weniger als jede zweite Entscheidung auf einer validen Datenbasis gefällt wird und die Mehrzahl nur auf einem Bauchgefühl basiert. Untersuchungen des BARC-Instituts zeigen, dass spezielle Analyse- und Planungswerkzeuge im Vergleich zu Excel lediglich die Hälfte der Zeit für die Datenbereitstellung und Datenverarbeitung benötigen.

2 Business Intelligence für automatisiertes Reporting

Excel-orientiertes BI-Reporting

Business Intelligence (BI) hat sich als ausgereifte und leistungsfähige Alternative etabliert. BI ist durch Technologien wie In-Memory-Architektur, Web, Mobile und Cloud in den letzten Jahren deutlich leistungsfähiger geworden. Endanwender können mit „Self-Service BI" ihre eigenen Berichte und Datenanalysen erstellen, ohne auf den IT-Support angewiesen zu sein.

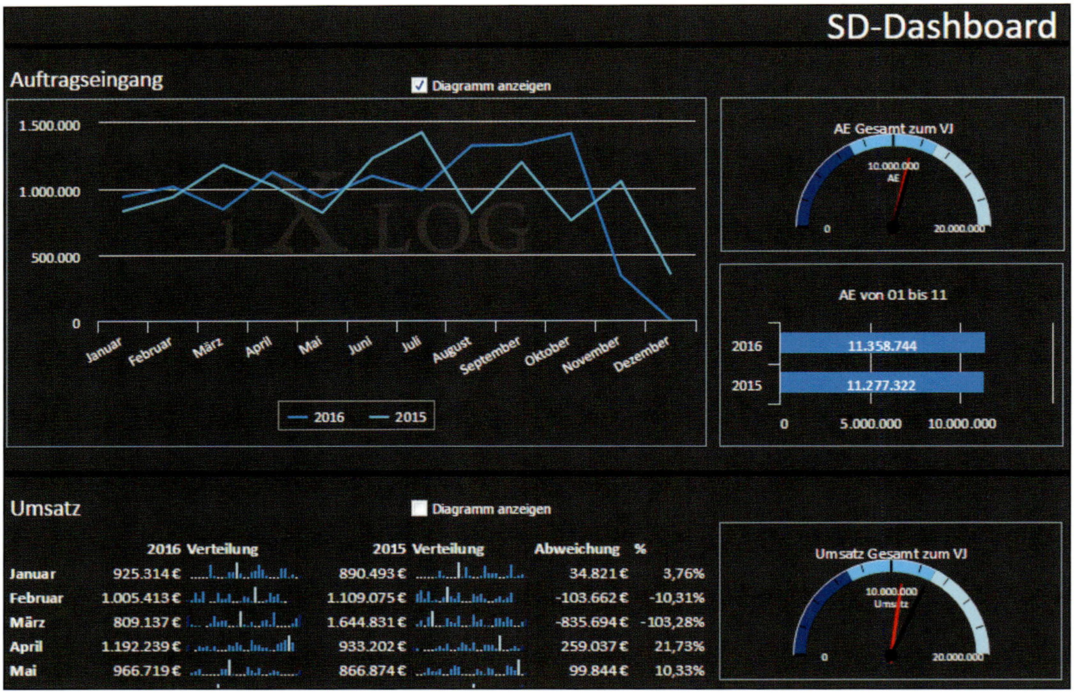

Abb. 1: Automatisiertes Reporting erstellt mit der Jedox-Plattform

Mit einer BI-Lösung wird das Standard-Reporting erheblich flexibler und z.B. als Tages-, Monats- oder als Quartalsreporting automatisiert. Außerdem können Daten aus ERP-Systemen wie SAP ERP mit Informationen aus einer Vielzahl anderen Quellen beliebig verknüpft werden. Die Ergebnisse werden in einem Dashboard grafisch ansprechend aufbereitet.

Bei der Auswahl eines geeigneten BI-Tools hat sich DESMA gemeinsam mit den Spezialisten der iXLOG Unternehmensberatung für die Lösung des deutschen Software-Herstellers Jedox entschieden. Diese BI-Plattform liefert automatisierte Reports und visualisiert die Ergebnisse in individuell anpassbaren Dashboards (s. Abb. 1).

Argumente für BI-Lösung

Für diese Lösung sprachen vor allem der Excel-orientierte Aufbau der BI-Plattform sowie die Verfügbarkeit eines sog. SAP Connectors, mit dem Daten aus SAP zuverlässig exportiert werden können. Als besondere Stärke der Lösung wurde die integrierte Planungskomponente bewertet, die den Ausbau des Reportings zu einem Instrument der Unternehmenssteuerung ermöglichen sollte.

3 Einführung startet in Pilotbereich

Die Geschäftsführung von DESMA wollte mit dem neuen Reporting eine einfache und flexibel erweiterbare Lösung realisieren. Die wichtigsten Datenquellen sollten weiterhin die einzelnen Module des SAP ERP sein. Bei Bedarf können aber auch die Informationen aus anderen ERP-Systemen, aus der Shop-Floor-Steuerung der Produktion, aus Access-Datenbanken oder aus Webservices einbezogen werden.

Schrittweise Einführung des BI-Reportings

Nach den Erfahrungen von iXLOG hat es sich in vielen Projekten bewährt, mit der Einführung einer BI-Lösung zunächst in einem Unternehmensbereich zu starten. Das hat den Vorteil, dass im Unternehmen erste Erfahrungen mit der neuen Technologie gewonnen werden, bei ausgewählten Mitarbeitern Know-how aufgebaut wird und andere Bereiche frühzeitig die Möglichkeiten des neuen Berichtswesens kennenlernen können. Zu den ersten Anwendern gehören typischerweise das Controlling oder, wie bei DESMA mit dem Einkauf, ein Bereich mit größerem Informationsbedarf.

Vor allem bei der Analyse des Einkaufsvolumens und bei der Auswertung der Preisentwicklung war das alte Reporting bisher nicht aussagekräftig genug. Die Informationen waren nicht ausreichend aktuell und die Material- und Warengruppen zu wenig differenziert. So wurden bspw. im Bereich Rohstoffe mehrere Warengruppen zusammengefasst, was eine genauere Analyse der Preisentwicklung verhinderte. Die monatliche Auswertung aller einzelnen Warengruppen wäre mit einem manuellen Reporting aber zu aufwendig gewesen.

4 Daten aus SAP ERP extrahieren

Richtige und fehlerfreie Extraktion der SAP-Daten

Die wichtigste Grundlage für ein aussagekräftiges BI-Reporting bei DESMA war der Aufbau eines geeigneten und passenden Datenmodells. Die Inhalte und die Verknüpfung der Daten orientieren sich daran, was berichtet werden soll, welche Kennzahlen ausgewählt werden und aus welchen Datenquellen die Informationen stammen.

Bei DESMA sind die Daten aus SAP ERP die wichtigste Datenquelle für das Reporting. Die richtige und fehlerfreie Extraktion der Daten ist allerdings genauso komplex wie die Datenstruktur bei SAP. Hier sind viele Informationen über mehrere SAP-Tabellen verteilt, die Tabellen sind oftmals miteinander verknüpft und zusätzlich in unterschiedlichen Hierarchien angeordnet. Ein typisches Beispiel dafür sind das Projektgeschäft bei DESMA und die verzweigte Verkaufsorganisation, was zu sehr unterschiedlichen Datenfundorten und zu einer vielschichtigen Hierarchie führt. Die Logik im SAP-Quellsystem, dessen Aufbau und die Verknüpfungen müssen bei der Datenübernahme exakt berücksichtigt werden.

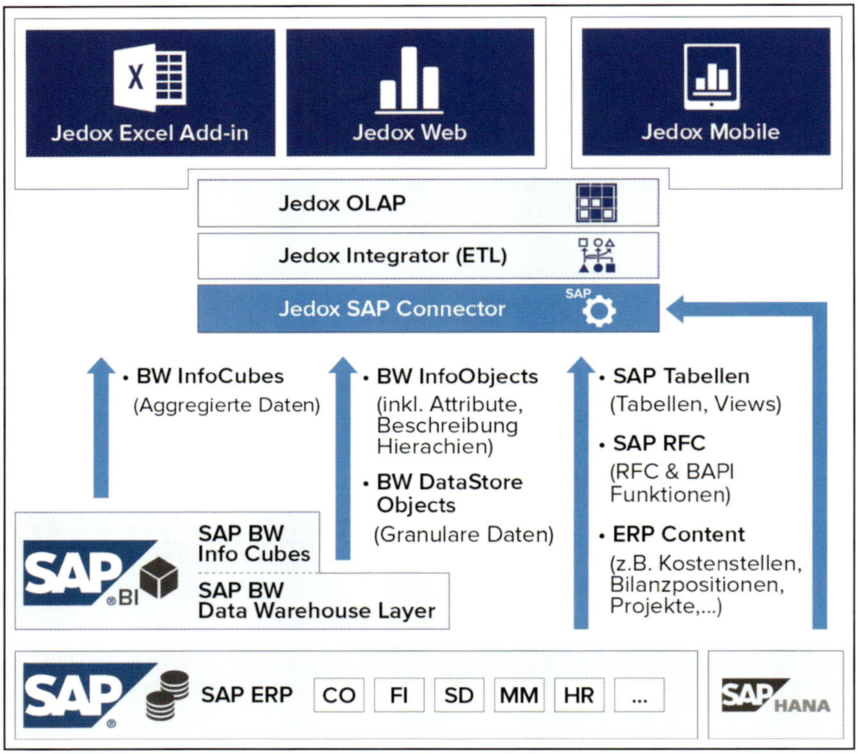

Abb. 2: SAP Connector steuert den Datenaustausch zwischen ERP und BI

SAP Connector als Standardwerkzeug

Für diese Anforderung stand bei DESMA der Export von CSV-Dateien oder die Nutzung des Jedox SAP Connectors zur Auswahl. Der SAP Connector ist ein Standardwerkzeug, um SAP-Daten zu exportieren, anschließend zu bearbeiten und wieder zurückzuschreiben (Writeback). Es nutzt dafür vordefinierte Extraktionstypen zum automatisierten Laden von Stammdaten, inklusive Hierarchien und Attributen, wie

Name und Bezeichnung (z.B. Bilanz und GuV-Struktur, Kostenstellen und -arten usw.). Des Weiteren sind jede SAP-Tabelle, jeder View und jeder RFC-fähige Funktionsbaustein extrahierbar. Neben SAP ERP, SAP BI/BW und SAP HANA stehen auch Lösungen für andere ERP-Systeme zur Verfügung.

DESMA hat sich für das Werkzeug SAP Connector entschieden, da hier die Kosten des Datenexports aus SAP geringer sind und die Datenqualität höher ist. Der gesamte Extraktionsprozess wird in einem grafischen Web-Frontend durchgeführt und erfordert keine ABAP- oder sonstige Programmierkenntnisse.

5 Der ETL-Prozess (Extract, Transform, Load)

ETL-Prozess ohne Programmierkenntnisse

Die Aufbereitung der Daten erfolgt in dem BI-System im sog. ETL-Prozess (Extract, Transform, Load). Nach dem Auslesen der Daten aus SAP mithilfe des SAP Connectors (Extract) geht es im nächsten Schritt darum, die Daten für eine Zieldatenbank in das richtige Format umzuwandeln (Transform), zu speichern und für die Auswertung in einen Datenwürfel zu laden (Load).

Beispiel: Kundenstammsatz im ETL-Prozess

So müssen bspw. für einen Kundenstammsatz aus SAP neben der Kundennummer auch die zugeordneten Texte und die Attribute berücksichtigt werden. Die Komplexität beginnt bei der Hierarchie, da Kunden einzelnen Branchen, Verkaufsbezirken, Ländern sowie Vertriebsverantwortlichen zugeordnet sind. Zusätzlich sind Kundenhierarchien oder verbundene Unternehmen zu berücksichtigen. Jede dieser Dimensionen wird im Datenmodell und beim Datenwürfel berücksichtigt, um bei der Analyse selektiert werden zu können. Unter Jedox werden die gewünschten Informationen mithilfe einer grafischen Oberfläche ausgewählt und in einen Datenwürfel geladen. Abb. 3 zeigt die Verbindungen ins SAP-Quellsystem, welche Daten extrahiert, transformiert und geladen werden, die Zieldatenbank und welche Dimension erzeugt werden.

Vorkonfigurierte Datenintegrationsprojekte

Um die Einstiegshürden in ein BI-Reporting möglichst gering zu halten, liegen mit „BI Ready to Run“ (iXLOG) bzw. „Jedox SAP Kickstart“ vorkonfigurierte Datenintegrationsprojekte vor. DESMA hat diesen Best-Practice-Ansatz gewählt, da die Daten-Extraktion aus SAP, die Logiktransformation und die Integration in Jedox sowie fertige Reports bereits als Beispiele nutzbar waren.

Im nächsten Schritt wird der gewünschte Report in einer Web-Oberfläche angelegt. Dazu können vorkonfigurierte Muster-Reports an die eigenen Bedürfnisse angepasst oder völlig eigene Berichte erstellt werden. Anwender können auf einen zentralen Datenstamm („Single point of truth") sowie hinterlegte Berichte zugreifen, diese bearbeiten und in Echtzeit anzeigen lassen. Die Excel-nahe Oberfläche der webbasierten Software erleichtert Anwendern den Einstieg in die BI-Plattform.

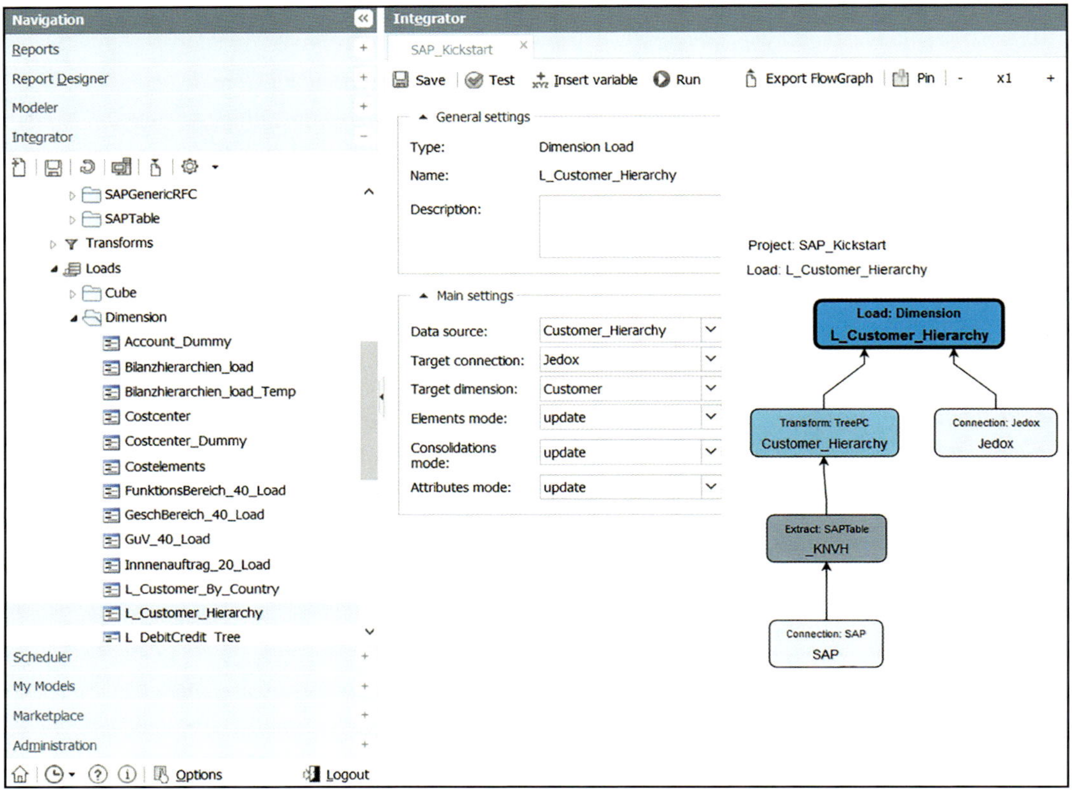

Abb. 3: Flussdiagramm zeigt Umsetzung des ETL-Prozesses

Tipp: Viele Excel-Features erleichtern die Einarbeitung
Anwender mit Excel-Know-how können ihre Erfahrungen nutzen, da sich das „Look and Feel" von Excel in der Web-Oberfläche von Jedox wiederfindet. So lassen sich auch im BI-System per Rechtsklick aus Excel bekannte Kontextmenus wie zum Einfügen von Inhalten nutzen. Etwa 80 % der Excel-Formeln wie SVERWEIS, WENN-Bedingungen oder SUMMEWENN sind ebenfalls identisch anwendbar. Wie in Excel werden Zeilen und Spalten angelegt. Darüber hinaus stehen etliche weitere Gestaltungsmöglichkeiten zur Verfügung, wie Kombinations-Boxen, Hyperlinks, dynamische Objekte oder dynamische Diagramme. Der Vorteil der dynamischen Elemente ist die situationsbezogene Anpassbarkeit. So lassen sich bei Diagrammen Datenreihen ein- und ausblenden oder Teilbereiche detaillieren (Zoomfunktion). Für die Veröffentlichung eines Berichts lassen sich die Zugriffsberechtigungen auf Zellen- oder Elementebene steuern.

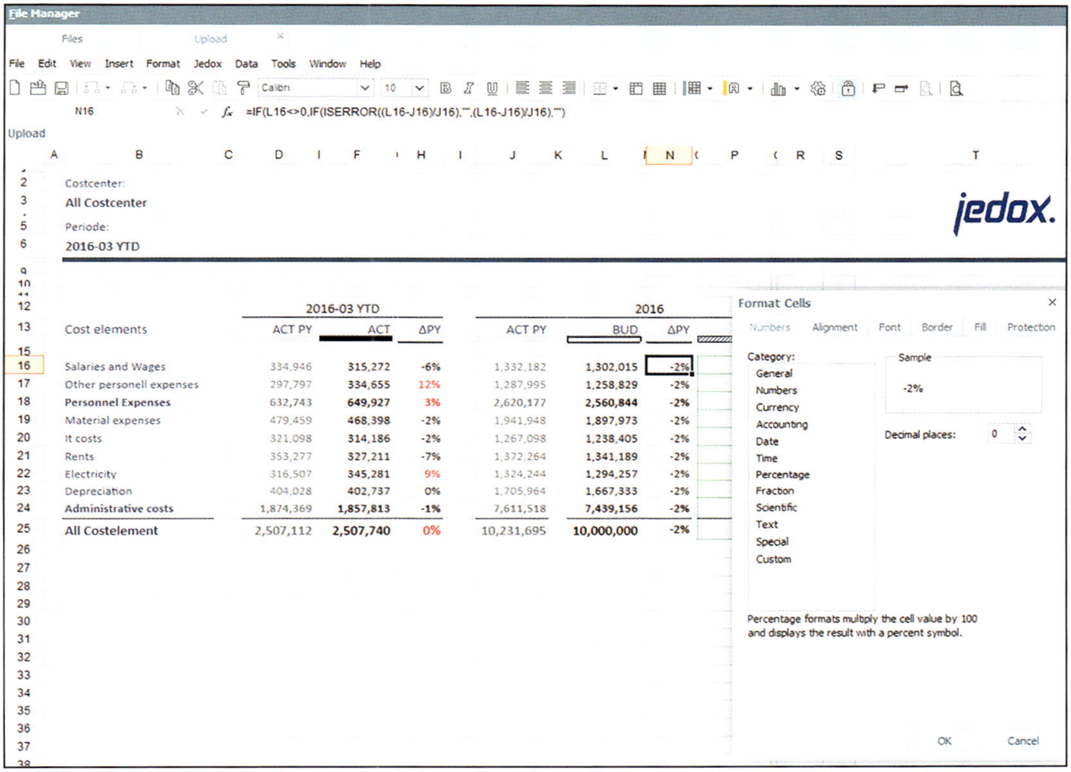

Abb. 4: Jedox Web bietet die bekannte Oberfläche und Bedienung von Excel, ermöglicht aber optimierte Kollaboration

6 Vom statischen Report zum flexiblen Steuerungsinstrument

6.1 Die zentralen Berichtsinhalte

Erweiterung zu einer kompletten Informationslösung

Die extrahierten Daten werden in festen Routinen z.B. täglich oder monatlich aktualisiert, können aber auch Ad hoc ausgewertet werden. Ändern sich die zugrunde liegenden Strukturen in SAP, weil bspw. neue Kostenstellen eingerichtet wurden, wird dies im BI-System automatisch erkannt und berücksichtigt.

Mit dem BI-System kann auf diese Weise für alle Unternehmensbereiche ein standardisiertes und automatisiertes Reporting umgesetzt werden. Tabelle 1 zeigt beispielhaft, welche Inhalte bzw. Kennzahlen typischerweise berichtet werden können.

Finanzbuchhaltung/ Controlling	**Bilanz, GuV-Rechnung, Cashflow, Kostenstellen-/Kostenartenrechnung, Ergebnis pro Kostenträger**
Produktion	Rückgemeldete Plan-/Ist-Mengen und Zeiten, Plan-/Ist-Kosten der Fertigungsaufträge, Ausschussquoten, Termintreue, Kapazitätssituation, Durchlaufzeiten, Fehlteilübersicht
Projektsysteme	Kosten (Plan und Ist), Deckungsbeiträge, Terminerreichung, Gantt-Diagramm für Projekte, Multiprojektmanagement
Materialwirtschaft/ Einkauf	Umsätze pro Lieferant, Bestellvolumen, Bestellpreisentwicklung, offene Bestellungen, offene Rechnungen, Anzahl und Volumen der Bestellungen pro Einkäufergruppe, pro Warengruppe usw.
Bestandsführung	Verlauf, aktueller Bestand, Abwertung Material, Lagerhüter, Bodensätze
Vertrieb	Auftragseingang, Auftragsbestand, Umsatz nach Kunden/Verkäufer/Länder, Planungsszenarien
Qualitätsmanagement, Instandhaltung, Service	Auswertung von Meldungen, Schadensbilder, Kosten, offene Vorgänge
Personalwirtschaft	Stellenbesetzung, An-/Abwesenheit, Urlaubsstände, Personalplanung, statistische Quoten z. B. Frauenquote, Verhältnis Teil- zu Vollzeitkräften usw.

Tab. 1: Typische Inhalte für ein automatisiertes Reporting

6.2 Schrittweiser Rollout erleichtert Planung und Umsetzung

Start in einem Bereich

Bei DESMA hat sich der Start in einem Unternehmensbereich, hier dem Einkauf, bewährt. Weitere Bereiche wurden nacheinander umgestellt und diese Informationen später in einem übergeordneten Unternehmensreporting zusammengeführt. Das schrittweise Vorgehen war besser planbar und die Erfahrungen eines Bereichs konnten so auf andere übertragen werden.

Der Einkauf bei DESMA konnte als erster Bereich Erfahrungen mit dem BI-Reporting sammeln. Der Wunsch, die Preisentwicklung bei Rohstoffen detaillierter analysieren zu können, wurde durch die automatisierte Auswertung einzelner Materialien erstmals durchführbar. Mit diesen neuen Informationen ist jetzt eine frühzeitigere Reaktion auf

Marktentwicklungen möglich. Eine solche Erfahrung mit dem BI-Reporting zeigte sich auch in den anderen Fachbereichen von DESMA.

Die Bereichsleiter haben die neuen Möglichkeiten des BI-Tools genutzt, um das bisher einfache Reporting zu kompletten Informationslösungen zu erweitern. Mit den BI-Reports kann der eigene Bereich jetzt besser überwacht und gesteuert werden. So wurden im Vertrieb von DESMA unterschiedliche Dashboards eingeführt. In den Geschäftsbereichen Maschinenverkauf und Service zeigt ein Verkaufs-Dashboard die Entwicklung bei Auftragseingängen, beim Auftragsbestand und bei den Umsätzen. Außerdem wird der Status bei den TOP-10-Kunden ausgewertet. Ein Angebots-Dashboard zeigt Details zum Maschinenverkauf, zum Angebotsvolumen, der Angebotsumsetzungsquote, zu offenen und überfälligen Angeboten.

6.3 Gestaltung von Dashboards

Die Dashboards vermitteln einen Überblick über die wichtigsten Kennzahlen. Um einzelne Entwicklungen genauer verfolgen und analysieren zu können, werden weitere Einzelreports genutzt. Sie ermöglichen vielfältige Selektionskriterien, um Detailauswertungen bis auf die Belegebene erstellen zu können. Beispiele für Einzelreports im Vertrieb:

Einzelreport	Selektionskriterium
Umsatz und Deckungsbeiträge	für Maschinentypen pro Branchen
Umsatz und Auftragseingang	pro Land, nach Auftragsgründen, für Kunden, TOP-15-Listen
Umsatz und Marktpotenzial	pro Warengruppe, um nicht erschlossenes Potenzial zu erkennen

Detaillierte Reports und zielgerichtete Dashboards

Ähnlich dem Vertrieb setzen auch die anderen Unternehmensbereiche detaillierte Reports und zielgerichtete Dashboards ein. So lassen sich in der Produktion jetzt auch Projekte besser erfassen und auswerten. Aus der anfangs einfachen Projektauswertung ist jetzt ein Produktionsreporting mit Informationen über Deckungsbeiträge, mit Terminüberwachung, aktuellen Bearbeitungsständen, Auswertung von Rückmeldungen, Plan- und Ist-Kosten sowie Plan- und Ist-Mengen der Projekte geworden. Dabei waren die erforderlichen Informationen auch früher schon als Daten einzelner Maschinenkomponenten in SAP ERP vorhanden, aber nicht auf Gesamtprojektebene abrufbar. Mit dem BI-

Reporting werden die Daten jetzt flexibler ausgewertet, aggregiert und in einem Dashboard visuell anschaulich dargestellt.

Insgesamt setzt DESMA in den Unternehmensbereichen ca. 10 unterschiedliche Dashboards und ca. 30 bis 40 Detailreports ein (s. Abb. 5). In jedem Report kann der Zeitrahmen vom Tagesreport bis zur Jahresanalyse frei ausgewählt werden. Darüber hinaus kann nach einer Vielzahl von Dimensionen weiter gefiltert werden, wie dies z.B. im Vertrieb nach Verkaufsorganisation, Vertriebsweg, Sparte, Verkaufsbüro oder Verkäufergruppe möglich ist.

Logik der BI-Lösung

Der Ausbau des herkömmlichen Monatsreportings zu einem effektiven Überwachungs- und Steuerungsinstrument auf Bereichs- und Unternehmensebene liegt in der Logik der ausgewählten BI-Lösung. Am Anfang stehen das Konzept eines Datenmodells und die Einrichtung eines flexiblen Datenwürfels. Darauf basieren alle Reports. Da hier keine aggregierten, sondern die Rohdaten selbst erfasst werden, sind die Auswertungen jederzeit anpassbar.

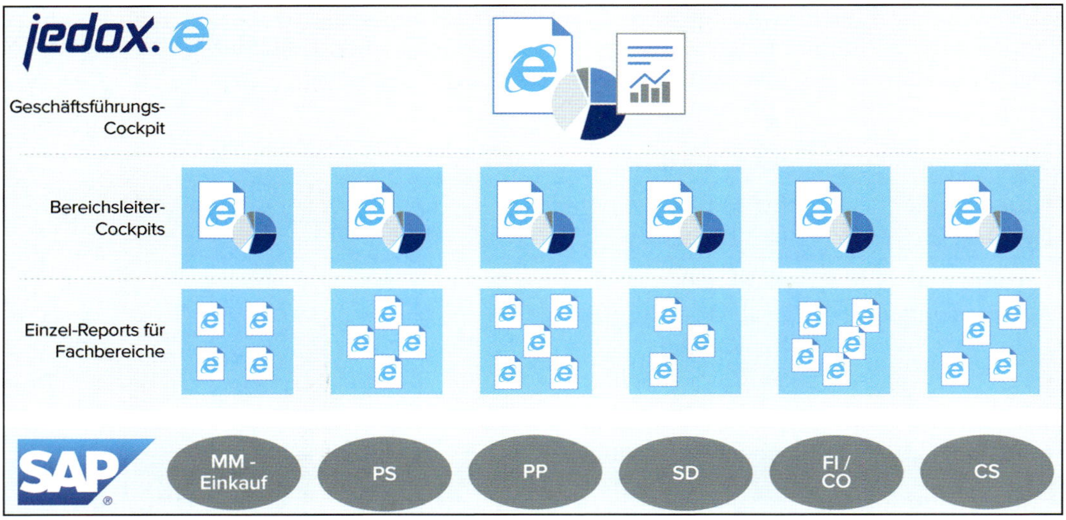

Abb. 5: Steuerungsinstrument für das Unternehmen

7 Vom BI-Report zur Prozesssteuerung

Gesamte Prozessketten im Blick behalten

Das tägliche Reporting wurde bei DESMA auch zur Prozesssteuerung erweitert. Aus den aktuellen Informationen bspw. über Aufträge des Vortags, über Rückmeldungen aus der Fertigung und über die tatsächliche Verfügbarkeit von Beständen können Ressourcen umgesteuert und Aufträge neu priorisiert werden. Durch den Einsatz von Business Intelligence besteht die Chance, nicht nur einzelne isolierte Parameter – etwa zur Auslastung – zu verarbeiten, sondern gesamte Prozessketten in den Blick zu nehmen. Informationen aus der Produktion und aus produktionsnahen Systemen mit Informationen über Auslastung, Laufzeiten, Störungszeiten oder dem Fehlerstatus können mit Daten aus dem ERP über Bestände, Aufträge und Termine zu einem umfassenden Blick zusammengeführt werden.

DESMA nutzt das BI-System auch in Bereichen wie Qualitätsmanagement, Instandhaltung und Service, um aus erfassten Meldungen und deren Bearbeitungsstatus sehr flexibel Prozessinformationen zu generieren (s. Abb. 6). Unbearbeitete Meldungen werden dann z.B. je nach deren Dringlichkeit und einer festgelegten Frist automatisch rot markiert oder lösen weitere Warnmeldungen aus. Ein Dashboard dient zum Monitoring des SAP-Workflows, um problematische Prozessschritte oder fehlende Bearbeiter in einem Workflow-Leitstand zu visualisieren.

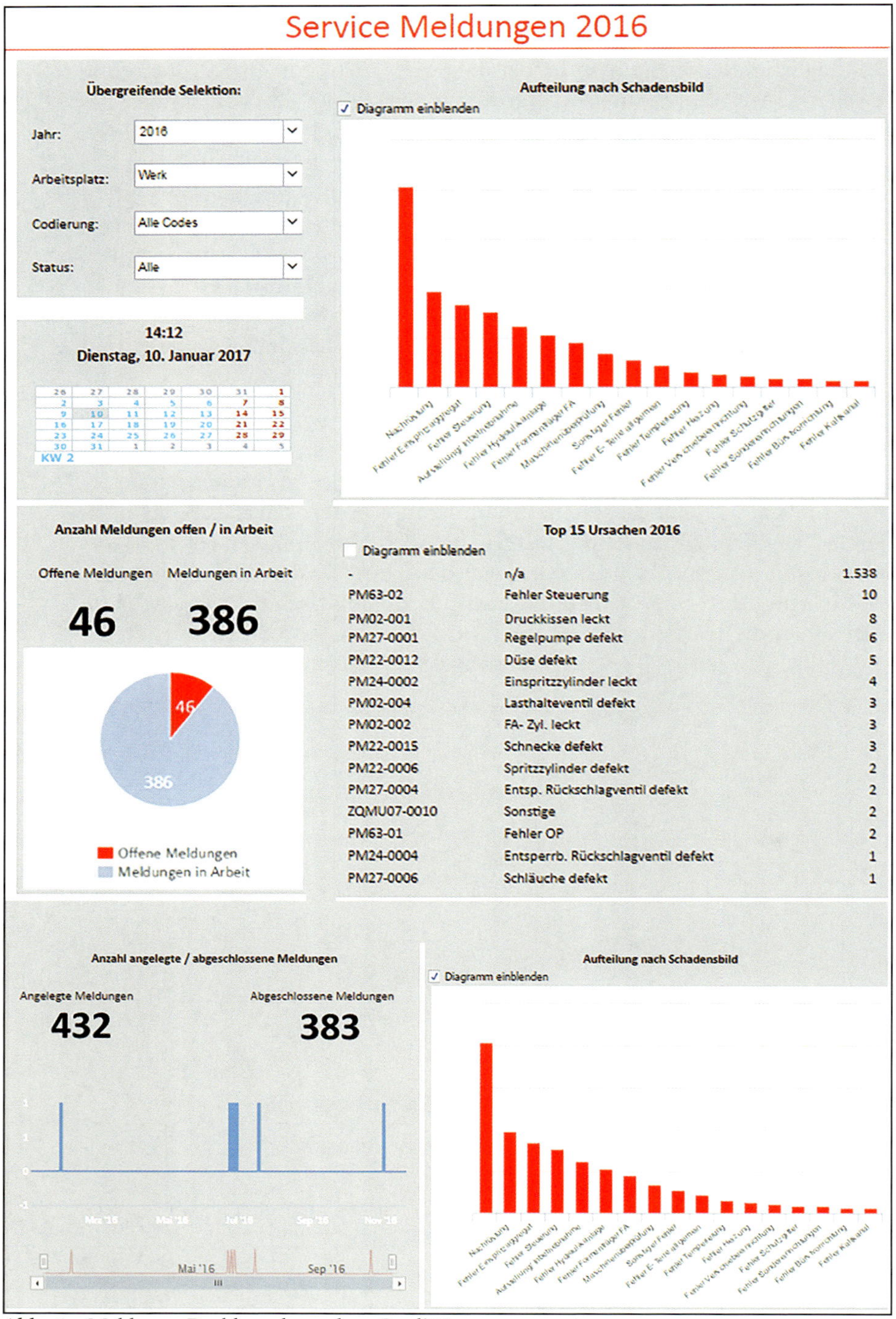

Abb. 6: Meldungs-Dashboard aus dem Qualitätsmanagement

8 Mehr Informationen mit erheblich geringerem Aufwand

Der manuelle Aufwand entfällt

Die herkömmlichen statischen Monatsberichte wurden bei DESMA durch dynamische tagesaktuelle Reports ersetzt. Die neuen Berichte sind dynamisch, weil sich Auffälligkeiten wie Ausreißer direkt aus der Web-Oberfläche des Browsers heraus mit einem Klick bis zur Belegebene weiter untersuchen lassen. Dank der Philosophie des „Self-Service" können sich auch die Geschäftsführer oder Bereichsleiter weitere Informationen bei Bedarf selbst holen. Die Mitarbeiter aus den Fachbereichen passen vorhandene Reports an, erstellen neue oder führen Ad-hoc-Analysen durch.

Da BI-Reports automatisiert sind, erfordern die einzelnen Berichte kein manuelles Eingreifen. Bisher war mit jedem monatlichen Bericht ein Aufwand von mehreren Manntagen verbunden, der jetzt komplett entfällt. Durch den Wegfall manueller Übertragungen z. B. aus SAP ERP in Excel-Listen sind auch die vielfältigen Fehlerquellen beseitigt worden.

Learning by Doing

Die Einrichtung und Betreuung der BI-Plattform kann durch Coaching und „Learning by Doing" von den eigenen Mitarbeitern oder durch externe Dienstleister wie iXLOG erbracht werden. Mitarbeiter können bspw. in 2 × 2 Tagen eine zertifizierte Jedox-Ausbildung erhalten.

Nachdem ein Datenmodell und ein flexibler Datenwürfel erstellt sind, ist die Übertragbarkeit auf weitere Unternehmensbereiche oder andere Länderstandorte relativ einfach. So ist auch ein Konzern-Reporting umsetzbar. Da die Reports von den Fachabteilungen selbstständig erstellt werden, muss die IT keine Datenauswertungen programmieren und wird hier entlastet.

Um eine Verselbstständigung der Informationssysteme in den Fachbereichen zu vermeiden, ist die IT bei DESMA jederzeit über das Vorgehen informiert und bleibt verantwortlich für grundlegende Fragen der IT-Struktur und der IT-Sicherheit. Aus den Erfahrungen von iXLOG ist es vorteilhaft, die IT immer in das Projektteam zur Einführung eines BI-Systems zu integrieren und mindestens einen IT-Mitarbeiter bei Jedox schulen und zertifizieren zu lassen.

9 Ausblick: Entwicklung einer integrierten Unternehmensplanung

Komplette Neuausrichtung des Planungsprozesses

Bei DESMA sollen künftig auch die jährlichen Planungsrunden mit Teilplänen, wie Vertriebs-, Kostenstellen- und Investitionsplanungen über die BI-Plattform gesteuert und umgesetzt werden. Die Planung erfolgt bisher über Excel-Listen. Die große Zahl der beteiligten Planer, viele

Excel-Listen und aufwendige manuelle Prozesse machen das Verfahren sehr umständlich und fehleranfällig.

Auch hier kann die BI-Plattform die Prozesse erheblich beschleunigen, eine konsistentere Datengrundlage liefern und viele zusätzliche Komfortmerkmale bieten, wie eine laufende Übersicht über den Planungsstatus und Simulations- und Prognosefunktionen.

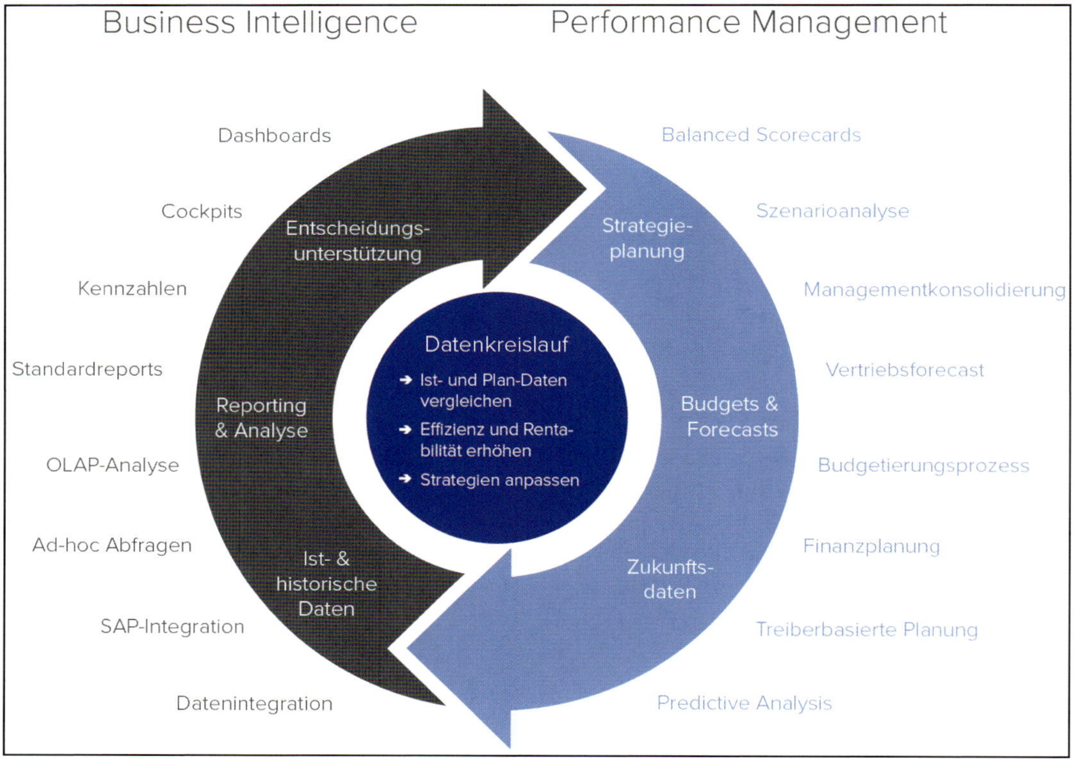

Abb. 7: Konzept einer integrierten Unternehmensplanung

Planungsprozess wird vereinfacht

Mit der Nutzung einer Planungs-, Analyse- und Reporting-Plattform, wie der Jedox Suite, soll sich der Planungsprozess bei DESMA grundlegend ändern. Während sich die Planungsverantwortlichen bisher unabhängig voneinander um die manuellen Dateneingaben in Excel sowie den Aufbau komplexer Zeilen und Spalten kümmern müssen, gibt die Planungs-Plattform einen einheitlichen Prozess vor und liefert eine Vielzahl an Eingabehilfen und Unterstützungen. So müssen die Planwerte bspw. nicht für jeden Monat einzeln angepasst werden, sondern eine geplante

Steigerungsrate kann im gleichen Verhältnis wie im Vorjahr automatisch auf alle Monatswerte übertragen werden.

Das BI-System unterstützt den Planungsprozess als Kollaborations-Funktion mit Workflows und Freigaberoutinen, Top-down oder auch Bottom-up. Es ist jederzeit transparent, welche Zahlen bereits bearbeitet, geprüft und genehmigt sind. Alle Beteiligten können je nach Berechtigung den aktuellen Status, auch mit mobilen Endgeräten, einsehen. Am Ende des Planungsprozesses können die verabschiedeten Zahlen mit dem SAP Connector wieder in SAP zurückgeschrieben werden.

Digitale Konsolidierung als Wegbereiter für das Management Reporting 2025

- Ein modernes Management Reporting im Zeithorizont bis 2025 erfordert individuelle, flexible und umfassende Informationen, die effizient die Steuerungsanforderungen abbilden können.
- Da neue – auch digitale – Geschäftsmodelle nach schnelleren Aktionen und Reaktionen des Managements verlangen, sieht sich die Konsolidierung als eine „conditio sine qua non" für die Bereitstellung von entscheidungsunterstützenden Daten und Abschlüssen neuen Herausforderungen gegenüber.
- Als Wegbereiter dient eine digitale Konsolidierung, die auf Basis von real-time verfügbaren Daten in höchstmöglicher Datengranularität jederzeit („any-time") Ergebnisse in allen gewünschten Dimensionen integriert darstellen kann.
- Der Beitrag zeigt, welche inhaltlichen und technologischen Voraussetzungen für die erfolgreiche Umsetzung der digitalen Konsolidierung erfüllt sein müssen.

Inhalt Seite

Die Autoren

Till Tschierschky, Principal und Leiter des Segments Group Reporting und Konsolidierung im Competence Center Finance & Controlling bei Horváth & Partners Management Consultants in München.

Dr. Kristina Hunke, Managing Consultant im Competence Center Finance & Controlling bei Horváth & Partners Management Consultants in Düsseldorf.

Tobias Schittenhelm, Managing Consultant im Competence Center Finance & Controlling bei Horváth & Partners Management Consultants in Stuttgart.

1 Management Reporting 2025

Digitales Management Reporting

In den vergangenen Jahren entwickelte sich das Management Reporting durch den Megatrend Digitalisierung von einer anfangs hauptsächlich auf Finanzkennzahlen fokussierten Steuerungsunterstützung über den späteren Einsatz von Data Warehouse-Lösungen und Werttreibermodellen hin zu hochtechnologischen Systemen mit In-Memory-Lösungen in Zeiten von Big Data und Predictive Analytics.[1] Für das moderne Management Reporting ergibt sich hieraus eine Vielzahl neuer Herausforderungen (vgl. Abb. 1).

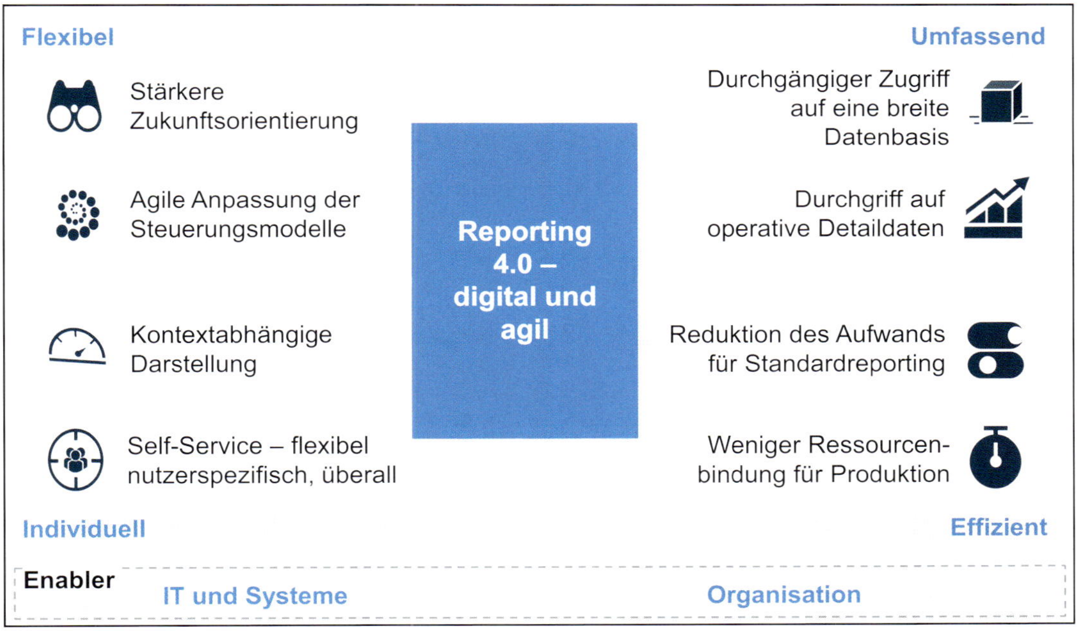

Abb. 1: Zukünftige Herausforderungen des Management Reportings

Ziel ist dabei ein digitales und agiles Management Reporting – insbesondere für den Bereich der digitalen Geschäftsmodelle – mit Fokus auf operativen Key Performance Indicators (KPIs) zur täglichen Steuerung der Werttreiber. Auf Basis valider KPI-Modelle und unter Einsatz von Big Data können digitale Forecasts den Zukunftsbezug im Reporting steigern und den Wandel von einer reaktiv-analytischen hin zu einer proaktiv-prognostizierenden ganzheitlichen Steuerung vollziehen.

Um die Anforderungen an Informationsbreite und -tiefe zu realisieren, muss zukünftig mehrdimensional auf eine breite Basis aus finanziellen, nicht-finanziellen sowie externen und internen Daten zugegriffen werden

[1] Vgl. Gräf, Fachkonferenz Reporting, 2016.

können. Dies ermöglicht bspw. einen Drill-down von Top-KPIs auf einzelne Buchungsbelege in den unterschiedlichen Steuerungsdimensionen.

Wesentliche Grundlagen sind dabei kontextspezifische Darstellungen von individuellen und situationsabhängig auswählbaren Informationen in Echtzeit. Im Hinblick auf effiziente Reportingprozesse ist die organisatorische Arbeitsteilung sowie eine einheitliche Datenarchitektur und eine hohe Stammdatenqualität von fundamentaler Bedeutung, um Informationen in der gewünschten Qualität in Echtzeit abrufen zu können.

Um den oben genannten Herausforderungen zu begegnen, hat sich auch die zukünftige Konsolidierungslogik und -technik entsprechend zu verändern.

2 Ziele und Inhalte der Konsolidierung im Rahmen des modernen Management Reportings

Integriertes Zahlenmaterial liefern

Die Anforderungen des modernen Management Reportings, Ergebnisse umfassend, flexibel, individuell und effizient abbilden und analysieren zu können, erfordern ein integriertes Zahlenmaterial, welches diese Anforderungen quantitativ und auch qualitativ abbilden kann.

Um dieses Zahlenmaterial zu erzeugen, ist in Konzernen eine jederzeitige konsolidierte Sicht erforderlich. Die Ergebnisse des Gesamtkonzerns sowie jedes dargestellten Teilkonzerns sind so darzustellen, als wäre das Mutterunternehmen mit all seinen Tochtergesellschaften ein eigenständig betriebswirtschaftlich agierendes Unternehmen („Fiktion der rechtlichen Einheit"). Darüber hinaus können aus interner Managementsicht richtige Steuerungsentscheidungen nur dann abgeleitet werden, wenn jede zu steuernde Einheit ebenso wie eine betriebswirtschaftlich eigenständig agierende Einheit dargestellt und beurteilt werden kann.

Um das moderne Management Reporting optimal abbilden zu können, muss die Konsolidierung der Zukunft daher drei Ziele verfolgen:

- Abbildung aller Steuerungsdimensionen -> *multidimensionale Konsolidierung*
- Sicherstellung eines harmonisierten Zahlenmaterial -> *Integrierte Konsolidierung*
- Jederzeitige Verfügbarkeit -> *Any-time-Konsolidierung*

2.1 Multidimensionale Konsolidierung

Konsolidierung auf Steuerungseinheiten

Ein Ziel der zukünftigen Konsolidierung ist die Möglichkeit, die Konsolidierungsergebnisse in vielen Dimensionen abbilden zu können (multidimensional). Die moderne Konzernsteuerung erfordert konsolidierte

Ergebnisse je Steuerungsanspruch in unterschiedlichen Dimensionen. Dimension beschreibt in diesem Sinne die Sortierung der relevanten Ergebnisse in jeweils einer oder mehrerer Hierarchien. In Abhängigkeit der Steuerungslogik sind beispielsweise Ergebnisse für Regionen, Produkt(-gruppen), interne Organisationseinheiten (z. B. Business Units) oder Kunden im Fokus der Auswertung.

Bisher wird in den meisten Konzernen maximal eine Matrixkonsolidierung durchgeführt. Unter Berücksichtigung, dass eine Matrix aus zwei Dimensionen besteht, ist bisher eine Konsolidierung also in maximal zwei Dimensionen möglich. Mit der Nutzung der digitalen Konsolidierung können in Zukunft mehr als zwei Dimensionen abgebildet werden.

Durch die zukünftige Vielzahl und Vielfalt an Konsolidierungsdimensionen und konsolidierten Daten, sind auch die Ergebnisse in den jeweiligen Dimensionen weitgehend miteinander zu integrieren. Dazu sind sie abstimmbar darzustellen und es ist darauf zu achten, auf höchster Konzernebene c. p. zu einem identischen Ergebnis zu gelangen.

Neben den klassischen Eliminierungen von legalen Gesellschaften und internen Steuerungseinheiten wie Profit Centern treten in Zukunft vielfach Produkt- und Kundenkonsolidierungen in den Fokus. Die grundsätzliche unternehmerische Hinwendung zum marketing-technisch optimierten „Segment of One“ führt zu einer verstärkten Notwendigkeit der Darstellung von konsolidierten Produktergebnissen und konsolidierten Kundenergebnissen (bzw. Produktgruppen und Kundengruppen).

Hierbei stehen Fragen im Mittelpunkt wie z. B.:

- Welches Produkt hat auf Konzernebene welchen Beitrag zum Ergebnis erbracht?
- Welcher Kunde/welche Kundengruppe hat welchen Wert für das Unternehmen?

Zur Beantwortung solcher Fragestellungen und zur Ableitung der richtigen Steuerungsentscheidungen sind konsolidierte Ergebnisse auf Produkt- und Kundenebene notwendig. Nur auf Basis von konsolidierten Ergebnisbeiträgen mit Beachtung der exakten Konzernherstellkosten lassen sich die Managemententscheidungen optimal unterstützen.

Abgeleitet aus der Steuerung ist entweder eine Brutto- oder eine Nettosicht für die konsolidierten (Teil-)Abschlüsse zu erstellen. In der Bruttosicht werden auch gesamtkonzernintern Beziehungen als externe Leistungsbeziehungen dargestellt. Für wie am Markt agierende Einheiten, die als Profit Center oder Investment Center gesteuert werden, ist die Bruttosicht vorzuziehen, da sie den Teilbereich auch konsolidiert so darstellt, als sei sie eine operativ eigenständige Einheit. Dagegen empfiehlt sich die Nettosicht für Einheiten, die nicht vollständig eigenverantwortlich ihre Umsätze und Kosten steuern können und daher nur aus Sicht des Gesamtkonzerns (Konzernaußengrenze) dargestellt werden sollten.

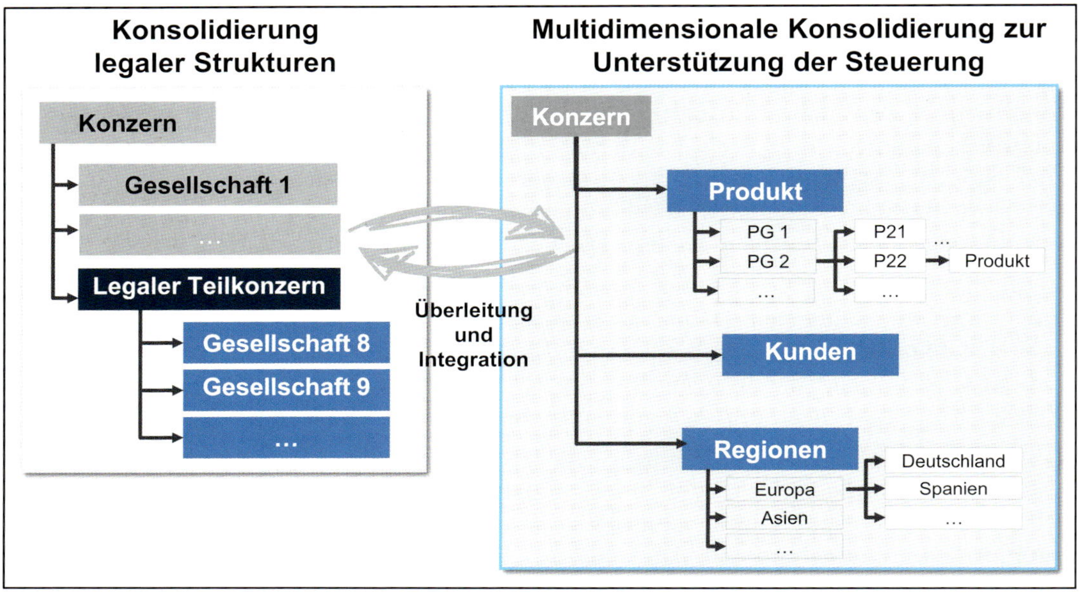

Abb. 2: Darstellung einer multi-dimensionalen Konsolidierung

2.2 Integrierte Konsolidierung

Horizontale und vertikale Integration

Ein weiteres Ziel der digitalen Konsolidierung ist die Bereitstellung eines integrierten und umfassenden konsolidierten Zahlenmaterials. Dies umfasst die Integration von Plan- und Ist-Zahlen, eine integrierte Sicht des externen und internen Rechnungswesens (horizontale Integration) sowie die Möglichkeiten eines Drill-Downs von Top-KPIs auf Einzelbelege (vertikale Integration).

Die Integration von Plan- und Ist-Zahlen, insbesondere auch die Erhebung von Planwerten auf den gleichen Konten (-knoten) sowie abgestimmte Konsolidierungsmethoden, sowie von externem und internem Rechnungswesen ermöglicht eine umfassende Abbildung und eine kontextspezifische Analyse.

Die Möglichkeit eines Drill-Down bis auf Ebene der Einzelbelege ermöglicht tiefgreifende Verbesserungen in Analysebreite, -tiefe und -geschwindigkeit. In traditionellen Konsolidierungsprozessen geht diese Datengranularität meist verloren, indem aggregierte Werte in einem Meldeprozess an das System weiter gegeben werden. Die Konsolidierung eliminiert dann auf der Ebene von Konzernpositionen (vgl. Abb. 3). In der Weiterverarbeitung ist dann keine Analyse mehr auf detailliertere Informationen möglich. Für den Analysten auf Konzernebene bleibt nur, in einem zeitaufwendigen Prozess manuell bei den Konzerngesellschaften nachzufragen, um eine Erläuterung bzw. Kommentierung zu erhalten.

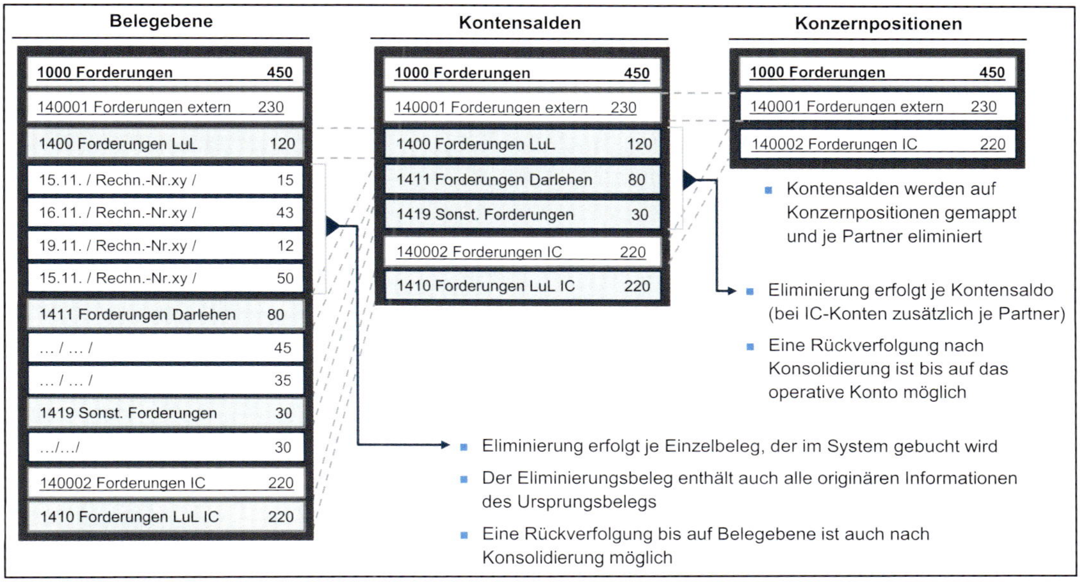

Abb. 3: Granularität der einzelnen Eliminierungsmaßnahmen (illustrativ)

Um Steuerungsinformationen auf Produkt- und Kundenebenen generieren zu können, müssen zukünftig zusätzliche interne und externe Datenquellen in die Konsolidierung integriert werden. Dies ermöglicht, durch Hinzufügen von z.B. (End-)Kundendaten und weiteren Customer Relationship Management (CRM) – Kriterien, eine Erweiterung der Datenbasis und bietet damit erweiterte Analysemöglichkeiten. So kann in Zukunft granular die Frage nach der Profitabilität von Kundengruppen oder Kunden beantwortet auch auf konsolidierter Ebene vor dem Hintergrund des Produktmixes von bestimmten Kunden beantwortet werden.

2.3 Any-time-Konsolidierung

Jederzeitige digitale Steuerung

Da in modernen Steuerungs- und Controllingprozessen Entscheidungen nicht mehr nur am Monatsanfang auf Basis der Vormonatswerte getroffen werden, ist ein weiteres notwendiges Ziel, auch untermonatlich konsolidierte Werte zur Verfügung zu stellen. Insbesondere zukünftige digitale Geschäftsmodelle, die auch von Old-Economy-Unternehmen immer häufiger als Serviceerweiterungen angeboten werden, verlangen nach schnelleren Entscheidungen. Sowohl Absatzzahlen, als auch monetär bewertete Umsätze und Kosten ändern sich hierbei in einer hohen Frequenz. Dies erfordert, dass auch im Zeitraum zwischen den bisherigen Monatsreports konsolidierte Ergebnisse bereitgestellt werden.

Äquivalent zur geringeren Berichtstiefe im Monatsabschluss verglichen zum Quartals- und Jahresabschluss ist untermonatlich der Inhalt der konsolidierten Werte nochmals zu reduzieren. Hierbei ist einerseits auf die Steuerungsrelevanz und andererseits auf die Änderungshäufigkeit der Datenbasis zu achten. Eine jederzeitige konsolidierte Darstellung sollte zumindest von Ergebnisbeiträgen möglich sein, sobald der Bedarf nach einer Evaluierung von bestimmten betriebswirtschaftlichen Entscheidungen besteht. Diese betriebswirtschaftlichen Entscheidungen können z. B. aus der allgemeinen Vertriebs- bzw. Umsatz-Steuerung.

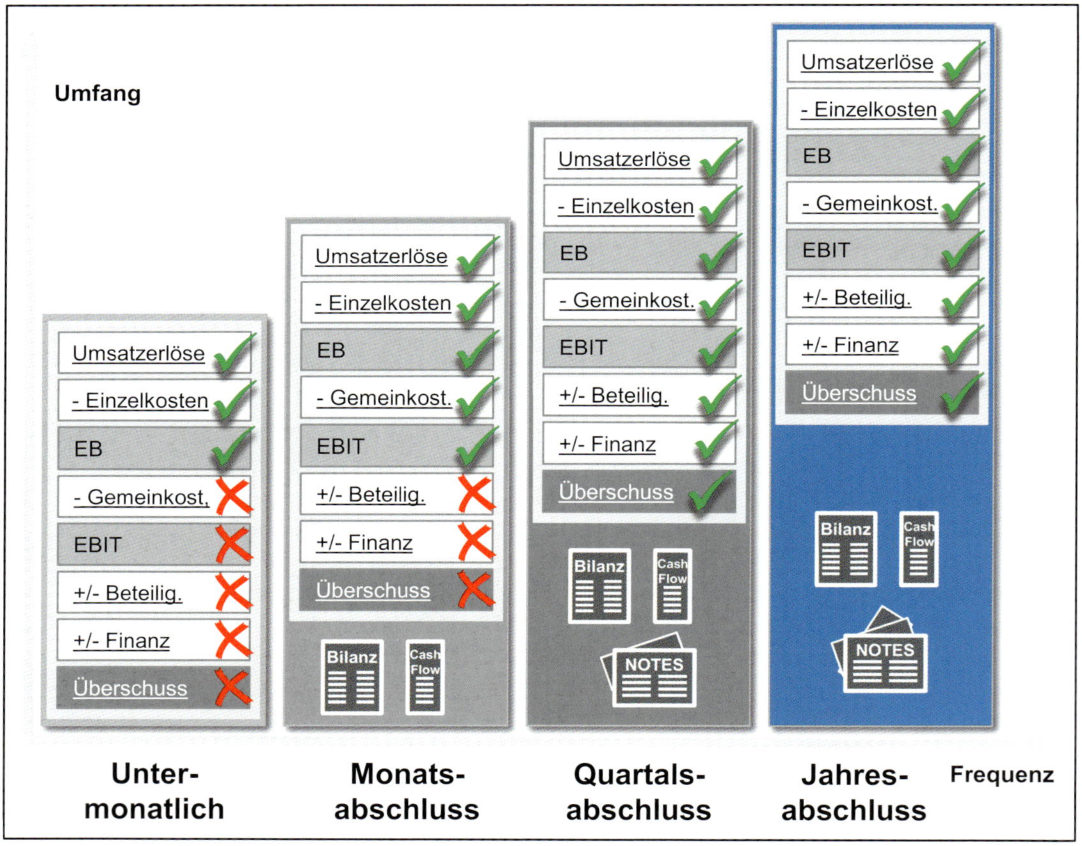

Abb. 4: Konsolidierungsumfang in Abhängigkeit der Zeitpunkte (schematisch)

In einem Konsolidierungskonzept gilt es, herauszuarbeiten, welche Daten sich mit welcher Frequenz verändern und zu welchem Zeitpunkt die Steuerung welchen konkreten Dateninhalt für Entscheidungen benötigt.

Die jederzeitige Auswertung im modernen Management Reporting erfordert auch eine Bereitstellung der Daten zu jeder Zeit (Any-time). Insbesondere digitale Geschäftsmodelle mit ihren Möglichkeiten, Produktangebote und Preise jederzeit zu ändern und optimieren zu können, und die Hinwendung zu geschäftsprozessnahen KPIs verlangen hierbei nach konsequenter und jederzeit verfügbarer Unterstützung durch aktuellste und konsolidierte Zahlen. Der Umfang der bereitgestellten Daten ist hierbei von den benötigten Steuerungs- und Controllinginstrumenten abzuleiten und damit meist geringer als ein normaler Monatsabschluss (s. Abb. 4). Auch der zukünftige Einsatz von permanentem digitalem Forecast verlangt nach stetig möglichen Konsolidierungsläufen.

3 Voraussetzungen für eine digitale Konsolidierung

Um die in Kapitel 2 beschriebenen Ziele der zukünftigen digitalen Konsolidierung zu erreichen, ergeben sich zahlreiche inhaltliche und technische Voraussetzungen, die erfüllt sein müssen.

3.1 Inhaltliche Voraussetzungen

Um eine jederzeitige proaktiv-prognostizierende, ganzheitliche und mehrdimensionale Steuerung unter Berücksichtigung der granularen Anforderungen an Informationsbreite und -tiefe zu realisieren und die dafür notwendigen Konsolidierungen durchführen zu können, stellen sich hohe Anforderungen an die Generierung und Prozessierung der Daten.

3.1.1 Datenbasis

Notwendige Datengrundlage

Eine aussagekräftige, mehrdimensionale Analyse erfordert abgestimmte und überleitbare Ergebnisse über sämtliche externe und interne Dimensionen und Hierarchien hinweg. Wesentliche Grundlage hierfür sind:

- Inhalt:
  - konzernweit abgestimmte Kontenpläne
  - Kontierungsanweisungen
  - Bilanzierungsrichtlinien
- Organisation und Prozesse:
  - Stammdaten
  - Governance – Prozesse

Für eine multidimensionale Auswertung sind sämtliche Zusatzkontierungen aus den unterschiedlichen Bereichen bei allen Buchungen zu erfassen. Die Anforderungen an die Zusatzinformationen ergeben sich wiederum aus dem Steuerungsmodell.

Es lassen sich mehrere Cluster und Beispiele für Datenkategorien der Nebenkontierungen definieren:

- Organisationseinheiten: Profit Center, Kostenstellen, Verantwortungsbereiche usw.
- Produktdimensionen: Produkte bzw. Produktgruppen oder Service-Anwendungen, sonstige Kostenträger, Vertriebskanäle, Umsatzarten usw.
- Markt-/Kundendimensionen: (End-)kunden bzw. Kundengruppen, Zwischenhändler, Regionen usw.

Ziel ist, dass aus einer integrierten Datenbasis alle Dimensionen zu einem abstimmbaren Konzernergebnis führen. Voraussetzung dafür ist, dass jeder Buchungssachverhalt alle Dimensionsausprägungen enthält und diese Kennungen eindeutig sind. Jede Buchung enthält alle Informationen somit bereits zum Buchungszeitpunkt. Es erfolgt möglichst keine zeitlich nachgelagerte Veränderung mehr, z.B. keine nachträgliche Buchung von Sekundärkosten. Solche Umbuchungen und sachlich logischen Zuordnungen zu Verantwortungsbereichen werden in Zukunft im Zeitpunkt der Buchung generiert werden müssen. Um logisch eine Überleitung zwischen allen unterschiedlichen Dimensionen zu gewährleisten, ist die Buchung der Zusatzkontierung zwingend erforderlich. Dies bedeutet in der Praxis, dass bereits zum Buchungszeitpunkt alle Informationen für den korrekten Buchungsvorgang vorhanden sein müssen. Eine weitgehend automatische Erfassung der Informationen (z.B. in der Logistik oder bei der Rechnungserfassung) führt zu besseren Voraussetzungen als wenn eine Vielzahl der Vorgänge noch manuell betrieben wird. Auch erfordert die zeitgleiche Buchung von spezifischen Accounting- und Controlling-Kontierungen eine hohe fachliche Kompetenz, um diese Buchungen qualitativ korrekt zu erfassen.

3.1.2 Vorgelagerte Prozesse

Gewinn durch Prozessveränderungen

Eine prozessuale Voraussetzung für die Implementierung einer digitalen Konsolidierung ist die Verlagerung von Prozessen in die Periode. Dieses Konzept ist grundsätzlich bereits seit einiger Zeit ein Hilfsmittel, um im Abschlussprozess schneller zu werden. Mit der digitalen Konsolidierung und der Erfordernis der untermonatlichen steuerungsunterstützenden Konsolidierung erhalten die vorgelagerten Prozesse eine weitaus größere Bedeutung.

Hauptzweck ist nun nicht mehr, am Periodenende Geschwindigkeit zu gewinnen, sondern eine jederzeitige Konsolidierung („Any-time") zu ermöglichen. Die hierfür benötigte Datenqualität ist somit auch jederzeit vorzuhalten. Daraus ergibt sich eine Notwendigkeit, die im gesamten Konzern gebuchten Zahlen hochfrequent zu validieren und auf ihre Qualität zu überprüfen. In der Endausbaustufe empfiehlt sich hierbei ein (Near-)Real-time – Ansatz. Zu beachten ist, dass der Umfang der Prüfungen sowie die Zeitpunkte miteinander in Einklang zu bringen sind. Beispielhaft zu nennen ist die Voraussetzung für eine vorgelagerte Intercompany-Abstimmung während der Periode: Da in der Regel die Buchung der konzerninternen Sachverhalte nicht zeitgleich in der sendenden und in der empfangenden Gesellschaften erfolgt, muss die IC-Abstimmung auf einem gemeinsam vereinbarten Stichtag bzw. Zeitpunkt erfolgen. Abb. 5 veranschaulicht diese Thematik.

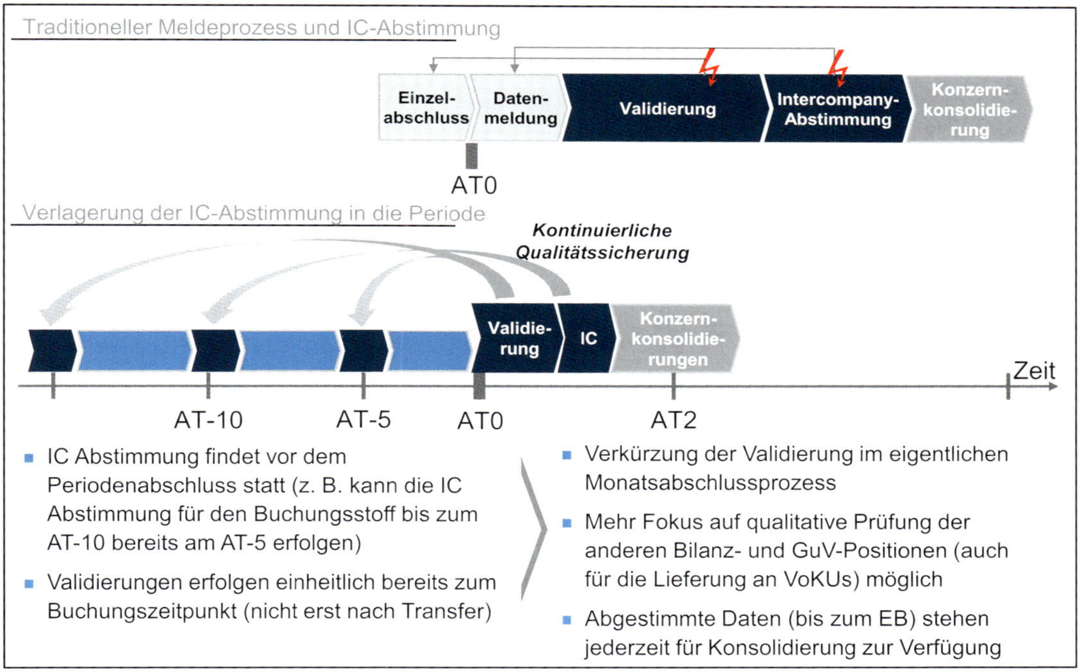

Abb. 5: Prozessuale Änderungen in der Periode

Im Ergebnis werden hierdurch zwei wichtige Ziele der Abschluss- und Konsolidierungsprozesse unterstützt:

- Ziel 1: Es wird ein erheblicher Teil des Aufwandes in die Periode verlagert und findet nicht mehr innerhalb des zeitkritischen Abschlussprozesses statt.
- Ziel 2: Es liegen zu jeder Zeit validierte und qualitätsgesicherte Daten für die Konsolidierung und das anschließende Reporting bereit.

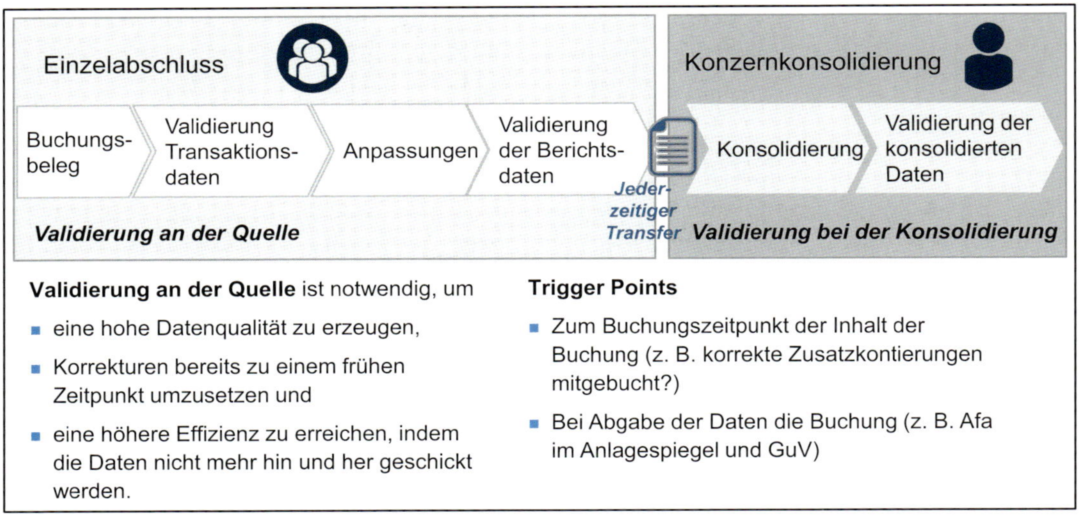

Abb. 6: Validierung während der Buchungserstellung

Viele Sachverhalte können bereits automatisiert in der Buchhaltung erfasst werden (z.B. mit Hilfe einer automatisierten Materialwirtschaft oder der automatisierten Rechnungsstellung und -erfassung). Auch das Herunterbrechen der planmäßigen Abschreibung oder Personalaufwendungen in die Periode (bzw. tag-genau) ist mit modernen Prozessen und Technologien möglich. Größere Herausforderungen in der vollständigen Automatisierung ergeben sich allerdings im Hinblick auf folgende Themen:

- Umsatzrealisierung,
- Forderungsbewertungen,
- Rückstellungsthematiken
- außerplanmäßige Abschreibungen
- Einzelveräußerungspreise für nicht regelmäßig gehandelte Produkte

Hier ergeben sich insbesondere Fragestellungen hinsichtlich Datenverfügbarkeit oder Erfassungslogiken bei der Umsatzrealisierung nach IFRS 15. Um solche Themen in Einzelfällen lösen zu können, kann auch auf stochastische Methoden zurückgegriffen werden, um vorab auf Basis von Advanced Analytics die Höhe und den Zeitpunkt der Buchungen schätzen zu können. Immer vor dem Hintergrund, dass diese Zahlen der internen Steuerung und dem Management Reporting dienen. In diesen Fällen kann es zur Notwendigkeit von Anpassungen an IFRS-Regularien am Periodenende kommen. Je weiter professionalisiert die Logik angewendet wird, umso kleiner werden diese Anpassungen sein.

3.1.3 Datenfreigabe und -anlieferung

Optimierungspotenzial für den Datenfluss

Aus den prozessualen Änderungen ergeben sich auch Optionen für die Datenfreigabe und die Datenanlieferung. Für ein Management Reporting wird ein klassisches Datenübergabeverfahren von lokalen Einheiten an die Zentrale grundsätzlich nicht benötigt. Die Notwendigkeit der extern verwendeten Konsolidierung, lokale Abschlüsse aus Sicht der lokalen Verantwortung für die Richtigkeit der Zahlen explizit freizugeben, existiert im Management Reporting nicht. Wenn davon ausgegangen wird, dass jederzeit auf Konzernebene auf lokale Daten (für den Zwecke der Konsolidierung) zugegriffen werden kann (real-time Datenverfügbarkeit), muss die Datenfreigabe keinen separaten Schritt im Prozess der Konsolidierung mehr darstellen. Die Zahlen aus den Buchungssystemen der Gesellschaften sind jederzeit verfügbar und jederzeit validiert.

3.2 Technologische Voraussetzungen

Um die beschriebenen Ziele zu erreichen und die prozessualen Bedingungen erfüllen zu können, sind auch Anforderungen durch die IT zu erfüllen. Grundlage für eine Konsolidierung der Zukunft ist die jederzeitige technische Verfügbarkeit der benötigten Datenbasis (real-time).

3.2.1 Systemintegration

Real-time Data Warehouse nutzen

In einem Konzern kommen die Daten für die Konsolidierung in der Regel aus unterschiedlichen Vor-Systemen (von der Option eines konzernweit realisierten „One.ERP"-Ansatzes sei hier abgesehen). Daher ist weiterhin eine zentrale Datenhaltung als Basis erforderlich, die eine Konsolidierung ermöglicht und somit ein konzernweit einheitliches Reporting sicherstellt. Die Anbindung der lokalen Systeme an die zentrale Datenbank erfolgt als sogenannte Schattenbuchung. Sobald in den operativen Systemen eine Buchung erfolgt, wird diese in das zentrale Tool repliziert.

Grundlage für eine fehlerfreie Abbildung der originären Transaktionsdaten in der zentralen Datenbank ist, dass die beteiligten Systeme die „gleiche Sprache" sprechen. Dies bedeutet, dass ein entsprechendes Mapping der Stammdaten (z.B. Konten, Bewegungsarten, Funktionsbereiche, Produkte usw.) zwischen den lokalen Systemen und dem zentralen System stattfindet. Es sollte hierbei vermieden werden, für die lokale Buchhaltung zusätzlichen Aufwand zu generieren.

Ein solches einheitliches zentrales System lässt sich als „Real-time Data Warehouse" bezeichnen, es dient als Datenbasis für eine jederzeit verfügbare Konsolidierung und somit auch als Grundlage für ein modernes Management Reporting.

3.2.2 Konsolidierungssystem

Notwendige Features

Letztendlich bedarf es für eine jederzeit mögliche multidimensionale Konsolidierung auch eines Konsolidierungssystems, welches die Anforderungen abbilden kann.

Diese Konsolidierungslösung muss, neben der schnittstellenlosen Anbindung an die zentrale Datenbank, weitere technische Spezifikationen erfüllen:

- Gleichzeitige Konsolidierung in mehreren Dimensionen für die multidimensionale Konsolidierung;
- Möglichkeit, jederzeitige Konsolidierungen durchzuführen;
- Schnelle Verarbeitung für die großen Datenmengen auf Artikel- und Kundenebene.

4 Zusammenfassung und Ausblick

Die Digitalisierung ist ein Megatrend, der einen echten Paradigmenwechsel von einer reaktiv-analytischen hin zu einer proaktiv-prognostizierenden ganzheitlichen Steuerung im Management Reporting vollziehen wird. Zukünftig wird es von wesentlicher Bedeutung sein, alle relevanten Daten in den verschiedenen Steuerungsdimensionen in höchster Granularität und Aktualität abrufen und analysieren zu können.

Um die Anforderungen des Management Reporting an eine umfassende, flexible und individuelle Analyse effizient abbilden zu können, ist ein entsprechend aussagekräftiges Zahlenmaterial erforderlich. Um dieses zu erzeugen, ist aus Konzernsicht eine Konsolidierung notwendig. Wesentlicher Wegbereiter dafür ist die digitale Konsolidierung. Diese ermöglicht es, die Konsolidierungsergebnisse in mehreren Steuerungsdimensionen, jederzeit und bis auf Belegebene abzurufen und analysieren zu können.

Dies bringt jedoch zahlreiche Herausforderungen mit sich und erfordert eine grundlegende Anpassung wesentlicher Strukturen inhaltlicher und technischer Art. Nur eine frühzeitige, ganzheitliche Anpassung von Buchungslogiken, Prozessen sowie der technischen Architektur hinsichtlich der benötigten Anforderungen schafft die nötige Grundlage und ermöglicht so den effizienten Übergang zu einem modernen konsolidierten Management Reporting, das alle Anforderungen abdeckt.

Trotz aller Herausforderungen ist die digitale Konsolidierung ein wesentlicher Wegbereiter im Hinblick auf die Erfüllung der Anforderungen des modernen Management Reporting. Wichtig sind daher in jedem Fall eine frühzeitige Analyse der sich ändernden Anforderungen des Management Reporting sowie eine proaktive Auseinandersetzung mit den daraus entstehenden Herausforderungen für die Konsolidierung.

Analytics mit SAP S/4HANA: Neue Analysewerkzeuge im Finanzwesen

- Die neue Softwaregeneration S/4HANA löst SAP ERP ab. Ihre Innovationen haben zahlreiche Auswirkungen auf das interne und externe Rechnungswesen.
- Neben der neuen In-Memory-Datenbank gibt es weitere Neuerungen wie das Universal Journal, das Embedded BW, das Embedded BPC und Embedded Analytics.
- In dem Beitrag wird zunächst die Architektur von S/4HANA vorgestellt. Anschließend werden die einzelnen Bestandteile und die neuen Möglichkeiten für Analysen in Rechnungswesen und Controlling erläutert.

Inhalt | Seite

Die Autoren

Dipl.-Ing. Gerhard Jurasek, Geschäftsführer der SAPPHIR IT & Management Training GmbH, die Schulung und Beratung für SAP anbietet, sowie Lektor am Institut für Controlling an der Universität Graz.

Karlheinz Weber, Selbständiger SAP-Berater und Trainer sowie Lektor am Institut für Informationswissenschaft an der Universität Graz.

1 Architektur von S/4HANA Finance

Neue Lösungen durch Überwindung bisheriger Performancegrenzen möglich

S/4HANA ist eine **Business Suite**, die auf einer Client-Server-Lösung beruht. Die Client-Server-Technologie kombiniert mit einer herkömmlichen Datenbank, die Daten auf eine Festplatte speichert und von dieser Festplatte liest, war jahrzehntelang der bestimmende Flaschenhals für die Entwicklung der Anwendersoftware SAP R/3 und SAP ERP. Abb. 1 beschreibt die Struktur der neuen Architektur und gibt dadurch gleichzeitig den Aufbau für diesen Artikel vor.

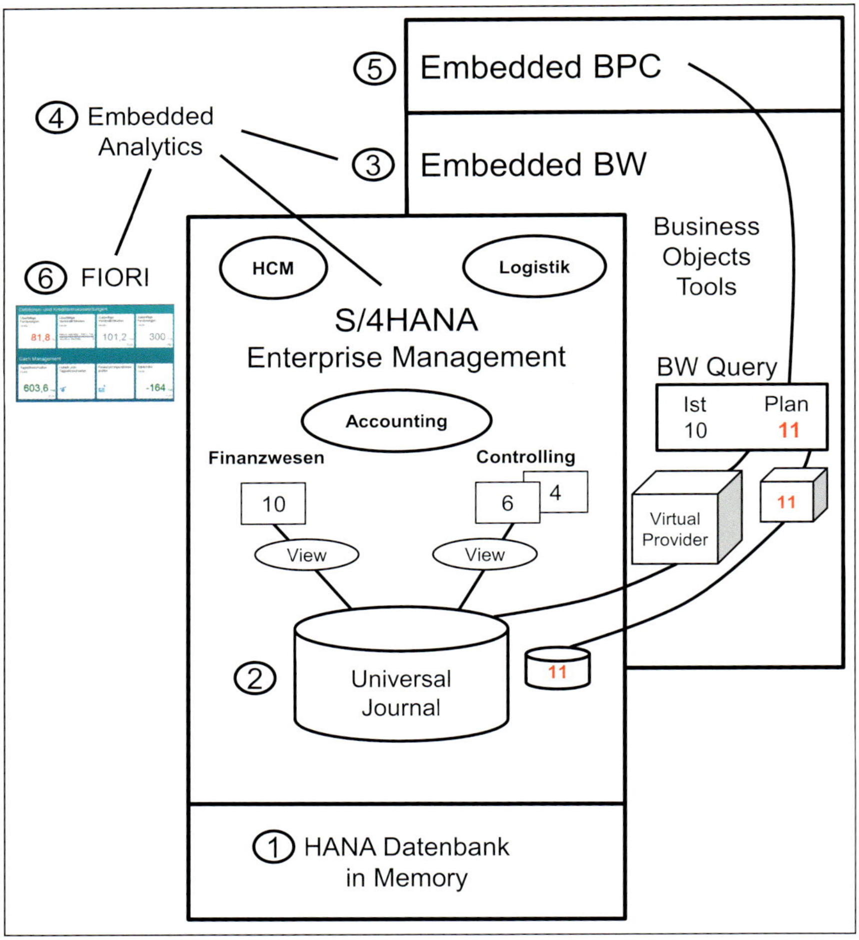

Abb. 1: Architektur von S/4HANA

Durch Entwicklung und Verwendung der SAP eigenen In-Memory-Datenbank **HANA** (vgl. Abb. 1, Ziffer 1) kombiniert mit einer mehrprozessorbasierten Hardwarelösung konnten diese Restriktionen überwunden und in S/4HANA vollkommen neue Lösungsansätze gefunden werden.

Das **Universal Journal** (vgl. Abb. 1, Ziffer 2) stellt die neue zentrale Belegtabelle des Rechnungswesens dar. Sie umfasst alle Informationen des externen und internen Rechnungswesens.

Mit dem **Embedded BW** (Business Warehouse, im folgenden „BW" genannt) (vgl. Abb. 1, Ziffer 3) ist das analytische OLAP-System für das Reporting mit dem transaktionalem OLTP-System, in dem die Buchungen stattfinden, verbunden. Embedded Business Warehouse bedeutet, dass ein Business Warehouse im SAP ERP-System integriert ist und die BW-Technologie für Analytics und Business Planning zur Verfügung steht.

Über **Embedded Analytics** (vgl. Abb. 1, Ziffer 4) stehen dem Anwender jetzt sowohl die in Zusammenhang mit dem Business Warehouse bekannten BusinessObjects-Werkzeuge als auch vollkommen neue Berichtswerkzeuge zur Verfügung. Massen an Detaildaten können jetzt in Echtzeit mit unglaublicher Performance zu entscheidungsrelevanten Informationen selektiert und verdichtet werden.

Die **Embedded BPC** (Business Planning and Consolidation) (vgl. Abb. 1, Ziffer 5) bietet zusätzlich vollkommen neue Möglichkeiten, den Planungsprozess und die Konsolidierung zu optimieren und eine durchgängige, abgestimmte Planung für Finanzwesen und Controlling im Embedded BW abzubilden.

Dazu kommt eine neu gestaltete Benutzeroberfläche **Fiori** (vgl. Abb. 1, Ziffer 6), über die Manager und Anwender ihren Informationsbedarf decken und Prozesse effizienter und einfacher abwickeln können.

2 SAP HANA In-Memory-Datenbank

Alle Anwendungsdaten ständig im riesigen Hauptspeicher gehalten

Der Applikationsserver ist nicht mehr mit einer herstellerunabhängigen Datenbank, sondern mit der SAP HANA In-Memory-Datenbank verbunden. Obwohl SAP HANA wesentlich mehr als eine reine Datenbank ist, soll hier nur auf einige Aspekte eingegangen werden. Die Leistungsfähigkeit der der HANA-Datenbank beruht primär darauf, dass alle Daten ständig in einem **riesigen Hauptspeicher** gehalten werden.

Die Daten werden in den meisten Fällen aber nicht mehr in Zeilen, sondern in **Spalten** gespeichert und dabei gleichzeitig auch komprimiert.

Multiprozessorsysteme ermögliche die parallele Verarbeitung von mehreren Spalten, sodass manche Auswertungen statt 5 Minuten nur mehr 5 Sekunden dauern.

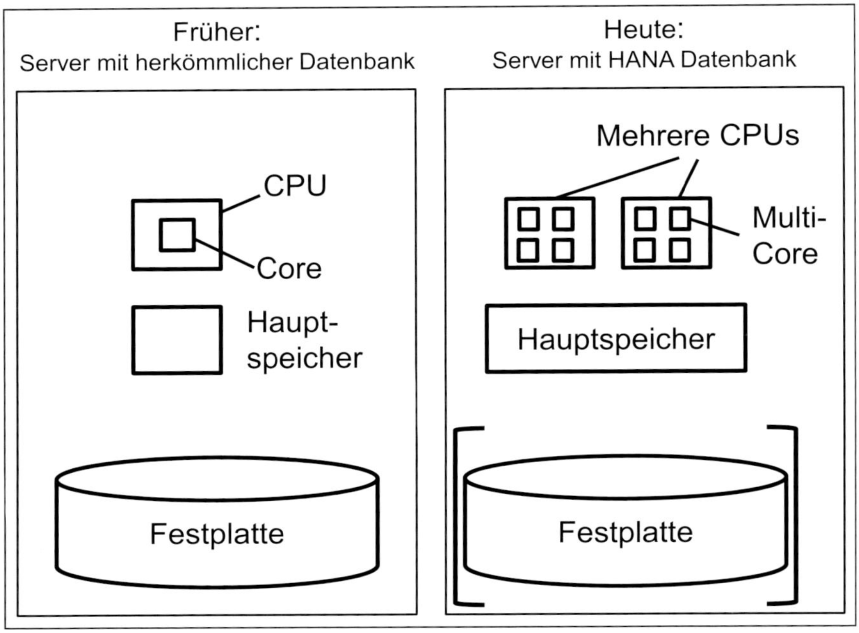

Abb. 2: HANA-Datenbank

Die volle Leistungsfähigkeit der HANA-Datenbank ist aber erst durch Neuprogrammierung der Transaktionen und Reports nach dem Prinzip des „Code Push-Down“ zu erzielen. Danach wird die Verarbeitungslogik auf die Datenbankebene verlagert und nur die Ergebnisse an die Anwendungsebene zurückgegeben. So wurden viele Funktionen im Zusammenhang mit dem Monatsabschluss neu programmiert; Einzelpostenanzeigen sind dadurch viel schneller.

Beispiel: Speicherbedarf für Datenbank im Vergleich

Zur Veranschaulichung des Speicherbedarfs gehen wir von einem SAP ERP-System mit herkömmlicher Datenbank aus. Seine Größe wird in Abb. 3 mit 100 % dargestellt. Durch die Datenkomprimierung der HANA-Datenbank kann der Speicherbedarf dieses SAP ERP-Systems gegenüber einer konventionellen Datenbank beträchtlich reduziert werden. Das Sizing der Datenbank hängt von vielen Faktoren ab und wird mit speziellen Tools durchgeführt. Als einfache Faustformel für den Speicherbedarf der HANA-Datenbank gibt SAP die Größe der ursprünglichen Anwendung multipliziert mit 2/7 an. Durch den Wegfall von Tabellen wird der Speicherbedarf des S/4HANA-Systems mit HANA-Datenbank nochmals stark reduziert.

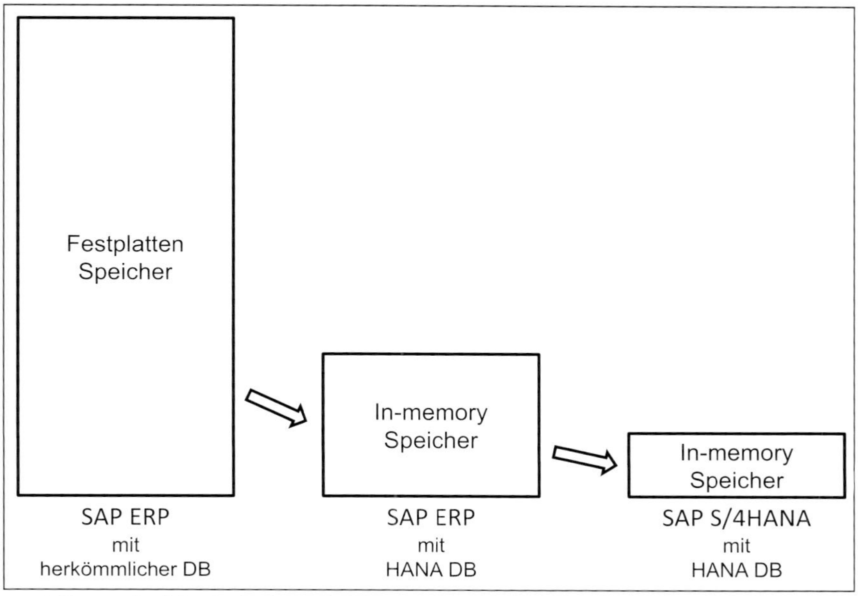

Abb. 3: Speicherbedarf von SAP-Systemen

3 Universal Journal

Zentrale Einzelpostentabelle für internes und externes Rechnungswesen

Bisher wurden die Anwendungen des Rechnungswesens in Form eines hierarchischen Datenbankmodells programmiert. Zur Steigerung der Performance wurden bei jeder Buchung nicht nur Einzelposten gespeichert, sondern auch Indextabellen und Summensätze fortgeschrieben (s. Abb. 4).

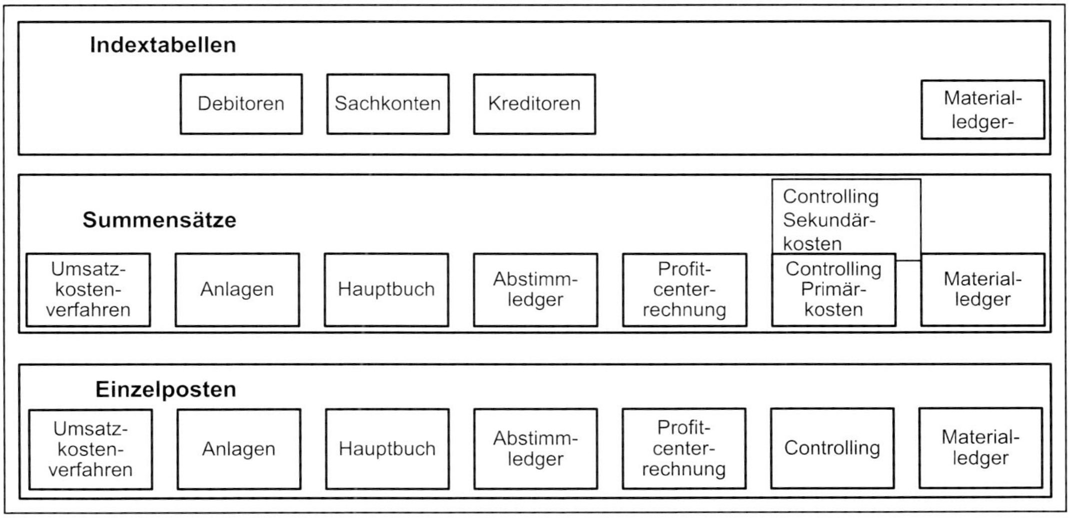

Abb. 4: Alte Tabellenstruktur in SAP ERP

Die Leistungsfähigkeit von HANA ermöglicht, das Datenmodell stark zu vereinfachen, auf Index- und Summensatztabellen zu verzichten und das Universal Journal als neue, zentrale Einzelpostentabellen einzuführen (s. Abb. 5).

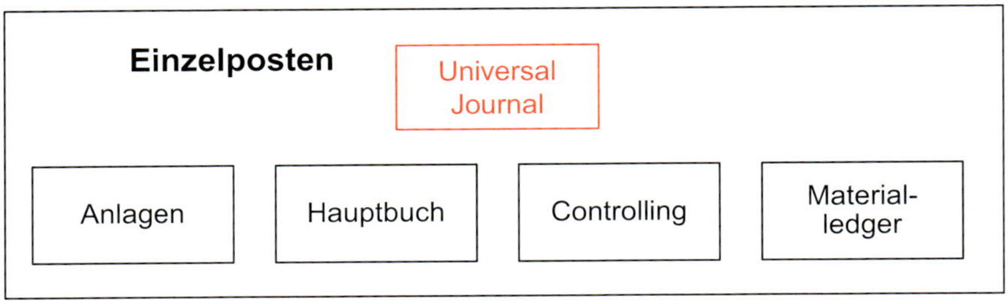

Abb. 5: Neue Tabellenstruktur in SAP S/4HANA

Alle Istbuchungen des externen und internen Rechnungswesens mit allen relevanten Informationen der Softwarekomponenten Finanzbuchhaltung, Anlagenbuchhaltung, Controlling und Material Ledger werden in diesem Universal Journal gespeichert (s. Abb. 6).

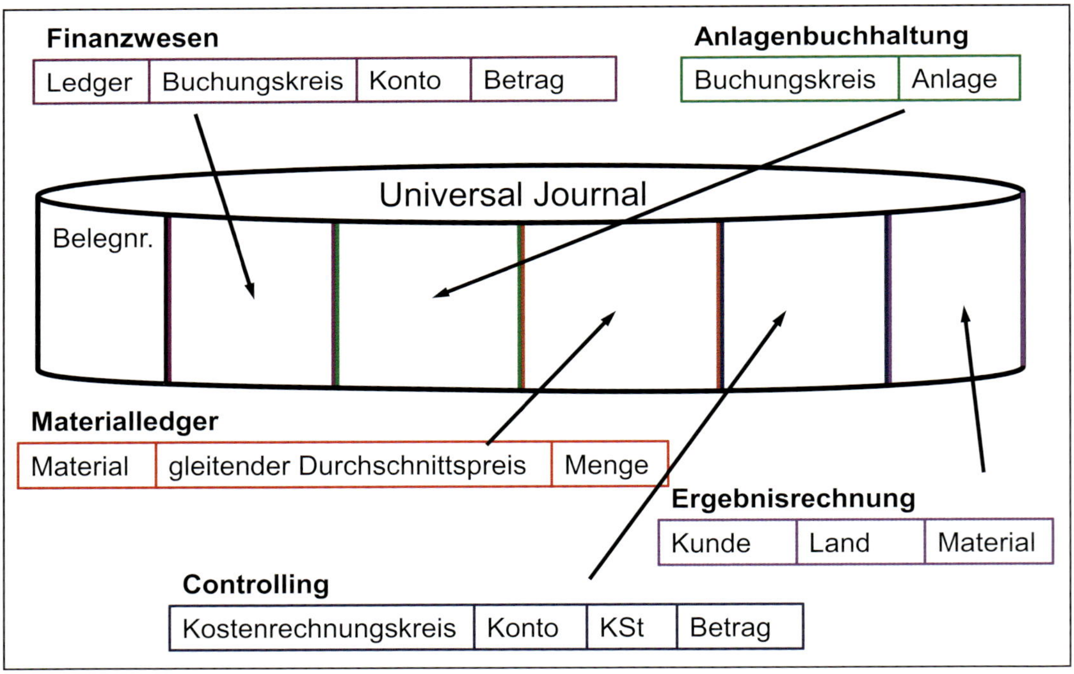

Abb. 6: Aufbau des Universal Journal

Das Universal Journal umfasst mehr als 300 Standardfelder. Zusätzlich können beliebige, kundenspezifische Felder hinzugefügt sowie alle Merkmale der buchhalterischen Ergebnisrechnung aufgenommen werden.

Das interne und externe Rechnungswesen wachsen unter S/4HANA eng zusammen. Jede Kostenart, auch jede sekundäre Kostenart, ist jetzt ein FI-Konto. Jede CO-Buchung erzeugt einen FI-Beleg und einen Eintrag im Universal Journal. Das gewährleistet die Echtzeitintegration zwischen Controlling und Finanzwesen.

Abstimmung wird überflüssig

Wenn nun alles in einer Tabelle gespeichert wird, gibt es natürlich keine Abstimmprobleme zwischen den Anwendungskomponenten mehr und das Abstimmledger sowie diverse Abstimmprogramme sind somit obsolet. Das vereinfacht den Monatsabschluss und schafft die Grundlage für ein Realtime-Business, bei dem Auswertungen auf Basis von Echtzeitdaten stattfinden und viele Batchprogramme am Monatsende wie z. B. die periodischen Bestandsbuchungen in der Anlagenbuchhaltung entfallen.

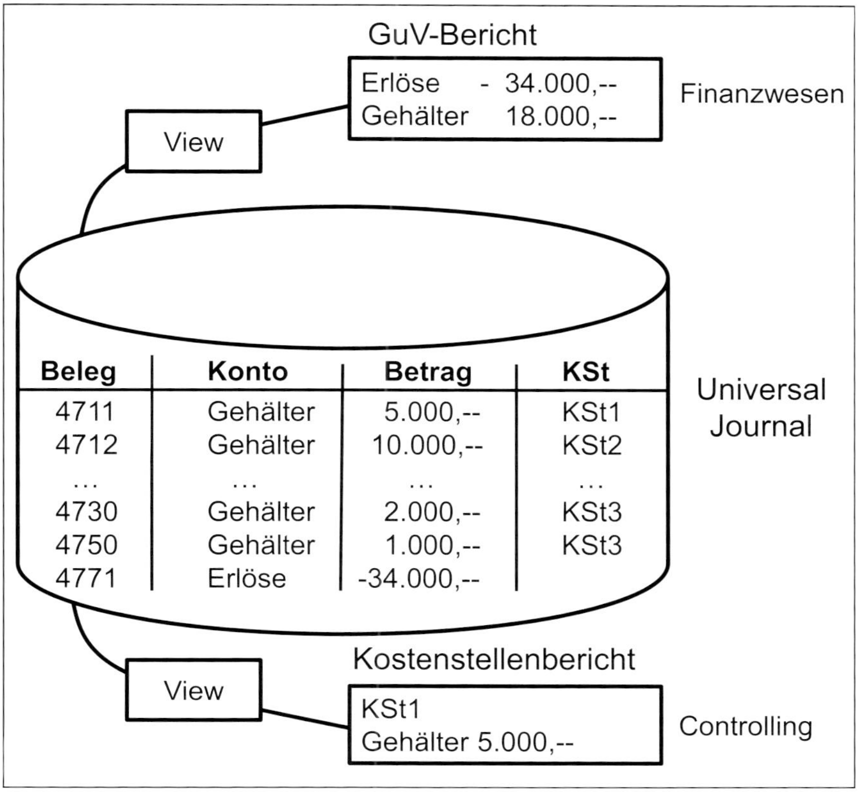

Abb. 7: Kompatibilitätssichten

Das Universal Journal stellt jetzt die einzige Quelle der Wahrheit (single source of truth) für Finanzwesen und Controlling dar.

Infos werden „on the fly" geliefert

Die für die jeweilige Fragestellung relevanten Informationen des internen bzw. externen Rechnungswesens werden dann aus dem Universal Journal in Echtzeit, mit hoher Performance und praktisch „on the fly" wunschgemäß selektiert, verarbeitet und entscheidungsrelevant zusammengesetzt.

Durch Verwendung von **Kompatibilitätssichten** funktionieren die bisherigen Standardprogramme und Berichte unverändert weiterhin. Buchhalter können die Bilanz- und GuV und Controller ihren Kostenstellenbericht wie bisher aufrufen (s. Abb. 7).

Obwohl die bestehenden Berichte weiter verwendet werden können, wird der Buchhalter und Controller zukünftig auf die neuen Möglichkeiten des Embedded Analytics setzen.

Kundenspezifische Programme, die auf die neuen Kompatibilitätssichten nur lesend zugreifen, lassen sich in gewohnter Weise verwenden.

4 Embedded BW und Embedded Analytics

4.1 Embedded BW

Echtzeitreporting ohne Datenredundanz

Ein Business Warehouse, kurz „BW" genannt, ist im S/4HANA-System eingebettet (embedded) und muss nicht als eigener Server mit allen damit zusammenhängenden Problemen wie regelmäßiges Laden der Daten, Latenz der Daten und Datenredundanz betrieben werden.

Die Zukunft des Berichtswesens liegt in den neuen Berichtswerkzeugen der Embedded Analytics.

Mit dem Embedded Business Warehouse verfügt S/4HANA jetzt auch über alle Analysemöglichkeiten eines OLAP-Systems, jedoch mit gewaltigen Vorteilen:

- Die Daten müssen nicht mehr über komplexe Extraktionsmechanismen in ein getrenntes Data-Warehouse-System übertragen und dort redundant gespeichert werden.
- Die Reportingwerkzeuge greifen über virtuelle Datenmodelle in Echtzeit direkt auf die Original-Einzelpostentabellen wie das Universal Journal zu. Jede Analyse kann so die aktuellsten Informationen miteinbeziehen und ist so immer up-to-date.

Abb. 8 zeigt, dass die physischen SAP-Tabellen auf der HANA-Datenbankebene gespeichert werden. Auf der darüber liegenden Ebene der virtuellen Datenmodelle werden die Daten für das Berichtswesen bereitgestellt. Darauf können die vielen verschiedenen Reportingwerkzeuge, die im nächsten Abschnitt vorgestellt werden, zugreifen.

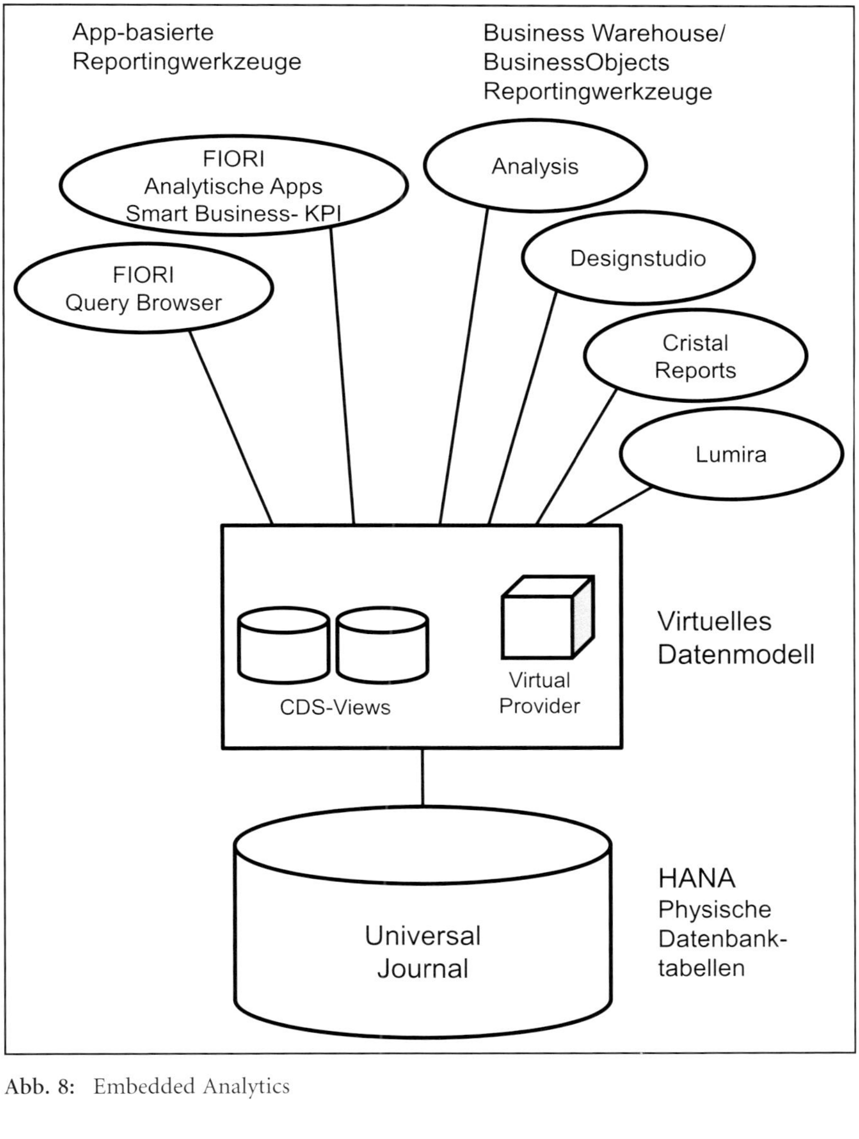

Abb. 8: Embedded Analytics

4.2 Überblick über die Reportingwerkzeuge

Zahlreiche neue Reporting-Werkzeuge

Über das Embedded Business Warehouse sind alle Business Warehouse-Reportingwerkzeuge wie Analysis for Excel, Analysis for PowerPoint, Design Studio, Cristal Reports und Lumira anwendbar. Zusätzlich sind

App-ähnliche Auswertungen mit den neuen Fiori-Anwendungen mit Query-Browser, analytischen Apps und Fact Sheets zur Verfügung, die auch für mobile Endgeräte wir Tablets und Smartphones nutzbar sind.

Anschließend sollen die neuen Möglichkeiten anhand von drei Beispielen gezeigt werden.

4.2.1 Multidimensionales Reporting mit Analysis for Excel

Excel-basiertes Analysetool

In diesem Kapitel beschreiben wir die Möglichkeiten von Embedded Analytics anhand von Analysis for Excel. Folgendes Beispiel zeigt die neuen Möglichkeiten einer Bilanz und GuV-Analyse mit Analysis for Excel. Der Standard ERP-Bericht zum Bilanz und Gewinn- und Verlustrechnung liest die die Daten aus dem Universal Journal über einem Kompatibilitätsview und zeigt einen Gewinn von 1.340 EUR.

GEWINN- u. VERLUSTRECHNUNG	0,00
20. Jahresüberschuss/Jahresfehlbetrag	1.340,70-
14. Ergebnis der gewöhnl. Geschäftstätigkeit	1.340,70-
1. Erlöse	34.090,00-
5. Materialaufwand	4.249,30
6. Personalaufwand	18.000,00
8. Weitere sonstige betriebliche Aufwendungen	10.500,00

Abb. 9: GuV aus dem Standard-Bilanzbericht

Ruft man jetzt über Analysis for Excel die GuV auf so erhält man im ersten Schritt das gleiche Ergebnis.

Sachkonto	Betrag in EUR
[-] 14. Ergebnis der gewöhnl. Geschäftstätigkeit	-1.340,70
[+] 1. Erlöse	-34.090,00
[+] 5. Materialaufwand	4.249,30
[+] 6. Personalaufwand	18.000,00
[+] 8. Weitere sonstige betriebliche Aufwendungen	10.500,00

Abb. 10: GuV mit Analysis for Excel

Mit Analysis for Microsoft Excel (zukünftig als Analysis bezeichnet) gibt es jetzt viele neue Möglichkeiten, das Ergebnis nach unterschiedlichsten Kriterien zu analysieren.

Erlöse nach Produkten Deckungsbeitrag pro Produkt

Die erste Fragestellung könnte sein, die Erlöse nach Produkten zu gliedern.

Man sieht, dass aber nicht nur die Erlöse, sondern auch die Materialkosten den Produkten zugeordnet sind und so ein Deckungsbeitrag pro Produkt ermittelt werden kann (s. Abb. 11).

	Betrag in				
Material	T-F100	T-F101	T-R120	#	**Gesamtergebnis**
	Mountainbike	Citybike	Kette	Nicht zugeordnet	
Sachkonto	EUR	EUR	EUR	EUR	**EUR**
[-] 14. Ergebnis der gew	-4.685,00	-25.097,00	-58,70	28.500,00	**-1.340,70**
[+] 1. Erlöse	-5.990,00	-28.000,00	-100,00		**-34.090,00**
[+] 5. Materialaufwand	1.305,00	2.903,00	41,30		**4.249,30**
[+] 6. Personalaufwand				18.000,00	**18.000,00**
[+] 8. Weitere sonstige				10.500,00	**10.500,00**

Abb. 11: Ergebnisbericht aus der GuV

Nun stellt sich die Frage, wann welche Umsätze erzielt wurde (s. Abb. 12).

		Betrag in			
	Material	T-F100	T-F101	T-R120	**Gesamtergebnis**
		Mountainbike	Citybike	Kette	
Sachkonto	**Buchungsdatum**	EUR	EUR	EUR	**EUR**
[-] 1. Erlöse	04.02.2017	-5.990,00	-800,00	-100,00	**-6.890,00**
	05.02.2017		-27.200,00		**-27.200,00**
	Ergebnis	**-5.990,00**	**-28.000,00**	**-100,00**	**-34.090,00**

Abb. 12: Umsatzanalyse

Hier sieht man, dass ein hoher Umsatz mit Citybikes am 5.2.2017 erzielt wurde.

Kostenstellen

Eine weitere Analyse könne die Analyse der Gemeinkosten nach Kostenstellen sein. Hierzu muss man nur das Merkmal „Kostenstelle" gegen die Merkmale „Material" und „Datum" austauschen.

Kostenstelle	#	KST1	KST2	KST3	**Gesamtergebnis**
Sachkonto	Nicht zugeordnet	Vertrieb	Produktion	Service	
[-] 14. Ergebnis der gewöhnl. Geschäftstätigkeit	-29.840,70	11.500,00	12.800,00	4.200,00	**-1.340,70**
[+] 1. Erlöse	-34.090,00				**-34.090,00**
[+] 5. Materialaufwand	4.249,30				**4.249,30**
[+] 6. Personalaufwand		5.000,00	10.000,00	3.000,00	**18.000,00**
[+] 8. Weitere sonstige betriebliche Aufwendungen		6.500,00	2.800,00	1.200,00	**10.500,00**

Abb. 13: Kostenstellenauswertung

Nachdem alle Sekundärkostenbuchungen auch eine FI-Belegnummer bekommen und im Universal Journal gespeichert werden, können diese auch dargestellt werden.

Durch die Kosten der internen Reparatur verändern sich die Gesamtkosten der Kostenstelle auf EUR 13.300.

Möchte man eine ähnliche Analyse webbasiert durchführen, bietet sich das Werkzeug Design Studio an.

Kostenstelle	Betrag in KST1 Vertrieb	KST2 Produktion	KST3 Service	Gesamtergebnis
Sachkonto	EUR	EUR	EUR	**EUR**
Gesamtergebnis	**11.500,00**	**13.300,00**	**3.700,00**	**28.500,00**
[+] 6. Personalaufwand	5.000,00	10.000,00	3.000,00	**18.000,00**
[+] 8. Weitere sonstige betriebliche Aufwendungen	6.500,00	2.800,00	1.200,00	**10.500,00**
[+] 9. Interne Verrechnung		500,00	-500,00	**0,00**

Abb. 14: Kostenstellenkosten mit Sekundärkosten

4.2.2 Reporting über das Fiori Launchpad mittels analytischer App

Fiori Apps auf dem Fiori Launchpad

Eine neue Möglichkeit sind die Analysen mit Fiori Apps. Sie lassen sich über das rollenspezifisch konfigurierte Fiori Launchpad auch von mobilen Endgeräten wie Tablets aufrufen.

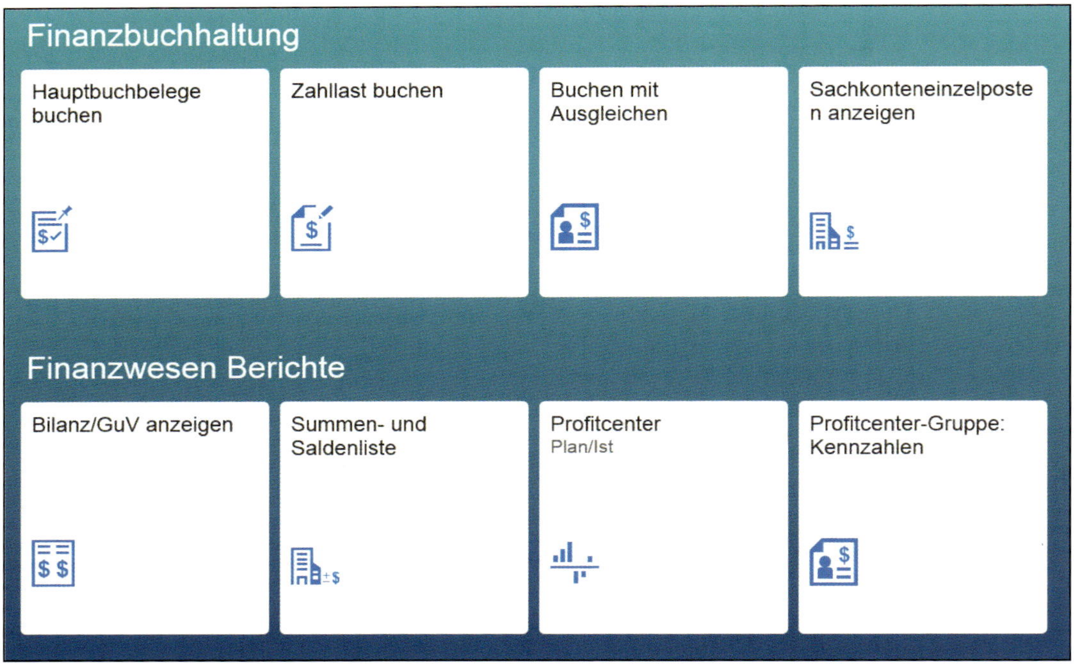

Abb. 15: Fiori Launchpad Einstieg

SAP liefert viele Fiori Apps im Standard aus. Die Apps werden in transaktionale, analytische Apps und Fact Sheets unterschieden.

Trial Balance

Zur näheren Analyse der Sachkonten könnte sowohl der Buchhalter als auch der Controller in die analytische Fiori App Trial Balance einsteigen.

Für den ausgewählten Zeitraum sieht man zunächst den Saldo aller Konten (s. Abb. 16). Im nächsten Schritt kann die Trial Balance auf die Gehälter eingeschränkt werden.

Sachkonto		Amount in CC Crcy
YCOA/41000000	Erl. Inland - Erz.	-34.090,00 EUR
YCOA/51600000	Verbrauch Handelswar	4.249,30 EUR
YCOA/54083000	Verkauf Eigen KoArt	0,00 EUR
YCOA/61100000	Gehälter	18.000,00 EUR
YCOA/63008000	Instandhltng Gebäude	0,00 EUR
YCOA/65003000	Kraftfahrzeugkosten	10.500,00 EUR
Ergebnis	Ergebnis	-1.340,70 EUR

Abb. 16: Trial Balance nach Sachkonten

Um zu erfahren, wie sich die Gehälter auf die einzelnen Kostenstellen verteilen, kann in einem weiteren Navigationsschritt die Summe der Gehälter nach Kostenstellen aufgerissen werden.

Sachkonto		Kostenstelle		Amount in CC Crcy
YCOA/61100000	Gehälter	A000/KST1	Vertrieb	5.000,00 EUR
		A000/KST2	Produktion	10.000,00 EUR
		A000/KST3	Service	3.000,00 EUR
		Ergebnis	Ergebnis	18.000,00 EUR

Abb. 17: Trial Balance nach Kostenstellen

Ein Aufriss nach mehr als hundert Feldern des Universal Journal ist durch interaktive Navigation möglich ohne den Bericht verlassen zu müssen.

4.2.3 Reporting über das Fiori Launchpad mittels KPI

Bei einigen dieser Fiori Apps werden auf den Kacheln Echtzeitwerte von Kennzahlen (Key Performance Indicator, im folgenden „KPI“ genannt) eingeblendet, was mit dem Werkzeug „Smart Business“ kundenindividuell entwickelt werden kann.

Bei diesen Apps kann beispielweise eine berechnete Kennzahl abhängig von bestimmten Bedingung in unterschiedlichen Farben dargestellt werden. Rot bedeutet beispielweise kritisch oder Ziel nicht erreicht.

Für das Berichtswesen bedeutet das, dass man ein Launchpad mit aktiven Kacheln konfiguriert, auf denen wichtige, führungsrelevante KPIs in Echtzeit zu sehen sind und mit einem Blick überwacht werden können. Eine weitere Nutzung dieser aktiven Kacheln ist die Anzeige der Anzahl zu erledigender Workflow-Aufgaben. Damit kann in Zukunft das Fiori-Launchpad wie eine Anzeigetafel genutzt werden, bei der man erst bei Auffälligkeiten der Kennzahlen in einem zweiten Schritt diese Kacheln anklickt, um dann in die Details zu verzweigen und diese zu analysieren.

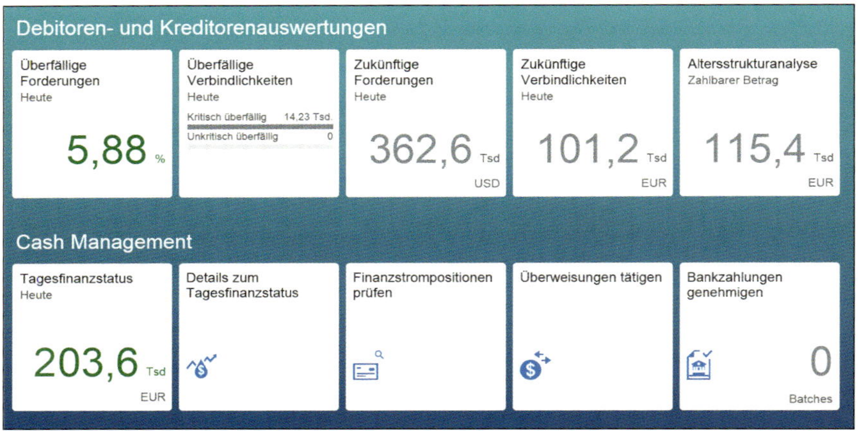

Abb. 18: Fiori Apps mit Echtzeit-Kennzahlen

Tagesfinanzstatus

In der App Tagesfinanzstatus kann der Cash Manager die KPI aktuelle Liquidität über alle Bankkonten im Konzern sehen. Diese beträgt EUR 203.600 und ist durch die grüne Kennzahl als positiv zu bewerten. Klickt er dann auf diese App werden die Details angezeigt und er sieht, dass auf den Bankkonten in den USA ein Minus besteht, während bei den Bankkonten in Deutschland ein großes Guthaben vorhanden ist.

Der Tagesfinanzstatus kann nach mehreren Merkmalen wie Land, Währung, und Bank in grafischer und tabellarischer Form dargestellt werden.

Er könnte jetzt über die App Überweisungen einen Kontenübertrag von dem Bankkonto in Deutschland auf das Bankkonto in den USA veranlassen.

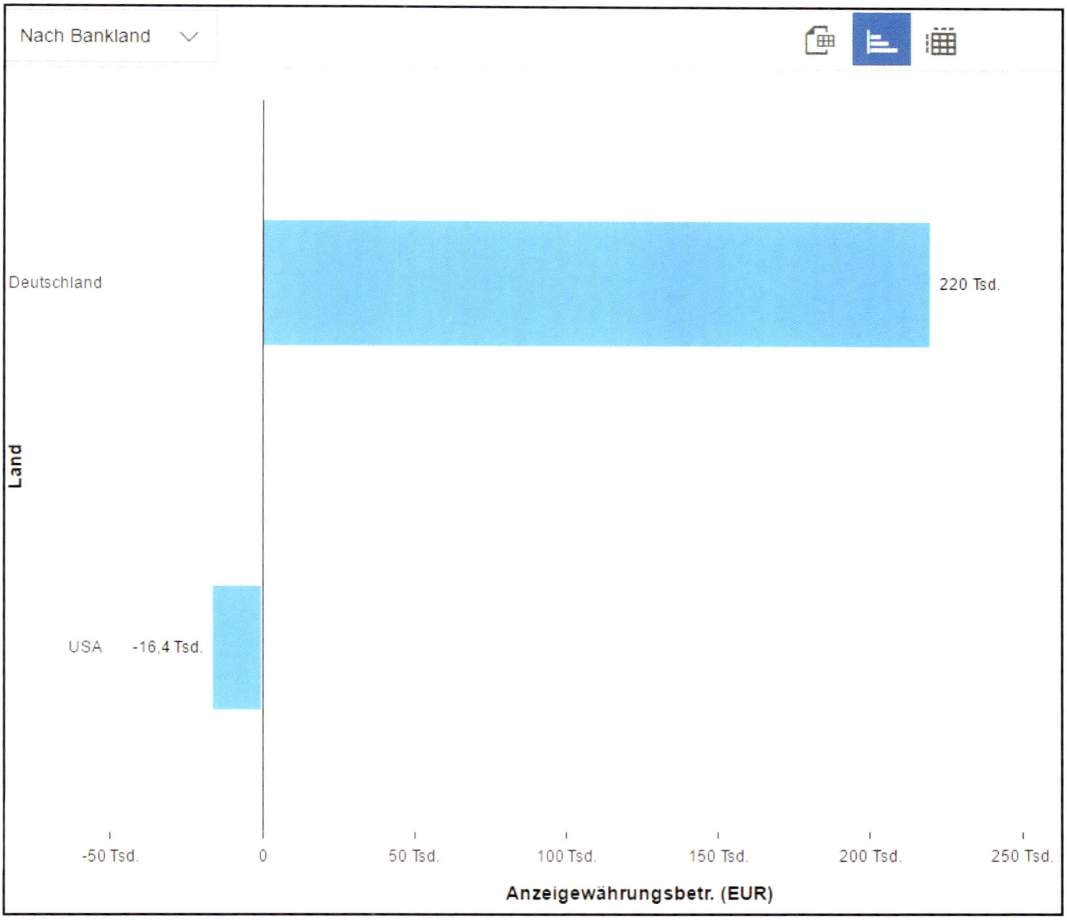

Abb. 19: Tagesfinanzstatus

5 Fazit

Aus Sicht der Autoren ist SAP mit S/4HANA Finance im Bereich Rechnungswesen ein großer Wurf gelungen. Nachdem alle Daten des internen und externen Rechnungswesens im gleichen Universal Journal gespeichert werden, gibt es nurmehr eine Quelle der Wahrheit, und Buchhalter und Controller kommen zu den gleichen Ergebnissen.

Alle Daten werden auf Belegebenen mit allen Details gespeichert. Durch die integrierten OLAP-Berichtswerkzeuge in Verbindung mit der In-Memory-Speichertechnik können mittels multidimensionaler Analysen diese Massen von Daten in Sekunden zu entscheidungsrelevanten Informationen verdichtet werden.

Marktübersicht für Business-Intelligence- und Analytics-Software

- Egal ob „Big Data", „Internet of Things" oder „Digitalisierung" – im Kern dieser neuen Initiativen und unternehmerischen Herausforderungen steht die Integration, Speicherung, Bereitstellung und Analyse von Daten, also die Kernaufgaben der Business Intelligence (BI).
- Entsprechend werden Softwarelösungen hierfür immer wichtiger für Unternehmen, um Entscheidungsträger über unternehmensinterne und -externe Entwicklungen zu informieren, um datengetriebene Prozessverbesserungen oder digitale Geschäftsmodelle umsetzen zu können.
- Dieser Beitrag gibt einen Überblick des Softwaremarktes der Anwenderwerkzeuge für Business Intelligence, von der Marktentwicklung in Zahlen bis hin zur Beschreibung der wesentlichen Marktsegmente und einer Nennung und Bewertung von Anbietern in wichtigen Teilmärkten.

Inhalt		Seite

Die Autoren

Dr. Carsten Bange, Geschäftsführer des Business Application Research Centers (BARC) in Würzburg.

Larissa Seidler, Senior Analystin Business Intelligence beim Business Application Research Center (BARC) in Würzburg.

1 Softwaremarkt für Business Intelligence – Struktur und Entwicklung

Analytics = Business Intelligence?

Informationssysteme zur Entscheidungsunterstützung haben eine lange Tradition und werden ungefähr seit dem Jahr 2000 als „Business-Intelligence-Software" bezeichnet. Die in den letzten Jahren zunehmende Popularität des Begriff „Analytics" im BI-Markt kennzeichnet den sich verändernden Fokus von Unternehmen auf die Datenanalyse ergänzend zu der reinen Informationslieferung („Intelligence") im Reporting. Im angelsächsischen Sprachraum wird Analytics inzwischen häufig synonym zu Business Intelligence genutzt, während wir im deutschsprachigen Raum momentan eher eine Assoziation des Begriffs „Analytics" mit der fortgeschrittenen Datenanalyse („Advanced Analytics") als Ergänzung der weiterhin relevanten Business Intelligence sehen.

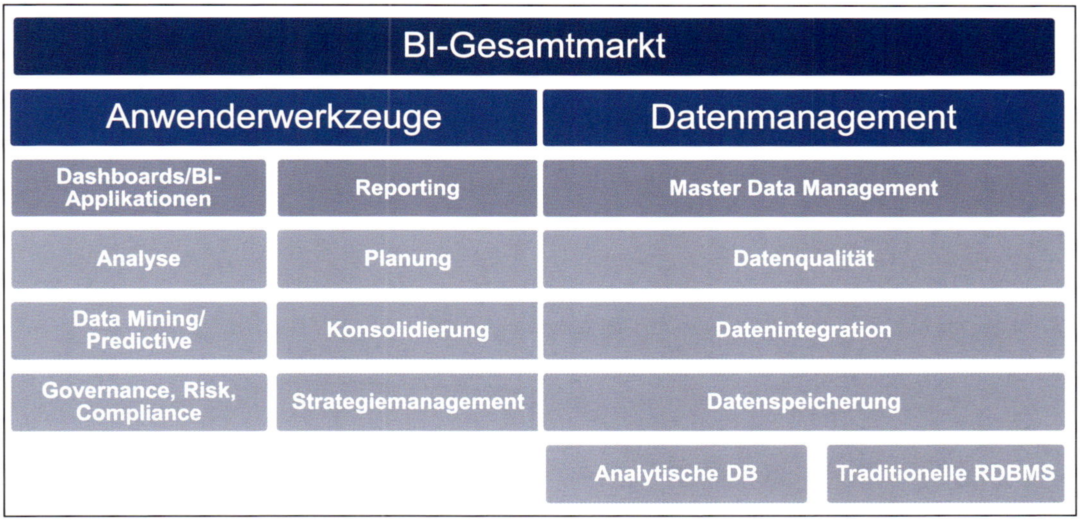

Abb. 1: BI-Marktstruktur: Marktsegmente für Anwenderwerkzeuge und Datenmanagement (Quelle: BARC)

BI-Markt wächst seit Jahren

Der Softwaremarkt für Business Intelligence in der von uns genutzten breiten Definition von Business-Intelligence-Systemen als „Informationssysteme zur Integration, Speicherung, Bereitstellung und Analyse von Daten zur Entscheidungsunterstützung" umfasst zwei wesentliche Softwarekategorien: Anwenderwerkzeuge und Datenmanagement-Komponenten (Abb. 1). Anwenderwerkzeuge stellen Funktionen für Berichtswesen, Planung und Datenanalyse bereit. Werkzeuge für das Datenmanagement dienen dem Aufbau der Datengrundlage für die Anwenderwerkzeuge. Typischerweise fällt der Hauptaufwand eines BI-Projektes in den Datenmanagement-Bereich, für den Anwender ist er allerdings i.d.R. wenig sichtbar. Die Anwenderwerkzeuge sind die zentrale Interaktionsschnittstelle zwischen Anwendern und Daten.

Der BI-Markt zeigt seit vielen Jahren ein stabiles Wachstum mit einer verketteten durchschnittlichen Wachstumsrate von 9 % in den vergangenen 10 Jahren (Abb. 2).

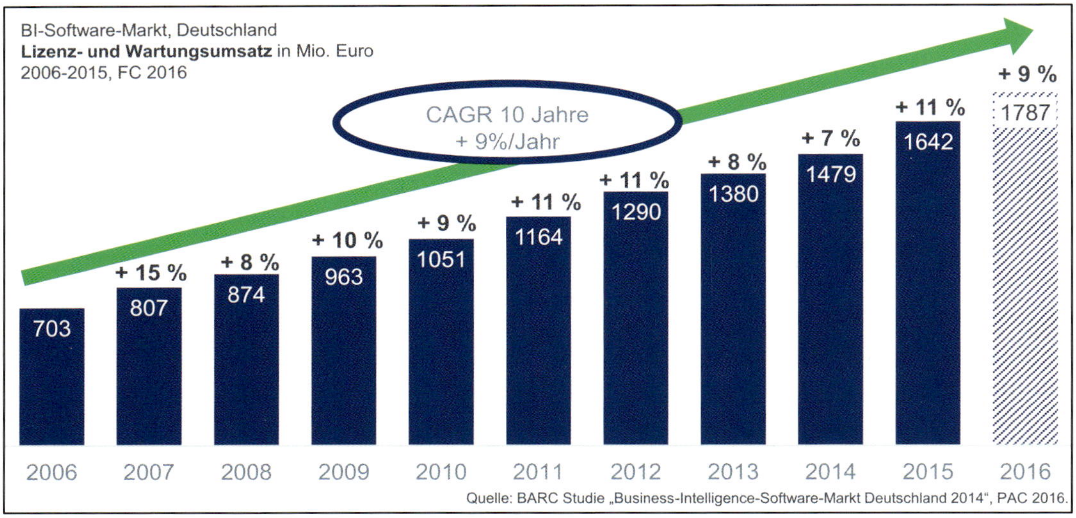

Abb. 2: Volumen BI-Software-Markt 2006–2016

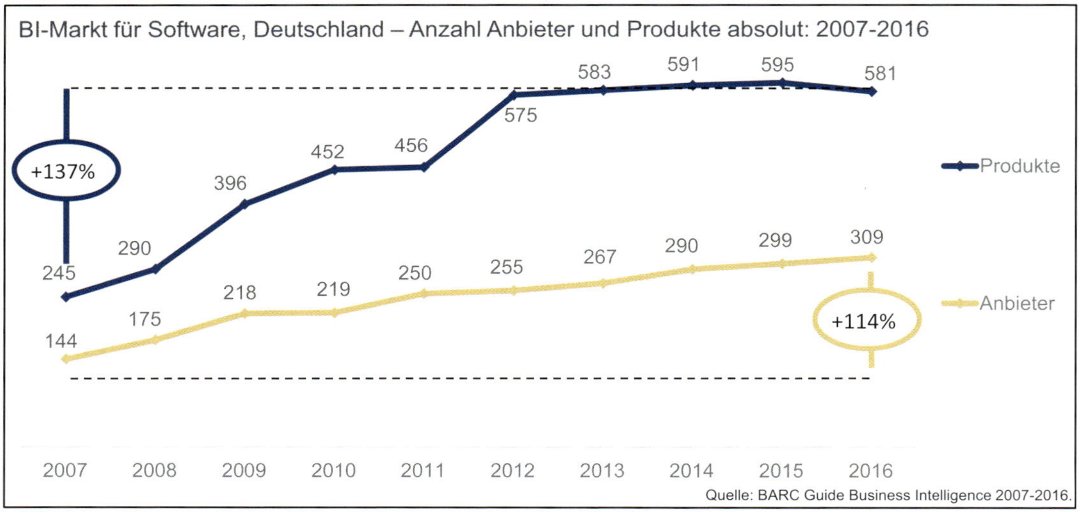

Abb. 3: Entwicklung Anzahl Produkte und Anbieter für BI in Deutschland

Frappierend ist dabei die Entwicklung der Anzahl der Softwareanbieter im Markt und der von ihnen angebotenen Lösungen. Im jährlichen

Marktkatalog „BARC Guide Business Intelligence" des Business Application Research Centers (BARC) wird eine umfassende Auflistung aller den BARC-Analysten bekannten Softwarelösungen für BI vorgenommen. Der Trend ist dabei eindeutig (Abb. 3): Trotz etlicher Übernahmen von Anbietern hat sich die Gesamtzahl der im deutschen Markt präsenten Anbieter und Lösungen in den letzten 10 Jahren auf mehr als 300 Anbieter mit knapp 600 Produkten mehr als verdoppelt.

Anzahl Anbieter und Produkte steigt weiter

Die größten BI-Softwareanbieter in Deutschland sind dabei auch die vier großen Software-Generalisten SAP, Oracle, IBM und Microsoft (Abb. 4). Alle vier verfolgen die Strategie, eine große Zahl der genannten BI-Segmente abzudecken und bieten hierfür verschiedene Lösungen für Anwenderwerkzeuge und im Datenmanagement an. Die Schwerpunkte sind dabei durchaus unterschiedlich: SAP und IBM erzielen einen Großteil ihres BI-Umsatzes eher aus den Anwenderwerkzeugen während Oracle und Microsoft stärker im Datenmanagement umsetzen.

Top 10 BI-Softwareanbieter

Abb. 4: **Top 10 BI-Softwareanbieter in Deutschland**

Rang	Firma	BI-Softwareumsatz 2015 (in Mio. EUR)	Marktanteil
1	SAP	400	24,4 %
2	Oracle	198	12,1 %
3	Microsoft	164	10,0 %
4	IBM	151	9,2 %
5	SAS	116	7,1 %
6	Qlik	39	2,4 %
7	Informatica	34	2,1 %
8	Teradata	31	1,9 %
9	MicroStrategy	27	1,6 %
10	Tableau	20	1,2 %

Unter den Top 10 Anbietern finden sich ab Platz 5 nur noch spezialisierte Anbieter, die in ganz unterschiedlichen Marktsegmenten aktiv sind. Teradata bietet analytische Datenbanken an, Informatica eine Datenintegration und -management-Plattform; die Anbieter Qlik, MicroStrategy und Tableau konzentrieren sich auf Anwenderwerkzeuge während SAS sowohl die Datenintegration als auch BI-Werkzeuge und analytische Anwendungen im Programm hat. Schon diese wenigen Beispiele zeigen die Breite und unterschiedliche Aufstellung der Lösungsanbieter auf, was neben der puren Menge an Anbietern eine Marktübersicht und Softwareauswahl entsprechend herausfordernd macht.

2 BI-Anwenderwerkzeuge: Segmente und Anbieter

BI-Anwenderwerkzeugmarkt ist breit gefächert

Die Bedürfnisse der Anwender sind häufig sehr heterogen. Entsprechend ist der Markt für BI-Anwenderwerkzeuge breit gefächert. Die verfügbare Software reicht von Spezialwerkzeugen für besondere Fragestellungen oder Branchen bis hin zu Generalisten, die den Fokus auf der Lieferung einer BI-Plattform für eine Vielzahl an Anforderungen im BI-Bereich legen. Nachfolgend werden die wichtigsten Kategorien für BI-Anwenderwerkzeuge beleuchtet. Themen wie Governance, Risk, Compliance sowie Strategiemanagement werden in der Regel von Spezialwerkzeugen bedient und werden aus diesem Grund in diesem Beitrag nicht näher erläutert.

Die unterschiedlichen Lösungen für Endanwender lassen sich anhand der Komplexität in der Anwendung und der Flexibilität bzw. Freiheitsgrade für den Anwender kategorisieren. So ergeben sich die Nutzungsarten von Business Intelligence bzw. die BI-Anwendungsklassen (Abb. 5).

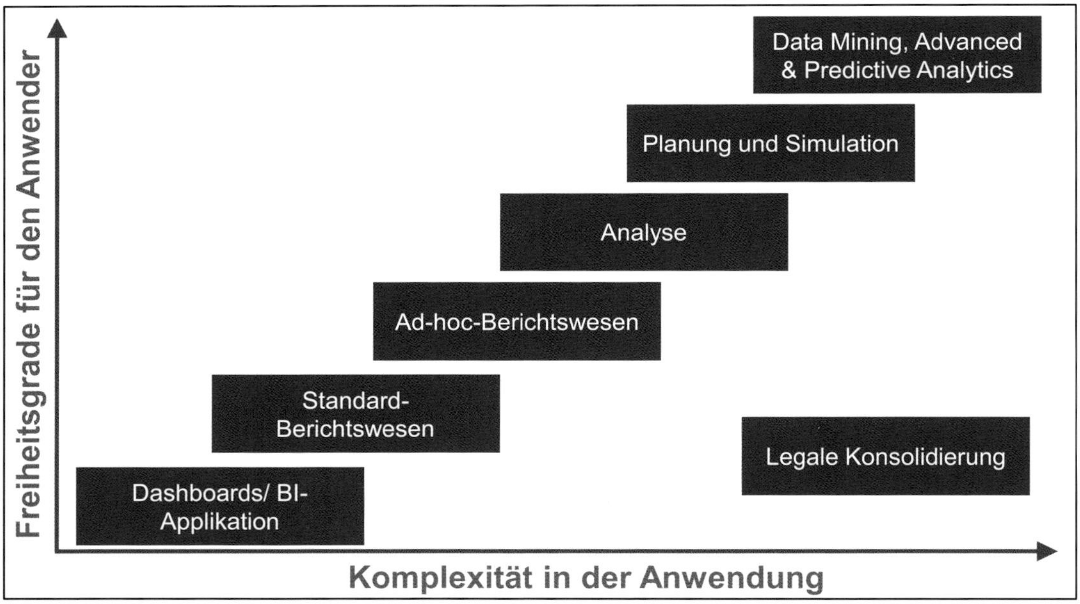

Abb. 5: BI-Anwendungsklassen (Quelle: BARC)

2.1 Dashboards/BI-Applikationen

Dashboards als aggregierte Visualisierungen

Dashboards und BI-Applikationen werden zur übersichtlichen und einfachen Darstellung aggregierter Informationen verwendet (Abb. 6), z.B. eingebettet in Unternehmensportale oder als eigene (Web-)Applikation. Viele Anwendungen in diesem Bereich werden auf Basis von

Internet-Technologie (häufig HTML5) zur Anzeige im Browser oder mobilen Endgeräten entwickelt.

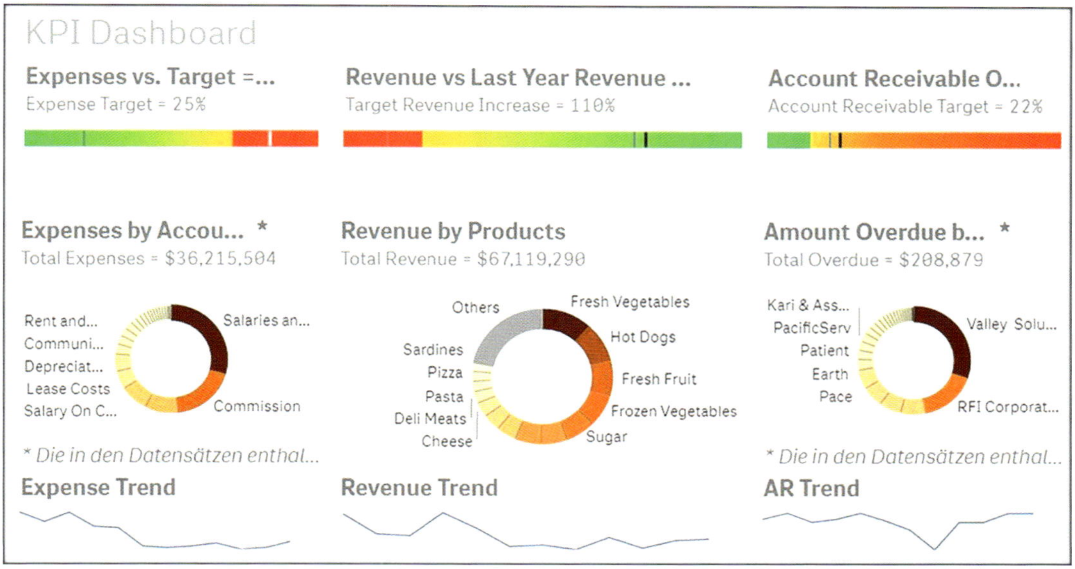

Abb. 6: Dashboard-Applikation entwickelt mit Qlik Sense (Quelle: Qlik)

Wegen der individuellen Anforderungen bieten die Softwarehersteller häufig lediglich Entwicklungsumgebungen (teilweise mit vorkonfigurierten Bausteinen), mit denen eigene Anwendungen durch grafische Entwicklung und Parametrisierung weitgehend programmierfrei erstellt werden können. Typischerweise haben Dashboard-Anwendungen zwei Nutzertypen: Ersteller (häufig IT-affin) und Konsumenten. Mit steigenden Anforderungen an die Flexibilität in der Nutzung der Software unterstützen immer mehr Hersteller auch die Erstellung bzw. Zusammenstellung von Dashboards durch Fachanwender, häufig basierend auf vordefinierten Inhalten.

Hinweis: BI-Anbieter mit flexibler Entwicklungsumgebung (Auswahl)

Die meisten Hersteller, die Dashboard- bzw. BI-Applikationserstellung unterstützen, bieten flexible Entwicklungsumgebungen an. Nachfolgend werden einige Anbieter und Produkte für den Dashboard-Aufbau beispielhaft und in alphabetischer Reihenfolge sortiert aufgeführt:

- arcplan Enterprise (arcplan firmiert jetzt unter Longview)
- BOARD
- Cubeware C8
- Information Builders WebFOCUS
- MicroStrategy Analytics Platform

- Qlik QlikView
- SAP BusinessObjects Design Studio
- TIBCO Spotfire

2.2 Standard-Berichtswesen

Standard Berichtswesen als eine der traditionellen Disziplinen

Das Standard-Berichtswesen bezeichnet die Erstellung und Verteilung von vordefinierten und vorberechneten Berichten, die typischerweise zu wiederkehrenden Zeitpunkten verschickt oder bereitgestellt werden. Die statische oder dynamische Darstellung von Kennzahlen erfolgt im Rahmen des betrieblichen Berichtswesens in der Regel tabellarisch mit ergänzenden Grafiken. Die wesentlichen Aufgaben in diesem Bereich sind die Möglichkeiten zur Berichtsdefinition, bei der die Formatierung aber auch die Flexibilität bei der Abfrage definiert wird, sowie die Informationsdistribution.

Neben standardisierten Prozessen für die Berichtserzeugung und -verteilung (z.B. über Nacht als E-Mail) wird auch das regelgesteuerte Ausnahmeberichtswesen häufig gefordert, welches eine schnelle und zielgerichtete Informationsversorgung ermöglicht. Berichte werden i.d.R. auf Portalen publiziert, die über einen Web-Browser zugänglich sind, oder per Mail verschickt. Immer häufiger existiert auch die Anforderung, Berichte und Informationen auf mobile Endgeräte zu übermitteln, um eine ortsunabhängige Informationslieferung zu gewährleisten.

Ähnlich wie bei Dashboards existieren beim Standard-Berichtswesen typischerweise zwei Nutzerrollen: Berichtersteller (häufig IT-affin) und Berichtempfänger.

Aufgrund der typischerweise hohen Layout- und Formatierungsanforderungen bieten die Softwarehersteller Berichtsentwicklungsumgebungen an, die von einem IT-affinen Nutzer zu bedienen sind. Berichtskonsumenten empfangen die Berichte über die oben erläuterten Kanäle.

Hinweis: BI-Anbieter für das Standardberichtswesen (Auswahl)
Nachfolgend werden einige Anbieter beispielhaft und in alphabetischer Reihenfolge sortiert aufgeführt:

- IBM Cognos Analytics (Report Studio)
- Information Builders WebFOCUS
- Jaspersoft
- Microsoft SQL Server Reporting Services
- MicroStrategy Analytics Platform
- OpenText Actuate Information Hub (Analytics Designer)

- Oracle BI Publisher
- Pentaho
- Pyramid Analytics
- Qlik QlikView NPrinting
- SAP Crystal Reports

2.3 Ad-hoc-Berichtswesen

Ad-hoc-Berichtswesen für Berichterstellung durch Fachanwender

Das Ad-hoc-Berichtswesen sieht im Gegensatz zum Standard-Berichtswesen immer einen Fachanwender als Berichtersteller vor (Abb. 7). Die Nutzer benötigen flexible Software zur Ad-hoc-Erstellung individueller Berichte bzw. Auswertungen. Im Vordergrund stehen also nicht die Layout- und Formatierungs- oder Verteilungsfunktionen, sondern Benutzerfreundlichkeit und Unterstützung der Ad-hoc-Berichterstellung durch Fachanwender.

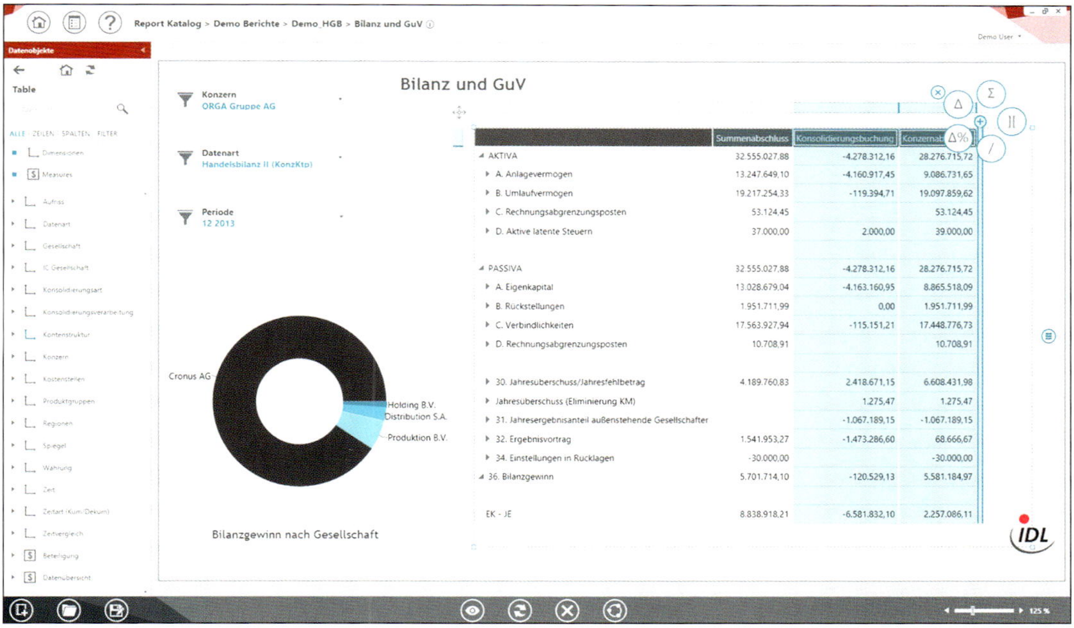

Abb. 7: Ad-hoc-Bericht erstellt mit IDL.Designer (Quelle: IDL)

Um den Fachanwender von der Komplexität der Datenquellen und ihrer Anbindung abzuschirmen, setzen die Werkzeuge für Ad-hoc-Berichtswesen auf das Konzept einer semantischen Schicht. Diese dient als Abstraktionsebene zwischen Datenhaltung und Berichtsdefinition durch Fachanwender und zeigt die verfügbaren Berichtsobjekte in verständlicher Form an.

Im Gegensatz zum Standard-Berichtswesen wird das Ad-hoc-Reporting typischerweise in einem 3-Rollen-Modell betrieben: Entwickler definieren die Datenzugriffe und das Datenmodell, das die für Fachanwender verständlichen Begriffe in der semantischen Schicht präsentiert. Power User im Fachbereich nutzen Ad-hoc-Reporting-Werkzeuge zur Definition von Berichten auf Basis dieser semantischen Schicht. Berichtsempfänger konsumieren die erstellten Berichte.

Da die primäre Zielgruppe für das Ad-hoc-Berichtswesen die Fachanwender sind, erfordern die typischen Ad-hoc-Berichtswerkzeuge in der Regel weniger Schulungsaufwand und IT-Know-how als die Standard-Berichtswerkzeuge.

Hinweis: BI-Anbieter für Ad-hoc-Analysen (Auswahl)

- IDL IDL.Designer
- Information Builders (InfoAssist Plus)
- Jaspersoft
- MicroStrategy Analytics Platform
- OpenText Actuate Information Hub (Analytics Studio)
- Oracle BI (Answers)
- Pentaho
- SAP BusinessObjects Web Intelligence
- SAS Web Report Studio
- Targit
- Yellowfin

2.4 Analyse

Unterschiedliche Analyseformen am Markt

Ergänzend zu Dashboarding und Berichtswesen ist eine flexible Navigation in und Analyse von Daten durch den Fachanwender sinnvoll. Benutzerfreundlichkeit, Kalkulations- und Simulationsmöglichkeiten sind ebenfalls wesentliche Eigenschaften von Ad-hoc-Analysewerkzeugen. Darüber hinaus stellen Analysewerkzeuge weitergehende analytische Verfahren zur Verfügung, wie vordefinierte ABC- oder Abweichungsanalysen.

Auf dem BI-Markt existieren unterschiedliche Analysewerkzeuge, die diverse Analyseformen – teilweise mehrere in einem Werkzeug – unterstützen. Die häufigsten sind: multidimensionale (OLAP) Analyse, visuelle Analyse, mengenorientierte Analyse und „Guided Advanced Analytics“ (s. Abb. 8).

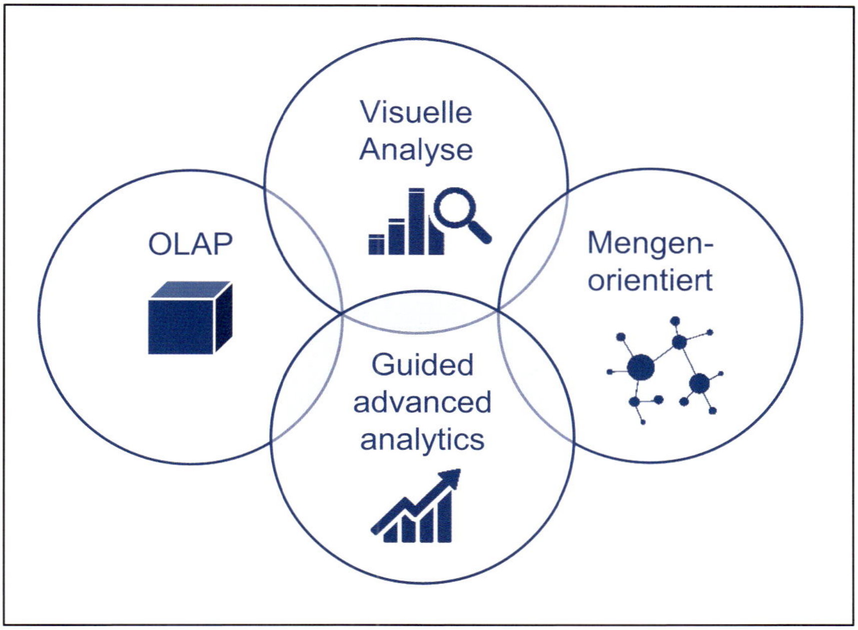

Abb. 8: Unterschiedliche Analyseformen (Quelle: BARC)

2.4.1 Multidimensionale Analyse

Die multidimensionale Analyse erlaubt dem Endanwender eine flexible Navigation in einem modellierten, multidimensionalen Datenraum, der häufig als „Würfel" oder „Cube" bezeichnet wird. Das multidimensionale Datenmodell hat den Vorteil der schnellen Sichtänderung auf die angezeigten Daten. Häufige Analyseoperationen hier sind Drill-Operationen entlang von Hierarchien und die Möglichkeit zum freien Aufbau von Kreuztabellen mittels Pivotierung. Im Mittelpunkt der OLAP-Analyse stehen in der Regel Kennzahlen, die mehrstufig aggregiert werden können.

Die OLAP-Analyse wird häufig über ein spezielles Analysewerkzeug oder innerhalb eines Excel-Tabellenblatts mit ergänzenden Funktionen und einer Verknüpfung der Zellen zu einer Datenbank (Excel-Add-In) zur Verfügung gestellt.

2.4.2 Visuelle Analyse

Visuelle Analyse (teilweise auch als Visual Business Intelligence bezeichnet) verbindet Datenanalyseverfahren mit Visualisierungstechniken für eine interaktive visuelle Exploration der Daten (Abb. 9). Fokus ist meistens das Auffinden und die Extraktion relevanter Informationen aus großen Datenmengen und das Erkennen von Mustern in den Daten unter Nutzung aussagekräftiger Grafiken. Werkzeuge für visuelle Analyse bieten teilweise sog. „Auto-Charting“-Funktionen an. Hierbei schlagen die Werkzeuge dem Nutzer eine zu den Daten passende Visualisierung vor. Die Navigation in den Daten erfolgt in diesen Werkzeugen visuell und in der Regel ausschließlich über Grafiken statt in Tabellen.

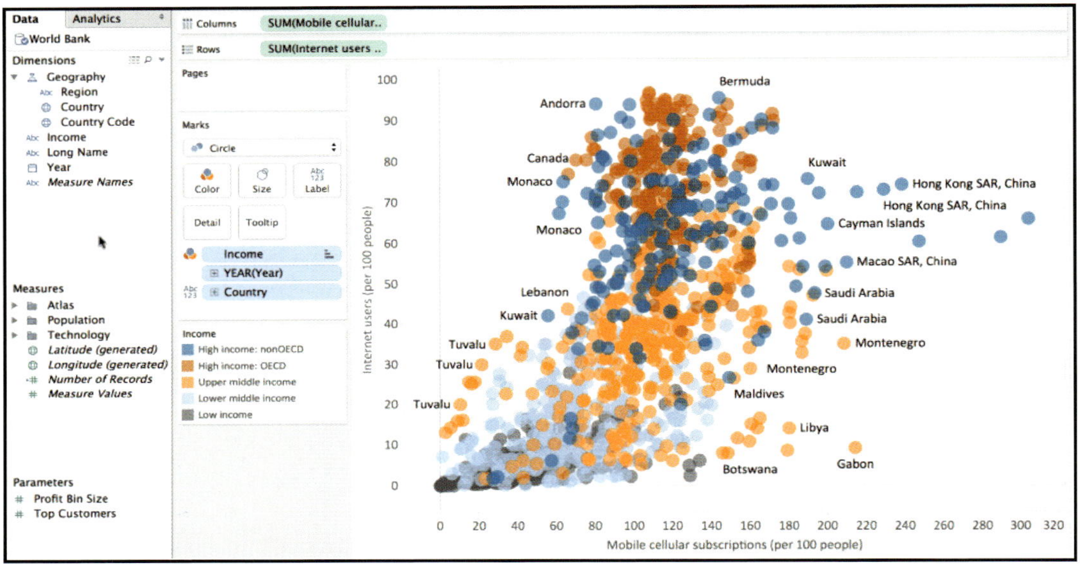

Abb. 9: Visuelle Analyse umgesetzt mit Tableau Desktop (Quelle: Tableau)

2.4.3 Mengenorientierte Analyse

In der mengenorientierten Analyse werden Informationsobjekte (z.B. Kunden) über ihre Attributausprägungen zu Gruppen zusammengefasst, oder die Gruppenzugehörigkeit einzelner Informationsobjekte über ihre Beziehungen zueinander identifiziert. Die resultierenden Datenmengen werden auf ihre Gemeinsamkeiten oder Unterschiede hin untersucht, häufig mithilfe von statistischen Verfahren wie der Korrelationsanalyse. Diese Art der Analyse eignet sich häufig für Anwendungsfälle, die sich mit einer Vielzahl an Attributen/Ausprägungen beschäftigen (bspw. Kundensegmentierung).

Im Datenmodell für die mengenorientierte Analyse fehlen im Gegensatz zur OLAP-Analyse in der Regel vormodellierte hierarchische Strukturen. Es ist so möglich, zwischen abhängigen Attributen frei zu navigieren und die Eigenschaften der verbleibenden Menge an Informationsobjekten ad-hoc zu ermitteln.

2.4.4 Hybride Analyseprodukte

Über die drei genannten Analyseformen hinaus bieten immer mehr Analysewerkzeuge fortgeschrittene und statistische Analysemöglichkeiten, die durch einen Fachanwender bedient werden können („Data Mining light" bzw. „Guided Advanced Analytics"). Die statistischen Funktionen werden in diesen Werkzeugen in der Regel als vordefinierte Funktionen (Regression, Korrelation, Trend, Clustering) angeboten und können auf den ausgewählten Datenbestand angewendet werden. Im Vordergrund steht hier nicht die Entwicklung und Operationalisierung von Data-Mining-Algorithmen sondern die Erkennung von Mustern in einem Datenbestand.

Die heute auf dem BI-Markt verfügbaren Analysewerkzeuge kombinieren häufig mehrere der genannten Analyseformen. Aus diesem Grund empfiehlt es sich, den vorliegenden Analysefall genau auf die Anforderungen hin zu überprüfen und das dafür passende Werkzeug zu evaluieren.

Hinweis: BI-Anbieter für hybride Analyseprodukte (Auswahl)
Nachfolgend werden einige Anbieter beispielhaft und in alphabetischer Reihenfolge sortiert aufgeführt:

- Bissantz DeltaMaster
- CommaSoft INFONEA
- IBM Watson Analytics
- Information Buidlers InfoAssist Plus
- Microsoft Power BI
- MicroStrategy Analytics Platform (Visual Insight)
- Qlik (QlikView/Qlik Sense)
- SAP BO Analysis for Office
- SAP Lumira
- SAS Visual Analytics
- Tableau
- TIBCO Spotfire

2.5 Planung

Planung ist nicht nur Dateneingabe

Planung bedeutet technisch gesehen die Erzeugung von Daten mit einem zukünftigen Zeitbezug. Während im klassischen Berichtswesen die Daten von den Anwenderwerkzeugen lediglich aus Datenbanken abgefragt werden, müssen Planungswerkzeuge auch ein Zurückschreiben von Daten aus dem Anwenderwerkzeug ermöglichen (Abb. 10). Planungs- und Budgetierungsprozesse benötigen Planungswerkzeuge mit Funktionen für Plandateneingabe, Datenverteilung, Forecasting und Simulation.

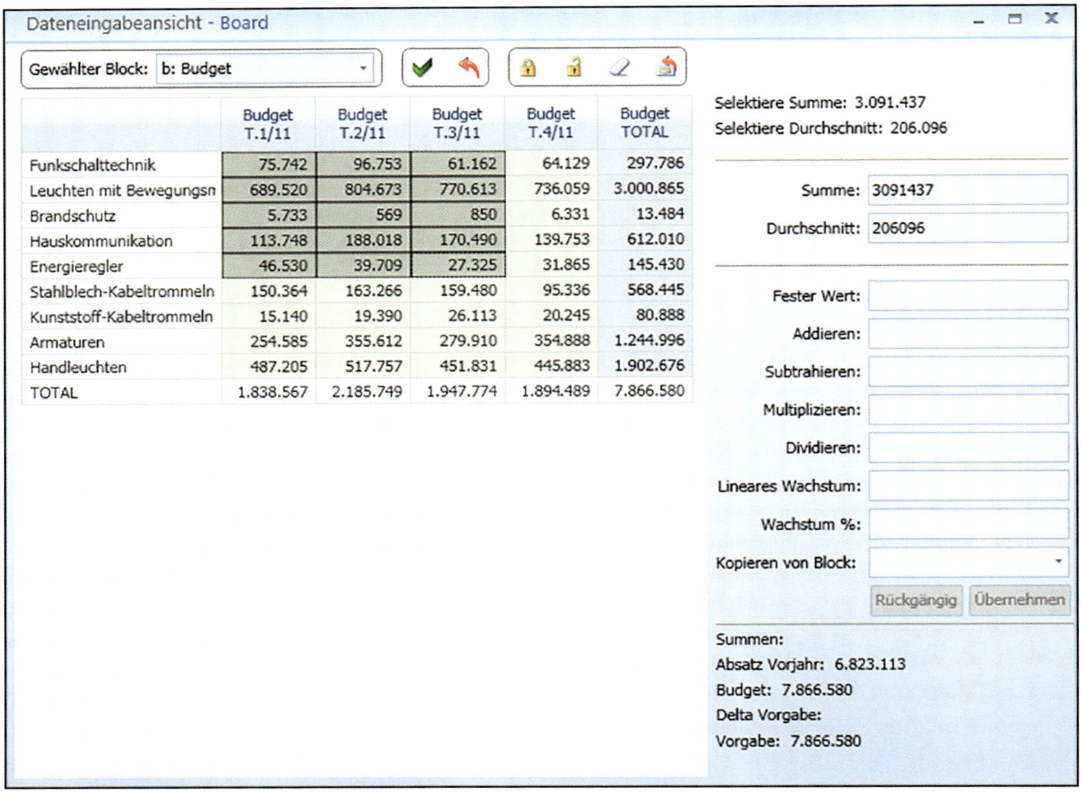

	Budget T.1/11	Budget T.2/11	Budget T.3/11	Budget T.4/11	Budget TOTAL
Funkschalttechnik	75.742	96.753	61.162	64.129	297.786
Leuchten mit Bewegungsn	689.520	804.673	770.613	736.059	3.000.865
Brandschutz	5.733	569	850	6.331	13.484
Hauskommunikation	113.748	188.018	170.490	139.753	612.010
Energieregler	46.530	39.709	27.325	31.865	145.430
Stahlblech-Kabeltrommeln	150.364	163.266	159.480	95.336	568.445
Kunststoff-Kabeltrommeln	15.140	19.390	26.113	20.245	80.888
Armaturen	254.585	355.612	279.910	354.888	1.244.996
Handleuchten	487.205	517.757	451.831	445.883	1.902.676
TOTAL	1.838.567	2.185.749	1.947.774	1.894.489	7.866.580

Abb. 10: Planung und Dateneingabe in BOARD (Quelle: BOARD)

In kleinen und mittleren Einsatzszenarien kann eine i. d. R. kostengünstige Planungsunterstützung durch Standardwerkzeuge für die Planung erreicht werden. Diese bilden häufig einen großen Teil der betriebswirtschaftlichen Planungslogik durch eine vordefinierte Verknüpfung der Erfolgs-, Finanz- und Bilanzplanung bereits ab. Für größere Einsatzszenarien mit vielen Beteiligten bringen Planungsplattformen zusätzlich zu den Planungsfunktionen auch eine integrierte Prozessunterstützung mit. Sowohl der Workflow mit seinen Beteiligten als auch Freigabeprozesse und ein Kalender mit der Öffnung und dem Schließen von Eingabemöglichkeiten werden hier unterstützt. Planungsplattformen bieten auch eine höhere Flexibilität zur Anpassung an unternehmensspezifische Anforderungen als Standardwerkzeuge für die Planung. Besondere Herausforderungen liegen in der Unterstützung von gleichzeitig dezentralen Dateneingabe- als auch zentralen Abstimmungs- und Planungsprozessen sowie der Verknüpfung verschiedener operativer Teilpläne mit der Finanzplanung.

Neu integriert werden momentan Verfahren der Advanced Analytics (s. Kap. 2.6), z. B. zur datenbasierenden Identifikation von Treibern oder einer Automatisierung des Forecasting durch statistische Methoden.

Der Markt für Planungswerkzeuge ist selbst breit gefächert. Neben standardisierten Finanzplanungswerkzeugen existieren flexible Planungswerkzeuge, häufig mit vordefinierten Applikationen für bestimmte Themen wie die Finanz- oder Personalplanung, die darüber hinaus jedoch die Umsetzung individueller und komplexer Planungsszenarien ermöglichen.

I. d. R. stellen Planungswerkzeuge selbst eigene Funktionen für Berichtswesen und Analyse zur Verfügung. Viele bieten ergänzende Funktionen für Dashboards/BI-Applikationen, fortgeschrittene Analyse und Forecasting sowie teilweise auch Management oder legale Konsolidierung.

Diese relativ breite Abdeckung von BI-Anwendungsklassen durch einige Werkzeuge ermöglicht es insbesondere kleinen und mittelständischen Unternehmen heute ein Werkzeug für Planung und Berichtswesen, Analyse, Dashboards in einer Lösung zu erwerben.

Hinweis: BI-Anbieter für Planungssoftware (Auswahl)
Typische Planungsanbieter aus diversen Segmenten sind nachfolgend beispielhaft in alphabetischer Reihenfolge sortiert aufgeführt:

- anaplan
- BOARD
- Corporate Planning
- Cubeware
- cubus
- Evidanza
- IBM Cognos TM1
- IDL
- Infor BI
- Jedox
- Oracle Hyperion Planning
- Prevero
- SAP BO Cloud
- SAP BPC

Einen Überblick über den Markt für integrierte Planungs- und Business-Intelligence-Software in der DACH-Region (Deutschland, Österreich, Schweiz) hat BARC auf einer Grafik, dem sog. BARC Score, zusammengefasst (s. Abb. 11). Um in den Score aufgenommen zu werden, müssen

Anbieter eine Reihe produktspezifischer als auch finanzieller Kriterien erfüllen. Hierbei ist Funktionalität für die Planung eine Grundvoraussetzung, es müssen aber auch die Themen Standard-Berichtswesen, Ad-hoc-Query, Analyse und Dashboarding unterstützt werden. Zudem ist mindestens ein jährlicher Lizenz- und Wartungsumsatz von drei Millionen Euro erforderlich.

Abb. 11: BARC Score Integrated BI and Planning DACH (Quelle: BARC, http://barc.de/score-planning-dach)

Im Score wird jeder Anbieter mit seinem Produktportfolio anhand der beiden Dimensionen „Portfolio Capabilities incl. Product Satisfaction“

sowie „Market Execution" bewertet. Neben der Analystenmeinung von BARC spielt hierbei auch die Erfahrung der Anwender eine große Rolle. BARC greift dabei auf die weltweit größten Anwenderbefragungen zurück – The BI Survey und The Planning Survey – die Unternehmen alljährlich zu ihrer Zufriedenheit mit Softwareherstellern und deren Support befragen.

Der Score zeigt, dass auf dem DACH-Markt eine Vielzahl an etablierten und breit aufgestellten Anbietern im Planungsbereich existiert. Größere und globale Anbieter gehören zwar häufig zu den Trendsettern, sind aber auf der Portfolio-Seite nicht zwangsläufig breiter aufgestellt als die Spezialisten. Für die Softwareauswahl bedeutet dies, dass die Unternehmen die eigenen Anforderungen genau betrachten sollten, um einen passenden Anbieter sowie Werkzeug(e) auszuwählen.

2.6 Data Mining und Advanced Analytics

Mustererkennung und Data Mining

Data Mining unterstützt die maschinelle Mustererkennung in Daten zur Modellbildung (Abb. 12). Im Vordergrund steht die komplexe und ungerichtete Analyse von Datenbeständen zur Entdeckung von Strukturen und Mustern unter Nutzung von Verfahren der Statistik, des maschinellen Lernens und der künstlichen Intelligenz. Als Gattungsbegriff hat sich hier Data Mining etabliert, aber auch Predictive Analytics und Advanced Analytics sind gebräuchliche Bezeichnungen. Neben Spezialwerkzeugen (s. u.) werden solche Verfahren inzwischen auch mit den Datenbank-Engines von IBM, Microsoft oder Oracle angeboten. Mit wenigen Ausnahmen (z. B. Bissantz DeltaMaster) ist die Benutzbarkeit von Data-Mining-Werkzeugen für ungeschulte Fachanwender allerdings schwierig. Einsatzszenarien sind vor allem der Aufbau von Modellen für die Kundensegmentierung, Warenkorbanalyse, Bonitätsanalyse oder eine Vorhersage anderer interessanter Werte durch geschultes Personal.

Der Advanced-Analytics-Markt reicht von BI-Analysewerkzeugen mit statistischen Funktionen („Guided Advanced Analytics", s. Analyse) bis hin zu flexiblen Advanced-Analytics-Plattformen, welche die individuelle Definition und Operationalisierung von Data-Mining-Modellen ermöglichen.

Hinweis: BI-Anbieter für Data Mining und Advanced Analytics (Auswahl)
Typische Vertreter dieser Kategorien (beispielhafte Aufzählung in alphabetischer Reihenfolge):

- Dell Statistica
- IBM SPSS
- KNIME
- Microsoft Cortana Analytics Suite

- OpenText Actuate Big Data Analytics
- Pentaho (WEKA)
- Rapid Miner
- SAP Predictive Analytics
- SAS Enterprise BI Server, SAS Visual Statistics
- TIBCO Spotfire

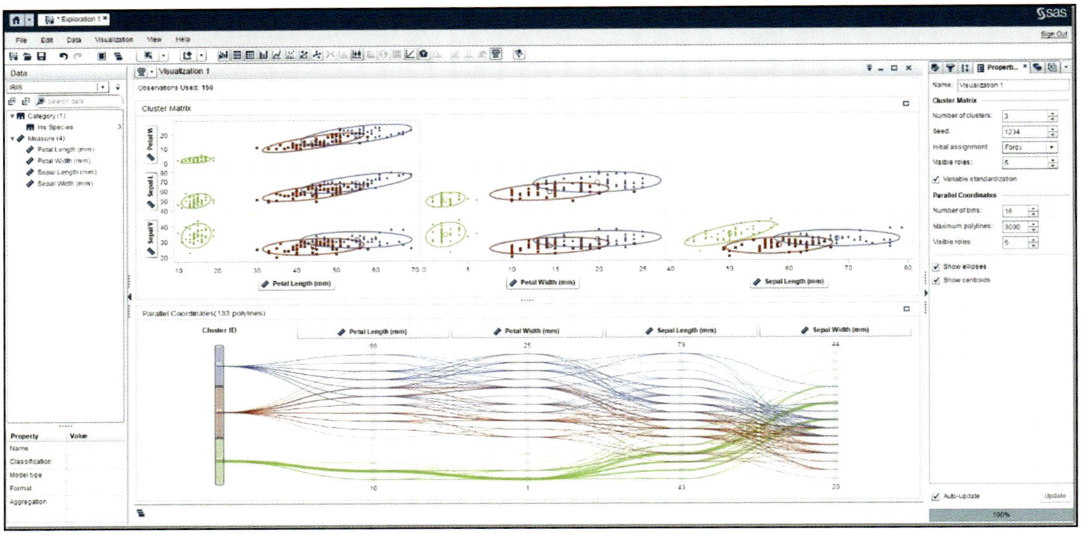

Abb. 12: Decision Tree erstellt mit SAS Visual Data Mining and Machine Learning (Quelle: SAS)

BARC hat die Advanced-Analytics-Plattformen auf dem DACH-Markt im BARC Score Advanced Analytics Platforms DACH näher beleuchtet (Abb. 13).

Die Aufnahme in diesen Score erfordert die Erfüllung einer Reihe technischer und wirtschaftlicher Kriterien durch den Anbieter und dessen Portfolio. So muss er im Kontext Advanced Analytics die vier Aufgabenbereiche Datenintegration/-aufbereitung/-selektion, Modellierung/Modellevaluation, Ergebnisevaluation und Operationalisierung abdecken. Die Software muss durch den Anbieter entwickelt und gepflegt werden, darf nicht an spezifische (Datenbank-)Technologie gebunden sein und muss einen jährlichen Lizenz- und Wartungsumsatz von mindestens einer Million Euro erwirtschaften. Zudem muss die Software die Entwicklung eigener Workflows für die Bereiche unüberwachtes und überwachtes Lernen sowie Zeitreihenanalyse unterstützen.

Die Bewertung und Einordnung erfolgte wie in jedem Score anhand der Dimensionen „Portfolio Capabilities“ und „Market Execution“.

Abb. 13: BARC Score Advanced Analytics Platforms DACH (Quelle: BARC, http://barc.de/score-analytics-dach)

2.7 Legale Konsolidierung

Erstellung eines legalen Konzern-abschlusses

Legale Konsolidierung bezeichnet die Herstellung einer Konzernsicht im Rahmen des Rechnungswesens. Als Folge des engeren Zusammenwachsens von externem und internem Rechnungswesen und der Verknüpfung von Konsolidierung und Planung gehört sie ebenfalls in eine umfassende

Business-Intelligence-Systemlandschaft. Konsolidierungslösungen enthalten Funktionalitäten für die Abbildung der Konzernstrukturen und die Durchführung der einzelnen Schritte, die zur Erstellung eines legalen Konzernabschlusses notwendig sind. Besondere Herausforderungen liegen hier beispielsweise in der Datenintegration aus heterogenen datenliefernden Einheiten, Prozessunterstützung bei der Abstimmung (Inter-Company Reconciliation) sowie bestimmten Buchungsmöglichkeiten. Ferner ist entscheidend, verschiedene Positionspläne und Rechnungslegungsstandards abzubilden und diese untereinander sowie mit der internen Sicht des Controllings verbinden zu können. Lösungen für legale Konsolidierung bieten in der Regel gewisse Reporting- und Analysefunktionen an.

Hinweis: Anbieter für Konzernkonsolidierung (Auswahl)
Folgende Anbieter sind im Umfeld der legalen Konsolidierung tätig (beispielhafte Aufzählung in alphabetischer Reihenfolge):

- IBM Cognos Controller
- IDL IDL.CONSIS
- Infor BI
- LucaNet
- Oracle Hyperion Financial Management
- SAP BusinessObjects Financial Consolidation

2.8 BI-Generalisten

BI-Generalisten fokussieren unterschiedliche Anwendungsklassen

Neben den Spezialanbietern mit Fokus auf bestimmte BI-Anwendungsklassen existieren eine Reihe von Anbietern, die eine Vielzahl an vorhandenen Anforderungen im BI-Umfeld in einem Software-Produktportfolio bündeln. Solche BI-Generalisten oder BI-Suiten-Lieferanten bieten „Enterprise-BI-Plattformen“ an. Anwenderunternehmen fordern jedoch nicht nur Produktsuiten oder Plattformen mit einer breiten Abdeckung von Anwendungsklassen sondern auch mehr Flexibilität für Fachanwender sowie die Abdeckung neuer Anwendungsszenarien wie eingebetteter BI in operativen Systemen oder Data Discovery bzw. explorative Analyse. Letzteres stellt einen Prozess dar, den ein Power User durchläuft, um vorhandene Datenbestände ohne vorherige Modellierung oder langwierige Datenintegration ad-hoc analysieren zu können. Diese Verknüpfung traditioneller BI-Funktionen mit den neuen Anforderungen werden in modernen Enterprise-BI-Plattformen vollzogen. Die Anbieter dieser Art der BI-Software wurden in einem BARC Score Business Intelligence (Enterprise BI Platforms) getestet (Abb. 14). Im Umfeld der Business Intelligence müssen sie vier der sechs BI-Segmente Standard- und

Ad-hoc-Reporting, Dashboarding, Analyse, Data Mining, Planung und Self-Service BI/Data Discovery abdecken sowie einen jährlichen Lizenz- und Wartungsumsatz von 15 Mio. Euro in mindestens zwei geografischen Regionen erwirtschaften. In diesem Score wurden die großen globalen Wirtschaftsregionen Europe, Middle East, and Africa (EMEA), North America, Latin America und Asia/Pacific berücksichtigt.

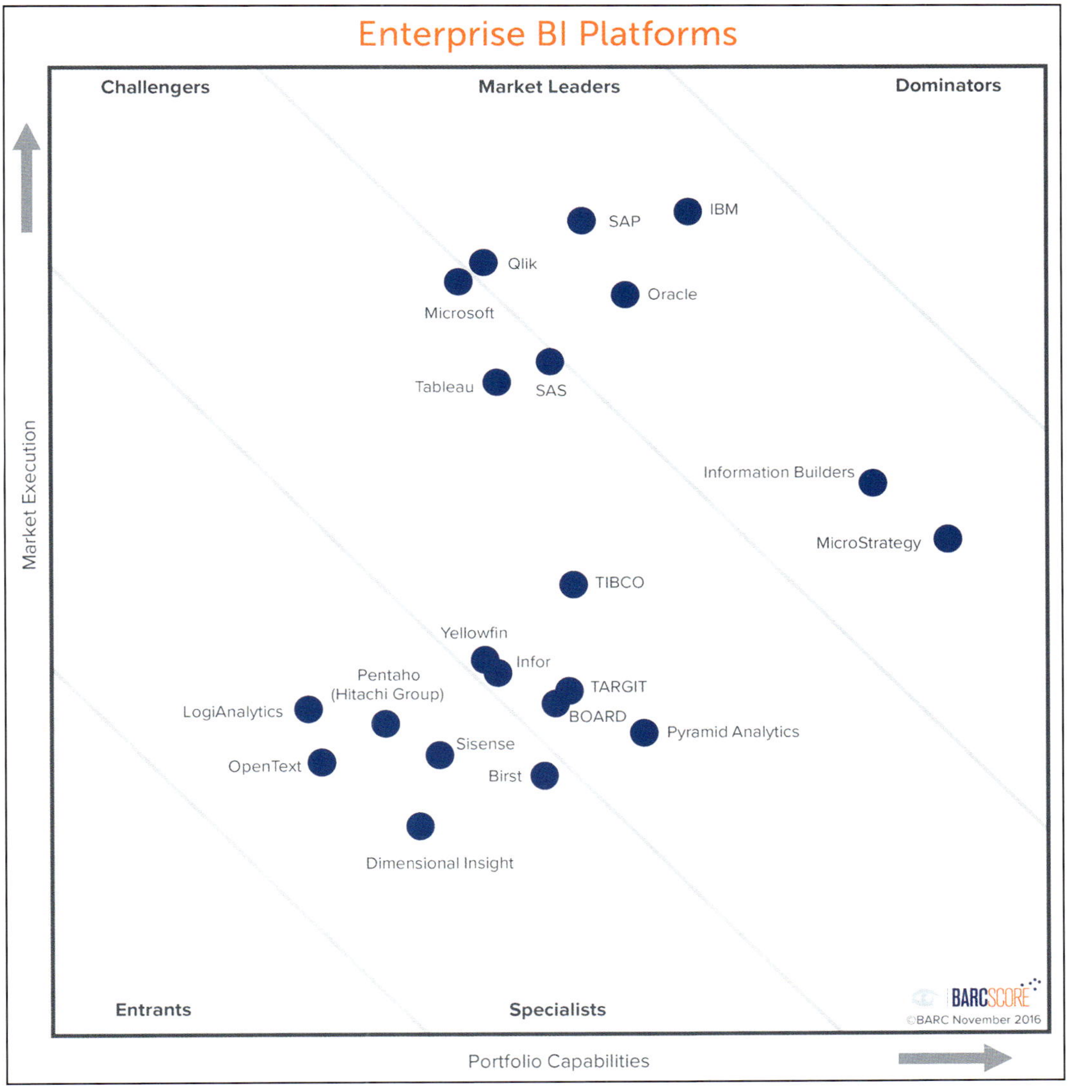

Abb. 14: BARC Score Business Intelligence (Enterprise BI Platforms), (Quelle: BARC, http://barc.de/score-bi)

Zu den Marktführern im Bereich der modernen Enterprise-BI-Plattformen gehören Anbieter wie SAP, IBM, Information Builders, MicroStrategy, Oracle oder Qlik. Information Builders und MicroStrategy verfügen v. a. über ein gut integriertes und breites Portfolio. Die restlichen Marktführer zeichnen sich stärker durch ihre Marktpräsenz aus. Anbieter wie Tableau, Microsoft, Oracle, Yellowfin und TARGIT konnten sich im Vergleich zum Vorjahr verbessern und punkten mit ihren Produktstrategien und/oder Produkten. SAS bleibt weiterhin stark auf dem BI-Markt, insbesondere im Bereich Analytics. Teilweise noch wenig bekannte Anbieter mit jedoch guten Ansätzen sind die Herausforderer TARGIT, Pyramid Analytics, Infor, TIBCO oder BOARD. Zudem existieren interessante Spezialisten, die Lösungen für ausgewählte BI-Szenarien anbieten, wie bspw. Pentaho, Logi Analytics, OpenText, Sisense oder Dimensional Insight. BIRST als Anbieter einer Cloud-basierten BI-Plattform befindet sich aufgrund der starken Konkurrenz und noch geringer Marktbekanntheit auf dem Weg zu den Herausforderern.

3 Fazit

Softwarelösungen für Business Intelligence decken unterschiedliche Aufgaben ab und werden insgesamt für Unternehmen immer wichtiger. Die Attraktivität des Marktes zieht immer mehr Anbieter an und gerade in den letzten Jahren gab es in Deutschland viele Markteintritte von etablierten Anbietern aus anderen Ländern aber auch neue Unternehmen, z.B. im Umfeld von Big Data oder Advanced Analytics. Die vorgestellte Marktstrukturierung und Erläuterung der wesentlichen Kategorien der Anwenderwerkzeuge soll Unternehmen helfen, einen besseren Überblick über das heutige Angebot zu bekommen.

Softwareauswahl für Business Intelligence und Analytics: Vorgehen und Erfahrungen

- Um die gestiegenen Anforderungen an das Reporting effizient zu erfüllen, prüfen immer mehr Unternehmen den Umstieg von Excel auf eine spezielle Business-Intelligence-Software.
- Sowohl Anwenderbefragungen als auch unsere Erfahrung aus 20 Jahren Softwareevaluation und Auswahlberatung zeigen, dass eine formelle und strukturierte Softwareauswahl das Risiko einer Fehlentscheidung signifikant senken kann.
- Es lohnt sich also, die Softwareauswahl fundiert anzugehen. In diesem Beitrag stellen wir unser bewährtes Vorgehensmodell zur Softwareauswahl vor und geben viele Hinweise für eine erfolgreiche Durchführung.

Inhalt Seite

Die Autoren

Dr. Carsten Bange, Geschäftsführer des Business Application Research Centers (BARC) in Würzburg.

Larissa Seidler, Senior Analystin Business Intelligence beim Business Application Research Center (BARC) in Würzburg.

1 Vorgehen bei der Softwareauswahl

Der Einsatz ungeeigneter Software hat weitreichende Folgen, die von der Unzufriedenheit von Mitarbeitern über dauerhafte Effizienznachteile in der Prozessabwicklung bis hin zur Gefährdung des Geschäftsmodells reichen, sofern sich Wettbewerber durch neue Softwarelösungen oder eine bessere Datennutzung durchsetzen können. So zeigt die seit dem Jahr 2000 jährlich durchgeführte Befragung „BI Survey" von BARC unter mehr als 2500 Anwendern von Business-Intelligence-Software konsistent, das Unternehmen den Geschäftsnutzen ihrer Software durchschnittlich deutlich höher einschätzen (2016 mit Note 6 auf einer Skala von 0 (kein Geschäftsnutzen) bis 10 (höchster Geschäftsnutzen)) als wenn die Software ohne formelle Evaluation, also durch strategische Entscheidung, als Teil einer anderen Lösung oder anderen Gründen eingeführt wurde (Note 4,9) (s. Abb. 1).

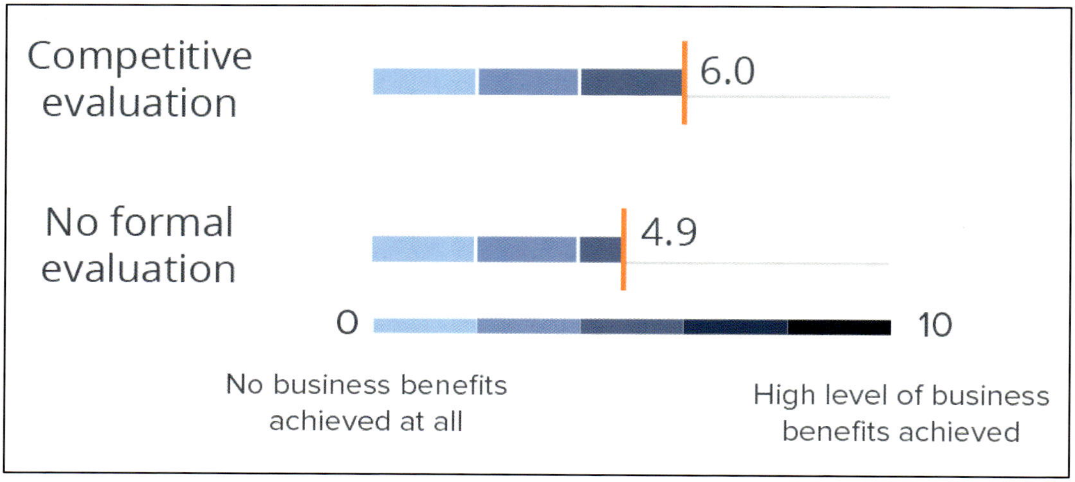

Abb. 1: Erreichter Geschäftsnutzen (Business Benefit Index) von Business-Intelligence-Software, die in einer vergleichenden Evaluation ausgewählt wurde vs. BI-Software, die ohne formelle Evaluation eingesetzt wird (n=2189) (Quelle: BARC, http://bi-survey.com)

Strukturierte Softwareauswahl strategisch fundieren

Die Auswahl einer BI-Software sollte sich aus einer gesamtheitlichen BI-Strategie ableiten. Eine BI-Strategie bildet üblicherweise die fachlich/funktionalen, organisatorischen und technischen Kernaspekte des Einsatzes von entscheidungsunterstützenden Informationssystemen ab. Sie ist damit sowohl direkter Teil einer Unternehmensstrategie als auch Teil der IT-Strategie jedes Unternehmens. Die dort verankerten Grundsätze fließen als Rahmenparameter in die Auswahl der BI-Software ein.

Ein effizienter und gleichzeitig fundierter Prozess zur Auswahl jeder Standardsoftware kann in vier allgemeine Schritte unterteilt werden:

Anforderungserhebung und Gewichtung, Markteingrenzung/Short List, Detailevaluierung sowie Ergebniskonsolidierung und Entscheidung.

Abb. 2: Typischer Prozess zur Auswahl einer Standardsoftware (Quelle: BARC)

Gefahr durch unzureichende Anforderungen

Jede Softwareauswahl sollte stets auf den fachlichen Anforderungen fußen. Typische Probleme bei Einführung oder späterer Nutzung von Softwarelösungen fußen häufig auf einer unzureichenden oder mangelhaft durchgeführten Anforderungsanalyse. So berichteten die meisten Kunden von „unklar definierten Anforderungen" als häufigstes Problem während der Implementierungsphase (s. Abb. 3).

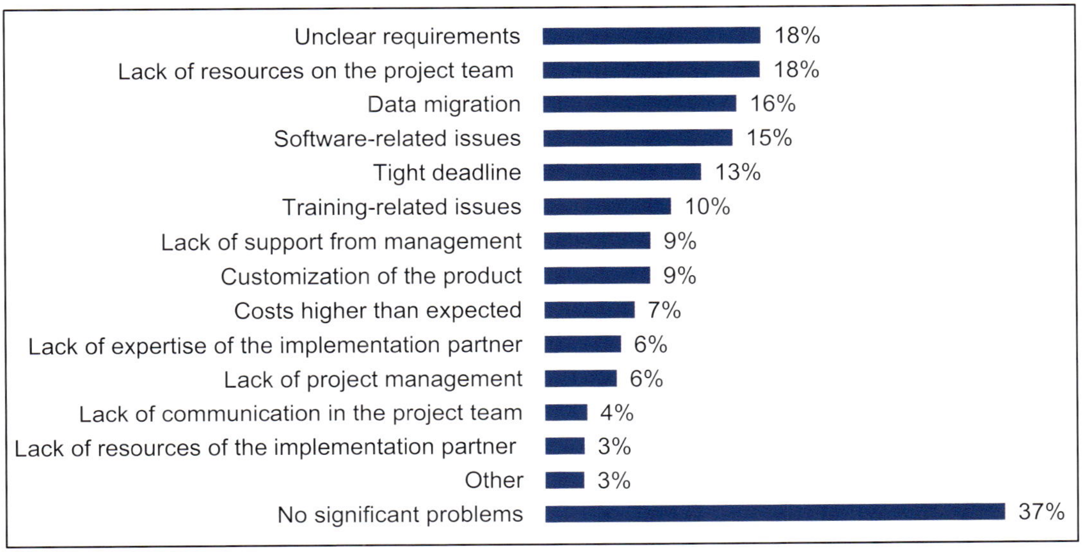

Abb. 3: Probleme in der Implementierungsphase laut BI Survey 16 (n=2542) (Quelle: BARC, http://bi-survey.com)

Um einige der in der Abb. 3 aufgeführten Herausforderungen zu vermeiden, sollte ein besonderes Augenmerk auf die Phase der Anforderungsdiskussion gelegt werden. Die Aufnahme dieser Kriterien und deren Gewichtung stellen nämlich das Fundament für die eigentliche Werkzeugauswahl dar. Wird dieses lückenhaft und damit fehlerhaft erstellt, wirkt sich dies mittelbar auf die betrachteten Werkzeuge und damit den Erfolg oder Misserfolg der BI-Frontendauswahl aus.

2 Vorgehen bei der Softwareauswahl

2.1 Anforderungserhebung und Gewichtung

Anforderungserhebung wichtigste Phase

Da die Anforderungserhebungsphase die wichtigste Phase im gesamten Prozess ist, sollte ihr genügend Beachtung geschenkt werden. Einer der häufigsten Fehler im Rahmen der Anforderungsanalyse stellt der beschränkte Einbezug verschiedener Parteien im Unternehmen dar. Wir sehen häufig Softwareauswahlprojekte, die von einem bestimmten Unternehmensbereich ohne Hinzunahme oder Kommunikation an weitere Bereiche, durchgeführt werden. Handelt es sich um eine Spezialsoftware für einen bestimmten Anwendungsfall kann es sinnvoll sein den Kreis der Beteiligten aufgrund des eingeschränkten Empfänger- bzw. Nutzerkreises klein zu halten. Wenn jedoch andere Unternehmensbereiche ähnliche Lösungen einsetzen (können) oder die Software oder ihre Ergebnisse übergreifend genutzt werden, dann können durch eine übergreifende Softwareauswahl wahrscheinlich Synergieeffekte in Auswahl, Anschaffung und Betrieb der Lösungen erzielt werden. Grundlegend ist die Zusammenarbeit zwischen Fachbereichen und IT um sowohl fachliche Aspekte der Softwarenutzung als auch technische Aspekte des Softwarebetriebes. Sobald der Kreis der Anforderungsgeber so definiert wurde, kann die Erfassung der Anforderungen erfolgen.

Formen der Anforderungserhebung

Eine Diskussion, Erfassung und Abstimmung von Anforderungen kann in unterschiedlichen Formen erfolgen. Typischerweise werden durch Projektleiter oder Projektteam entweder Einzel- bzw. Gruppen-Interviews oder Workshops durchgeführt. Die Entscheidung für eine der beiden Formen kann abhängig der Gruppengröße und -heterogenität der zu besprechenden Themen gewählt werden. Einzelinterviews haben einen Vorteil, dass der Personenkreis stärker involviert wird. Gruppendiskussionen zeichnen sich häufig durch eine Eigendynamik aus, sodass die Diskussion durch Teilnehmer aktiv angeregt wird. Im zweiten Fall profitieren die Beteiligten von Ideen der Kollegen und haben i.d.R. Vorteile bei der Formulierung ihrer Anforderungen.

Unabhängig von der Form der Anforderungserhebung hat es sich als zweckmäßig erwiesen, die Anforderungen in

- allgemeine,
- funktionale,
- technische und
- organisatorische

Anforderungen an die Software zu gliedern und diese getrennt zu erfassen.

2.1.1 Allgemeine Kriterien

Die allgemeinen Kriterien enthalten häufig die Anforderungen an den Anbieter wie Globalität/Lokalität, Umsätze, Positionierung im Markt, allgemeine Anforderungen an das Produkt wie Vorhandensein von Referenzen, Produktreife, strategische Weiterentwicklung oder die benötigten Komponenten (Front End, Datenintegration etc.). Für traditionelle Fragestellungen im BI-Bereich existiert eine Reihe an Anbietern mit ausgereiften Lösungen, die eine Vielzahl an Kundenreferenzen vorweisen können. Hier empfiehlt es sich mit anderen Anwendern in Kontakt zu treten, um das tatsächliche Einsatzumfeld und die Erfahrungen abzuprüfen. Die Dauer im Markt und Markpräsenz können so für klassische Reporting- und Datenanalyselösungen als Auswahlkriterium eine größere Rolle spielen, als bei Trendthemen wie der Einsatz fortgeschrittener Analysemethoden durch Advanced und Predictive Analytics oder die Auswertung neuer Datenquellen („Big Data"). Hier lohnt sich häufig auch ein Blick auf neue und innovative Anbieter.

Ein Teil der allgemeinen Kriterien sind auch die finanziellen Rahmenbedingungen der Softwareanschaffung. Auch wenn wir empfehlen, die kommerzielle Betrachtung von Anschaffung und Betrieb der Lösungen getrennt von sonstigen Bewertungen vorzunehmen, können finanzielle Restriktionen bestimmte Marktsegmente oder Lösungen direkt ausschließen.

Tipp: Strategische Anbieterkriterien nicht übergewichten

Die anbieterbezogenen Kriterien sind zwar wichtig für eine Bewertung, sollte die Auswahl aber nicht dominieren. Die grundsätzliche Empfehlung lautet: „Kaufe die Software und nicht den Anbieter". Unsere Befragungen zeigen immer wieder, dass Best-in-Class-Unternehmen im BI-Bereich ihren Fokus in der Auswahl auf die Software-bezogenen Kriterien, also insbesondere die technische Leistungsfähigkeit und die Funktionalität, statt auf Anbieterkriterien wie Größe oder Reputation des Anbieters legen (Abb. 4).

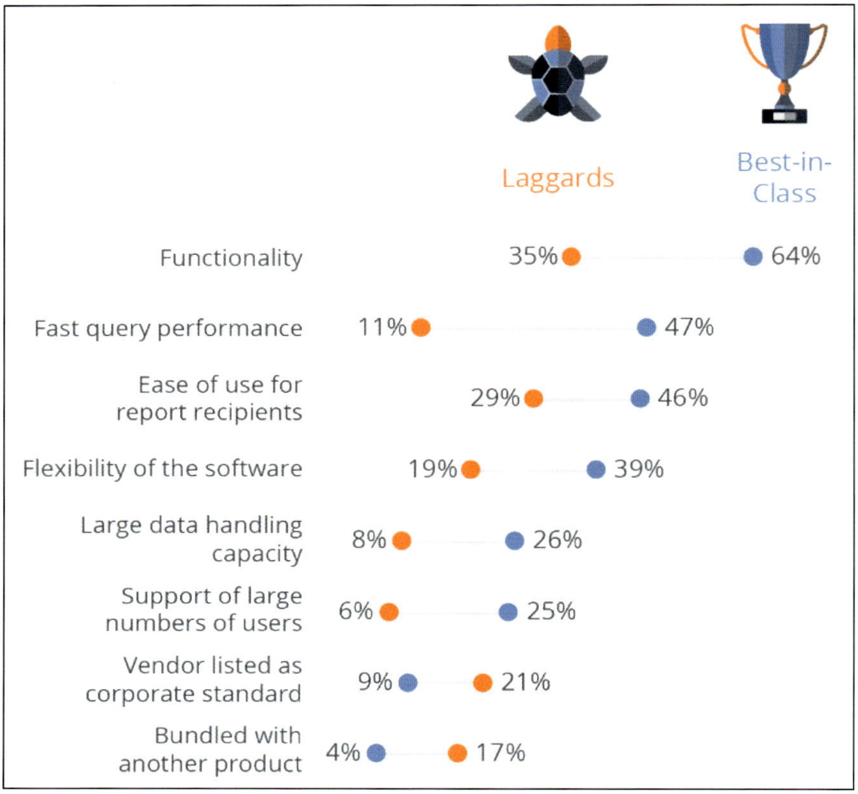

Abb. 4: Kaufgründe für Software unter Best-in-Class-Unternehmen und Nachzüglern („Laggards") (n=2586) (Quelle: BARC, http://bi-survey.com)

2.1.2 Funktionale Anforderungen

Aus diesem Grund sollten die funktionalen und technischen Anforderungen stärker gewichtet werden. Funktional gilt es die Anforderungen in den typischen BI-Szenarien wie Dashboards, Standard-Berichtswesen, Ad-hoc-Berichtswesen, Analyse, Planung, Data Mining, legale Konsolidierung oder zusätzliche Szenarien wie Self-Service BI, Geo-Analytik, „Big Data" Analytik usw. zu verstehen. Grundsätzlich sollte darauf geachtet werden, die fachlichen Aufgabestellungen in funktionale Anforderungen an die Software zu übersetzen. So werden bspw. Markierungen von überschrittenen Schwellwerten bei Kennzahlen über Funktionen der bedingten Formatierung abgebildet. Bei starker Nutzung gedruckter Information und Kommunikation sollten die Unternehmen auf ein angemessenes Druckergebnis sowie die für die Druckvorbereitung notwendigen Funktionen wie Seitenumbruch, Druckvorschau etc. geachtet werden.

Typische Probleme in dieser Phase sind, dass Anwender ihre Anforderungen lediglich im Kontext eines bekannten Systems definieren oder ihre Anforderungen nicht präzisieren oder formulieren können. Hier können verschiedene Maßnahmen weiterhelfen:

Typische Probleme in der Anforderungserhebung vermeiden

- Eine umfassende Information im Vorfeld zur aktuellen Leistungsfähigkeit moderner Lösungen, z. B. durch Teilnahme an virtuellen und physischen Präsentationen und Konferenzen oder Besuch führender Unternehmen.
- Möglichst Einbezug bzw. Antizipation auch zukünftiger Anforderungen durch Betrachtung von Unternehmens- oder Bereichsstrategie, Technologieentwicklung, Branchenentwicklungen, geplanten Veränderungen und Projekten etc.
- Vermeidung des Versuches, die Anforderungen im letzten Detail zu beschreiben, sondern Definition des fachlichen Ziels und Definition des Rahmens und prototypische Entwicklung erster Lösungen anhand derer die Anforderungen und Möglichkeiten klarer werden.

2.1.3 Technische Anforderungen

Technische Anforderungen behandeln eine Reihe diverser Kategorien wie die anzubindenden Datenquellen, die Architektur der Lösung und ihre Eingliederung in die vorhandene technische Infrastruktur, die zu verwendende Datenintegrationslösungen und Datenbanken, Abbildung der Security sowie Sicherstellen der Performance. Die Auswahlkriterien ergeben sich aus der IT-Strategie, den Anforderungen aus technischer Implementierung sowie späteren Betrieb und Support der Software oder auch aus den Defiziten abzulösender Software wie beispielsweise mangelnder Abfrageperformance.

2.1.4 Organisatorische Anforderungen

Organisatorische Kriterien im Rahmen der Frontendauswahl fokussieren die Projektion der Arbeitsweise mit der Software auf die eigene Organisation. Hier sollten Fragen der Rollen und Kenntnisse der Beteiligten geklärt werden, z. B. wer die Erstellung von Berichten und Analysen (Fachanwender, IT, zentrale organisatorische Einheit wie ein BICC) übernimmt und welche Kenntnisse dafür benötigt werden. Des Weiteren sollten grundsätzlich die Nutzertypen und Anzahl der Nutzer erhoben werden, die bei der technischen Konzeption des Systems für seine Skalierung und beim Einholen der Lizenzinformationen von Anbietern später hilfreich sein werden. In der späteren Phase der Detailevaluierung ist es wichtig die jeweiligen identifizierten Gruppen einzubeziehen, z. B. um zu klären ob Fachanwender in der Lage sind die Lösung effizient zu bedienen und welche Schulungen/Voraussetzungen hierfür notwendig sind.

Sobald die Anforderungsaufnahme abgeschlossen wurde, sollten die Anforderungen in einem zentralen Katalog konsolidiert und mit Gewichtungen versehen werden. Hierzu hat sich eine dreistufige Skala mit K.O.-Kriterien, wichtigen Kriterien sowie wünschenswerten Kriterien bewährt. Die erarbeiteten K.O.-Kriterien können als Ausschlusskriterien definiert und als erste verwendet werden, um den großen Markt (BARC zählt alleine in Deutschland mehr als 600 angebotene BI-Lösungen von mehr als 300 Anbietern, s. BARC Guide Business Intelligence 2016/2017) effizient einzugrenzen.

2.2 Markteingrenzung und Short List

Die Phase Markteingrenzung beschäftigt sich mit dem BI-Softwaremarkt, auf dem zunächst die richtigen Marktsegmente mit grundsätzlich passenden Lösungen („Long List") und danach eine weitere Eingrenzung auf Lösungen für eine nähere Betrachtung („Short List") vorgenommen werden. Unternehmen, die eine Softwareauswahl in Eigenregie durchführen, können Anwendererfahrungen zu Lösungen im BI Survey (www.bi-survey.com) oder Analystenbewertungen von Gartner, Forrester oder BARC (BARC Scores, s. www.barc.de) nachlesen. Einen komprimierten Überblick vieler Anbieter kann auch das BI- und Big Data Forum auf der CeBIT oder diverse BARC-Tagungen geben. Der Einbezug von Beratern in diesem Schritt kann Marktkenntnis und eine schnellere und sicherere Eingrenzung auf passende Lösungen in den Prozess einbringen. Insbesondere ist bei Beratern auf die Breite der Kenntnis des BI-Marktes und die Unabhängigkeit bzw. Interessen zu achten.

Erster Schritt: Long List

Je nach gesuchter Software, bspw. für Planung, bietet es sich an diese Anwendungsklasse zur ersten Eingrenzung des Marktes zu verwenden. So bleiben in Deutschland für die umfangreichere Abdeckung von Planungsaufgaben bspw. ca. 40–50 relevante von den über 300 verfügbaren BI-Anbietern auf der Long List übrig.

Zweiter Schritt: Short List

Diese Long List wird im zweiten Schritt mithilfe der definierten K.O.-Kriterien zu einer Short List gekürzt. Hier gilt es eine genaue Prüfung der Kriterien durchzuführen um keinen Kandidaten unwissentlich zu eliminieren oder einen Kandidaten, der ein K.O. verletzt, weiter zu betrachten. Resultat der Markteingrenzungsphase sollten max. drei bis fünf Anbieter sein, die im Detail betrachtet werden können.

2.3 Detailevaluierung

Testszenarien mit eigenen Daten

In der Phase Detailevaluierung werden die drei bis fünf herausgefilterten Softwarelösungen auf ihre Eignung genauer untersucht. Wichtig hierbei ist, diese Untersuchung möglichst anhand aufgebauter Testszenarien mit eigenen Daten und idealerweise innerhalb der eigenen Infrastruktur durchzuführen. Als Gegenstand der Untersuchung dienen die eigenen fachlichen Aufgabenstellungen in gekürzter und für die Prüfung überschaubarer Form. Die Kürzung sollte jedoch den Anspruch des Softwaretests nicht mindern. Vielmehr gilt es darauf zu achten, anspruchsvolle Aufgaben für die Detailevaluierung auszuwählen um die Software auf ihre möglichen Grenzen zu testen. Hier sollten auch zukünftige Anforderungen, die heute ggf. noch nicht mit Software umgesetzt wurden, geprüft werden.

Zur detaillierten Prüfung der Software haben sich drei grundsätzliche Vorgehensweisen etabliert:

- Teststellung,
- strukturierte Anbieterpräsentation oder
- Proof of Concept.

Alle drei Formen basieren auf ausgewählten Aufgabenstellungen/Szenarien, die konsolidiert beschrieben werden und wesentliche Anforderungen aus dem Anforderungskatalog widerspiegeln. Die Ergebnisse bzw. Bewertung der Umsetzungsmöglichkeiten und -güte der Szenarien dienen daraufhin als Entscheidungsgrundlage.

Teststellung zur Detailevaluierung

Im Rahmen einer Teststellung werden die Softwarelösungen auf der Short List durch die eigenen Mitarbeiter des Unternehmens geprüft. Die Software wird installiert (oder eine Software-as-a Service-Version genutzt) und die testenden Mitarbeiter für alle zu untersuchenden Lösungen geschult. Um die Softwareevaluierung fair und vergleichbar durchzuführen, sollte jeder beim Test beteiligter Mitarbeiter jede Lösung prüfen und bewerten.

Proof of Concept und strukturierte Anbieterpräsentation

Die beiden anderen Formen der Softwareevaluation – strukturierte Anbieterpräsentation und Proof of Concept – beziehen für die Umsetzung der Aufgabenstellungen die jeweiligen Anbieter der Lösungen ein. Die Durchführung ist ähnlich, der einzige Unterschied liegt darin, dass ein Proof of Concept in der technischen Umgebung des Unternehmens und nicht des Anbieters umgesetzt wird. Das bedeutet, dass der Anbieter oder Partner des Anbieters die Implementierung der Aufgaben im Hause des Kunden auf dessen Rechnern durchführt. So wird nicht nur das Ziel, sondern auch der Weg zum Ziel nachvollziehbarer und transparenter und es können auch Rückschlüsse auf die Installation und Nutzung der Software gezogen werden. Zudem lernen die Parteien sich während einer Vor-Ort-Umsetzung bereits kennen und können ihr späteres Verhältnis besser einschätzen.

Die in der Detailevaluierung erarbeiteten Ergebnisse können häufig als erste Lösungsbestandteile oder als Vorlage für die spätere Umsetzung verwendet werden.

2.4 Kommerzielle Bewertung

Total cost of ownership ermitteln

Die Betrachtung der Kosten der Softwarelösungen ist neben der fachlichen und funktionalen Bewertung ein wesentliches Entscheidungskriterium. Sie sollte auf Basis der „total cost of ownership" erfolgen, also einer möglichst gut genäherten Betrachtung aller Kosten der Einführung aber auch des Betriebes der Lösung. Sowohl die Dienstleistungskosten während der Implementierung von Softwarelösungen als auch der personelle Aufwand für Betrieb und Wartung können die Kosten für die Software selbst um ein Vielfaches übersteigen, weshalb sie mit in das Kalkül gehören.

Viele Softwareanbieter stellen ihr Lizenzmodell von dem klassischen Lizenzkauf und laufende Softwarewartung auf ein Mietmodell mit jährlichen Gebühren um. Dies sorgt für laufende Ausgaben statt Investition (OPEX statt CAPEX) und eine höhere Flexibilität im bezahlten Nutzungsvolumen. Mietmodelle können aber bereits nach wenigen Jahren schon insgesamt teurer sein als Anschaffung und Wartung, weshalb es sich durchaus lohnt die Varianten zu vergleichen, zumindest sofern der Anbieter verschiedene Modelle anbietet und eine ausreichende Planbarkeit der Nutzung vorhanden ist.

2.5 Ergebniskonsolidierung und Entscheidung

Zusammenführung aller Bewertungsbestandteile

Die Bewertung der getesteten Lösungen wird von allen am Test beteiligten Parteien unabhängig voneinander vorgenommen, konsolidiert und zu einer Entscheidungsvorlage verarbeitet. Es empfiehlt sich die fachliche, technische und kommerzielle Bewertung unabhängig voneinander aufzuführen und zu bewerten, um eine gut informierte und abwägende Entscheidung zu ermöglichen. Nur so kann beispielsweise eine bewusste Entscheidung für eine technisch oder funktional nicht best-bewertete Lösung aus kommerziellen Gründen getroffen werden.

3 Empfehlungen für die Softwareauswahl auf einen Blick

- Eine formelle und vergleichende Softwareauswahl bringt Geschäftsvorteile und -nutzen und minimiert das Risiko, in der Implementierungs- oder Nutzungsphase auf Probleme zu stoßen
- Das Auswahlprojekt sollte priorisiert und mit genügend Ressourcen ausgestattet werden. Eine hohe Aufmerksamkeit auf Seiten der Projektsponsoren sowie Projektbeteiligten ist notwendig.

- Die gesamte Softwareauswahl sollte in weniger als 6 Monaten durchgeführt werden; nach Möglichkeit gilt es, langwierige Abstimmungsprozesse zu vermeiden oder grundsätzliche Differenzen im Vorfeld zu klären.
- Anforderungserhebung ist das A und O und stellt die notwendige Basis für die Softwareauswahl dar. Ziel sollte eine möglichst vollständige Erhebung unter Einbeziehung aller beteiligten Parteien (Fachbereiche und IT) sein.
- Eine gut recherchierte und strukturiert durchgeführte Markteingrenzung als erster Schritt spart viel Zeit und ermöglicht die genauere Untersuchung der Lösungen auf der Short List. Ausgangsbasis der Markteingrenzung ist der gesamte BI-Softwaremarkt.
- Die Produkte auf der Short List sollten miteinander vergleichbar sein – finden sich spezielle Lösungen mit Plattformen oder umfassenden Lösungen mit breiter Funktionsabdeckung in der engeren Wahl, sollte ein Vergleich einer Lösungskombination verschiedener Spezialisten (z. B. jeweils für Reporting, Analyse und Planung) mit den Plattformen vorgenommen werden.
- Die Detailevaluierung ist eine wichtige Phase, um nicht nur die Software auf ihre Grenzen sondern auch die Anbieter auf ihr Problemverständnis zu testen. Ein Proof-of-Concept ist hier zwar zeit- und kostenaufwändiger als andere Auswahlformate, aber die gewonnenen Erkenntnisse sind es Wert. Mit der ausgewählten Software müssen i. d. R. viele Mitarbeiter viele Jahre arbeiten, so dass die sich die Sorgfalt bei der Auswahl um ein Vielfaches auszahlt.

Kapitel 5: Literaturanalyse

Literaturanalyse zum Thema Reporting und BI

Titel: Planung und Reporting. Grundlagen, Business Intelligence, Mobile BI und Big-Data-Analytics
Autor: Dietmar Schön
Jahr: 2016 (2. Aufl.)
Verlag: Springer Gabler
Kosten: 42,99 EUR
Umfang: 364 Seiten
ISBN: 978-3-658-08008-2

Inhalt

Ausgangspunkt des Buchs von Dietmar Schön ist die an sich schon erstaunliche Erkenntnis, dass Planung und Berichtswesen in der Literatur meist voneinander unabhängig behandelt werden. Diesem Missstand möchte der Autor mit dem vorliegenden Buch begegnen und legt dabei auch gleich der betrieblichen Praxis entsprechend einen Schwerpunkt auf die IT-Umsetzung.

Inhaltlich lässt sich das Buch in vier Abschnitte gliedern:

- In den beiden einleitenden Kapiteln werden Ausgangspunkt, Zielrichtung und Aufbau des Buches erläutert sowie grundlegende Begriffe und Analyseprofile vorgestellt.
- Das dritte Kapitel beschäftigt sich mit den fachlichen Aspekten des Berichtswesens und der Planung. So werden wesentliche Gestaltungsfaktoren, Strukturierung, Navigation und Analysepfade mit vielen Beispielen und Erläuterungen aufgezeigt und die aus Sicht des Verfassers wichtigsten zehn Berichtsgrundformen wie SIV und ABC-Analyse abgeleitet.
- Im vierten Kapitel beschreibt der Autor die organisatorische Einbindung und Gestaltung der Prozesse im Zusammenhang mit Planung

und Reporting. Der Einfluss von Aufbauorganisation, konzernalen Beziehungen sowie Führungsstilen wird untersucht sowie die Prozesse Einführung, laufende Durchführung und Qualitätssicherung von Planung und Berichtswesen beleuchtet. Bei „Einführung" wird besonderer Wert auf die Erhebung der Anforderungen und Rahmenbedingungen gelegt. Der „zyklische Prozess" beinhaltet die immer wiederkehrenden Aufgaben der Planung und des Berichtswesens wie sie bspw. in einem Arbeitskalender dokumentiert werden. Und um schließlich nicht in Zahlenfriedhöfen zu enden oder den Anforderungen des Managements nicht mehr zu entsprechen, erhält der Leser noch viele Hinweise zur permanenten Überprüfung und Sicherung der Qualität im Rahmen des „Qualitätssicherungsprozesses".

- Das mit fast 140 Seiten umfangreichste fünfte Kapitel ist der IT-Umsetzung gewidmet. Nach historischem Abriss und Vorstellung grundlegender Hardwarekomponenten werden gängige Softwareanwendungen wie Tabellenkalkulationen, ERP-Software und spezielle Planungs- und Berichtssoftware anhand generischer Anforderungskriterien vorgestellt und ihre Vor- und Nachteile herausgearbeitet. Im Folgenden werden Data Warehousing, Business Intelligence und Mobile Computing ausführlich dargestellt und erläutert. Auf wesentliche Aspekte wie Datenmodellierung, Speicherkonzepte und Analysewerkzeuge wie Cockpits bzw. Dashboards, aber auch Data Mining und Predictive Analysis wird eingegangen. Der gestiegenen Bedeutung mobiler Lösungen wird durch ein eigenes Unterkapitel „Mobile Computing und Mobile BI" Rechnung getragen.
- Das letzte Kapitel bringt mehr im Sinne eines Ausblicks kurze Aufzählungen bzw. Darstellungen möglicher Entwicklungen.

Bewertung

Regelmäßige Leser werden sich vielleicht an die an dieser Stelle erfolgte Vorstellung der ersten Auflage vor vier Jahren erinnern. An der damaligen Bewertung hat sich nichts geändert: Auch in der zweiten Auflage bietet das Buch von Dietmar Schön eine gute und verständliche Einführung in Planung und Berichtswesen mit Fokus auf die IT-Unterstützung. Dabei berücksichtigt der Autor auch IT-Entwicklungen der jüngeren Vergangenheit wie bspw. In-Memory-Techniken und Big-Data-Analysen. Der in der ersten Auflage noch auf den Mittelstand fokussierte Blickwinkel wurde mit dieser Auflage zugunsten einer umfassenden Betrachtung aufgegeben.

Verfasser der Rezension

Prof. Dr. Andreas Klein, Professor für Controlling an der SRH Hochschule Heidelberg und Herausgeber des Controlling-Beraters.

Titel: Ganzheitliches Reporting als Management-Instrument. Ein kennzahlenbasierter Ansatz zur Nachhaltigkeits-Implementierung
Autor: Hans-Ulrich Krause
Jahr: 2016
Verlag: De Gruyter Studium
Kosten: 34,95 EUR
Umfang: 502 Seiten
ISBN: 978-3-11-044421-6

Inhalt

Im vorliegenden Buch erfolgt neben der Darstellung zentraler Zusammenhänge eine gezielte Verknüpfung des Reportings mit einer transparenten Kennzahlenanalyse und einem entscheidungsorientierten Controlling. Wesentliche Einflussfaktoren (wie z.B. die Internet-Nutzung, vielfältige Visualisierungsformen, Verhaltensphänomene im Reporting) werden in ihren Auswirkungen eingebunden.

Eine konzeptionelle Weiterentwicklung des Profit-Center-Ansatzes und seine Kombination mit der Nachhaltigkeits-Implementierung im Sinne der drei Dimensionen „Profit – People – Planet“ zu Sustainability Balanced Scorecards zeigt das Eignungspotenzial eines ganzheitlichen, flexibel gestaltbaren Reportings als Management-Instrument.

Ein zahlengestütztes Fallstudien-Beispiel ermöglicht die gedankliche und zugleich rechnerisch-konkrete Reporting-Umsetzung mit mehr als 170 Fragen, die sich auf einen Zeitraum von fünf Perioden beziehen und sich an den spezifischen Interessenlagen interner und externer Adressaten (Stakeholder) orientieren. Mit diesem gleichermaßen konzeptionell wie anwendungsnah ausgerichteten Reporting-Buch sind vor allem (potenzielle) „Sender“ wie auch „Empfänger“ der unternehmerischen Berichterstattungspraxis angesprochen.

Titel: Integrated Reporting. Grundlagen, Implementierung, Praxisbeispiele
Herausgeber: Edeltraud Günther/ Alexander Bassen
Jahr: 2016
Verlag: Schäffer-Poeschel-Verlag
Kosten: 69,95 EUR
Umfang: 270 Seiten
ISBN: 978-3-7910-3364-8

Inhalt

Durch Integrated Reporting sollen Unternehmensdaten transparenter und aussagekräftiger dargestellt werden. Im Kern steht dabei die Verknüpfung von Finanzdaten mit nicht-finanziellen Leistungsindikatoren, wie der Nachhaltigkeit eines Betriebes. Zwar gibt es hierzu vielfach Einzelberichte; aber besonders für die Beurteilung eines Unternehmens gilt: Das Ganze ist mehr als die Summe seiner Teile. Von der verbesserten Informationslage profitieren Unternehmen und Investoren gleichermaßen. Wie die Umsetzung funktioniert, zeigt die Schäffer-Poeschel-Neuerscheinung „Integrated Reporting".

Mit der Umstellung auf die IFRS-Rechnungslegung und der zunehmenden Verbreitung von eigenständigen Nachhaltigkeits- und Corporate-Social-Responsibility-Berichten wurde das Unternehmensreporting erheblich ausgeweitet. Im Zuge der Finanzkrise ist außerdem der klassische Geschäftsbericht in die Kritik geraten. Er liefert zwar wichtige Finanzdaten eines Unternehmens, sagt mangels einer systematischen Verknüpfung aller relevanten Informationen aber wenig über die Zukunftsfähigkeit des Betriebs aus.

In „Integrated Reporting" zeigt das Autorenteam um Edeltraud Günther und Alexander Bassen, was die Grundlagen des Konzeptes ausmacht und wie man Integrated Reporting umsetzt. Das Praxiswerk orientiert sich dabei am Rahmenkonzept des IIRC und unterstützt die direkte Umsetzung durch zahlreiche konkrete Beispiele wie BASF, SAP, EnBW oder BMW.

Titel: Data Mining. Modelle und Algorithmen intelligenter Datenanalyse
Autor: Thomas A. Runkler
Jahr: 2015 (2. Aufl.)
Verlag: Springer Vieweg
Kosten: 24,99 EUR
Umfang: 145 Seiten
ISBN: 978-3-8348-1694-8

Inhalt

Wer sich mit den Hintergründen der Analyse unstrukturierter Daten aus numerischen und nichtnumerischen Quellen beschäftigen möchte ist hier richtig. Typische Datenanalyseprojekte lassen sich in mehrere Phasen gliedern:

- Vorbereitung,
- Vorverarbeitung,
- Analyse und
- Nachbereitung.

Das Buch, das sich gleichermaßen an Forschung und Lehre sowie die Anwendungspraxis richtet, behandelt die wichtigsten Methoden der Datenvorverarbeitung und -analyse: Dabei stehen Modelle und Algorithmen – bspw. Korrelation, Regression, Prognose, Klassifikation und Clustering – für die Analyse von Daten, z. B. Daten aus industriellen und geschäftlichen Prozessen, Text und strukturierte Daten, Bilddaten oder biomedizinische Daten im Vordergrund.

Für mathematisch grundlegend Vorgebildete bietet die Darstellung einen kurzgefassten strukturierten Einstieg in die theoretischen Grundlagen.

Stichwortverzeichnis

U